基于 Matlab 的数字图像处理

孙华东　主编

范智鹏　王　冉　韩小为　副主编

电子工业出版社

Publishing House of Electronics Industry

北京·BEIJING

内 容 简 介

本书在简要介绍数字图像处理技术的基础上，使用 Matlab 作为实验平台，通过示例详细介绍了数字图像处理基本运算、图像变换、图像空间域增强、图像频域增强、图像编码、图像恢复、数学形态学运算、基于深度学习的图像处理等内容，叙述清晰简练，理论与实践并重。

本书可作为高等院校电子信息工程、通信工程、信号与信息处理、计算机科学与技术、电气工程和物联网等相关专业的高年级本科生或低年级研究生数字图像处理课程的教材或教学参考书，也可供从事图像处理、图像通信、多媒体通信、数字电视等领域的科技人员参考。

未经许可，不得以任何方式复制或抄袭本书之部分或全部内容。
版权所有，侵权必究。

图书在版编目（CIP）数据

基于 Matlab 的数字图像处理 / 孙华东主编. —北京：电子工业出版社，2020.12
ISBN 978-7-121-40044-5

Ⅰ．①基… Ⅱ．①孙… Ⅲ．①数字图像处理-Matlab 软件 Ⅳ．①TN911.73

中国版本图书馆 CIP 数据核字（2020）第 234460 号

责任编辑：富　军
印　　刷：北京天宇星印刷厂
装　　订：北京天宇星印刷厂
出版发行：电子工业出版社
　　　　　北京市海淀区万寿路 173 信箱　邮编：100036
开　　本：787×1092　1/16　印张：16　字数：409.6 千字
版　　次：2020 年 12 月第 1 版
印　　次：2024 年 1 月第 4 次印刷
定　　价：68.00 元

凡所购买电子工业出版社图书有缺损问题，请向购买书店调换。若书店售缺，请与本社发行部联系，联系及邮购电话：（010）88254888，88258888。
质量投诉请发邮件至 zlts@phei.com.cn，盗版侵权举报请发邮件至 dbqq@phei.com.cn。
本书咨询联系方式：（010）88254456。

前　　言

　　数字图像处理是一个跨学科的前沿科技领域，在工程学、计算机科学、信息学、统计学、物理、化学、遥感、生物医学、地质、海洋、气象、农业、冶金等许多领域中的应用取得了巨大成功，成为计算机科学、信息科学、生物学、医学等学科的研究热点。如今，数字图像已成为信息时代的重要信息来源，面对高速发展的数字信息时代，有必要培养和提高学生数字图像处理技术的理论水平和动手能力，使学生能够应用数字图像处理技术解决学习、工作中遇到的相关问题。

　　本书结构安排合理，叙述清晰简练，理论与实践并重，使用 Matlab 作为实验平台，将数字图像处理的理论与 Matlab 程序实现有机结合，加入的大量实验示例和实验图片，对学生理解数字图像处理技术有很大帮助。

　　全书共分 9 章：第 1 章是数字图像处理概述；第 2 章介绍了数字图像处理基本运算；第 3 章介绍了图像变换；第 4 章介绍了图像空间域增强；第 5 章介绍了图像频域增强；第 6 章介绍了图像编码；第 7 章介绍了图像恢复；第 8 章介绍了数学形态学运算；第 9 章介绍了基于深度学习的图像处理。本书各章节内容均由哈尔滨商业大学计算机与信息工程学院教师编写，其中：第 1 章至第 4 章由孙华东编写；第 5 章由孙华东和范智鹏共同编写；第 6 章由范智鹏编写；第 7 章由范智鹏和韩小为共同编写；第 8 章由韩小为编写；第 9 章由王冉编写；参考文献由韩小为整理。全书由孙华东统一汇总整理。

　　本书可作为高等院校电子信息工程、通信工程、信号与信息处理、计算机科学与技术、电气工程和物联网等相关专业的高年级本科生或低年级研究生数字图像处理课程的教材或教学参考书，也可供从事图像处理、图像通信、多媒体通信、数字电视等领域的科技人员参考。

　　本书获得黑龙江省自然科学基金项目（项目编号：F2018020 和 LH2020F008）和哈尔滨商业大学"青年创新人才"支持项目（项目编号：2019CX21 和 2020CX08）的资金支持，在编写过程中得到了课题组赵志杰教授、张立志教授和金雪松副教授的大力支持与帮助。他们为本书的结构安排和内容安排提出了许多宝贵的建议，作者在此表示衷心的感谢，同时也对课题组的任聪、陶武超、刘良、王冬雪和乔宝星等同学表示感谢，他们进行了资料搜集整理和文字校验等工作。

  本书在编写过程中得到了电子工业出版社富军编辑的认真审阅和精心修改，既使全书增色不少，也使作者受益匪浅，在此一并表示感谢。

  由于作者水平有限，书中难免有不足和疏漏之处，恳请读者批评指正。

孙华东

2020 年 12 月

目 录

第 1 章 数字图像处理概述 ... 1
1.1 数字图像处理的主要研究内容 ... 1
1.2 图像的数字化和数字图像的实质 ... 3
1.2.1 图像的数字化 ... 3
1.2.2 数字图像的实质 ... 4
1.3 数字图像的类型 ... 4
1.4 数字图像的显示 ... 6
1.4.1 数字图像的显示特性 ... 6
1.4.2 数字图像的打印 ... 7
1.5 彩色模型 ... 8
1.5.1 RGB 彩色模型 ... 9
1.5.2 CMY 和 CMYK 彩色模型 ... 10
1.5.3 HSI 彩色模型 ... 10
1.6 图像的统计特征 ... 12
1.6.1 灰度图像的统计特征 ... 12
1.6.2 灰度图像的直方图 ... 12
1.6.3 多波段图像的统计特征 ... 13
1.7 Matlab 图像处理基础 ... 13
1.7.1 图像文件的读/写与显示 ... 14
1.7.2 图像类型的转换 ... 18
1.7.3 图像统计特征的计算 ... 24
1.8 本章小结 ... 27

第 2 章 数字图像处理基本运算 ... 28
2.1 点运算 ... 28
2.1.1 线性点运算 ... 28
2.1.2 非线性点运算 ... 30
2.2 代数运算与逻辑运算 ... 31
2.2.1 加运算 ... 32
2.2.2 减运算 ... 33
2.2.3 乘运算 ... 34
2.2.4 除运算 ... 35
2.2.5 图像逻辑运算 ... 35

2.3 图像几何运算 ... 36
2.3.1 齐次坐标 ... 36
2.3.2 图像平移 ... 37
2.3.3 图像缩放 ... 37
2.3.4 图像镜像 ... 38
2.3.5 图像旋转 ... 39
2.3.6 图像复合变换 ... 40
2.3.7 控制点法 ... 40
2.4 图像插值运算 ... 41
2.4.1 最近邻插值法 ... 42
2.4.2 双线性插值法 ... 42
2.4.3 双三次插值法 ... 43
2.5 图像运算的 Matlab 实现 ... 43
2.5.1 代数运算的 Matlab 实现 ... 44
2.5.2 几何运算的 Matlab 实现 ... 48
2.6 本章小结 ... 50

第3章 图像变换 ... 51
3.1 傅里叶变换 ... 51
3.1.1 一维傅里叶变换 ... 51
3.1.2 二维傅里叶变换 ... 53
3.1.3 离散傅里叶变换的快速算法 ... 58
3.2 离散余弦变换 ... 59
3.2.1 一维离散余弦变换 ... 59
3.2.2 二维离散余弦变换 ... 60
3.2.3 离散余弦变换的快速算法 ... 60
3.3 离散沃尔什-哈达玛变换 ... 61
3.3.1 离散沃尔什变换 ... 62
3.3.2 离散哈达玛变换 ... 63
3.3.3 快速沃尔什-哈达玛变换 ... 64
3.4 离散 K-L 变换 ... 66
3.5 小波变换 ... 68
3.5.1 连续小波变换 ... 68
3.5.2 离散小波变换 ... 70
3.5.3 小波基函数 ... 71
3.5.4 图像的小波分解与重构 ... 72
3.6 小波阈值去噪分析 ... 74

>　　3.6.1　基本思路 ·· 74
>　　3.6.2　小波阈值去噪 ··· 74
>　　3.6.3　阈值设置 ·· 75
>　　3.6.4　阈值函数 ·· 76
> 3.7　图像变换的 Matlab 实现 ·· 76
>　　3.7.1　傅里叶变换的 Matlab 实现 ·· 77
>　　3.7.2　离散余弦变换的 Matlab 实现 ·· 79
>　　3.7.3　哈达玛变换的 Matlab 实现 ·· 82
>　　3.7.4　小波变换的 Matlab 实现 ·· 84
> 3.8　本章小结 ·· 87

第4章　图像空间域增强 ·· 88

> 4.1　直接灰度变换 ·· 88
>　　4.1.1　线性变换 ·· 89
>　　4.1.2　分段线性变换 ··· 89
>　　4.1.3　非线性变换 ·· 89
> 4.2　直方图修正法 ·· 90
>　　4.2.1　直方图均衡化 ··· 90
>　　4.2.2　直方图规定化 ··· 93
> 4.3　平滑滤波 ·· 95
>　　4.3.1　邻域平均滤波 ··· 96
>　　4.3.2　中值滤波 ·· 97
> 4.4　锐化滤波 ·· 100
>　　4.4.1　一阶差分算子 ··· 100
>　　4.4.2　拉普拉斯算子 ··· 102
>　　4.4.3　Canny 算子 ··· 103
> 4.5　伪彩色增强 ·· 104
>　　4.5.1　密度分割法 ·· 104
>　　4.5.2　灰度级彩色变换 ··· 105
> 4.6　图像空间域增强的 Matlab 实现 ·· 105
>　　4.6.1　直方图修正法的 Matlab 实现 ··· 105
>　　4.6.2　平滑滤波的 Matlab 实现 ·· 109
>　　4.6.3　锐化滤波的 Matlab 实现 ·· 112
>　　4.6.4　伪彩色增强的 Matlab 实现 ·· 114
> 4.7　本章小结 ·· 116

第5章　图像频域增强 ·· 118

> 5.1　频域滤波基础 ·· 118

5.2 低通滤波器 119
5.2.1 理想低通滤波器 119
5.2.2 巴特沃斯低通滤波器 119
5.2.3 指数低通滤波器 120
5.2.4 梯形低通滤波器 120

5.3 高通滤波器 121
5.3.1 理想高通滤波器 121
5.3.2 巴特沃斯高通滤波器 122
5.3.3 指数高通滤波器 122
5.3.4 梯形高通滤波器 122

5.4 带通或带阻滤波器 123
5.4.1 带通滤波器 123
5.4.2 带阻滤波器 123

5.5 其他频域增强方式 124
5.5.1 同态滤波 124
5.5.2 频域伪彩色增强 125

5.6 图像频域增强的 Matlab 实现 126
5.6.1 低通滤波处理的 Matlab 实现 126
5.6.2 高通滤波处理的 Matlab 实现 133
5.6.3 带通或带阻滤波处理的 Matlab 实现 138
5.6.4 同态滤波处理和频域伪彩色增强的 Matlab 实现 140

5.7 本章小结 142

第 6 章 图像编码 144

6.1 图像冗余信息及图像质量评价 144
6.1.1 图像冗余信息 144
6.1.2 图像编码效率的定义 144
6.1.3 图像质量评价 145

6.2 统计编码 146
6.2.1 霍夫曼编码 147
6.2.2 算术编码 148
6.2.3 行程长度编码 149

6.3 预测编码 150
6.3.1 线性预测编码 151
6.3.2 非线性预测编码 152

6.4 变换编码 152

6.5 图像编码的主要国际标准 154

	6.5.1 静止图像编码国际标准（JPEG）······154
	6.5.2 运动图像编码国际标准（MPEG）······156

6.6 图像编码的 Matlab 实现······157
    6.6.1 霍夫曼编码的 Matlab 实现······157
    6.6.2 算术编码的 Matlab 实现······159
    6.6.3 行程长度编码的 Matlab 实现······160

6.7 本章小结······162

第 7 章 图像恢复······163

7.1 退化模型······164
    7.1.1 连续退化模型······164
    7.1.2 离散退化模型······165

7.2 代数恢复方法······167
    7.2.1 非约束方法······167
    7.2.2 约束方法······168

7.3 逆滤波恢复法······169

7.4 维纳滤波恢复法······170

7.5 图像恢复的 Matlab 实现······171

7.6 本章小结······176

第 8 章 数学形态学运算······177

8.1 预备知识······177

8.2 形态学基本运算······179
    8.2.1 膨胀与腐蚀······179
    8.2.2 开运算和闭运算······182

8.3 形态学其他处理······184
    8.3.1 击中或击不中变换······184
    8.3.2 边界提取······185
    8.3.3 区域填充······186
    8.3.4 连通分量的提取······187
    8.3.5 细化······188
    8.3.6 粗化······189

8.4 灰度图像的形态学运算······190
    8.4.1 膨胀······190
    8.4.2 腐蚀······192
    8.4.3 开运算和闭运算······193
    8.4.4 Top-hat 变换和 Bottom-hat 变换······194

8.5 数学形态学的 Matlab 实现······195

  8.5.1 膨胀与腐蚀的 Matlab 实现 ································ 195
  8.5.2 开运算与闭运算的 Matlab 实现 ······························ 198
  8.5.3 形态学其他处理的部分 Matlab 实现 ························ 201
 8.6 本章小结 ·· 205

第 9 章 基于深度学习的图像处理 ···································· 206

 9.1 机器学习基础 ·· 206
  9.1.1 BP 神经网络 ··· 206
  9.1.2 支持向量机 SVM ·· 209
 9.2 卷积神经网络原理 ·· 211
  9.2.1 卷积神经网络的发展历史 ···································· 211
  9.2.2 卷积神经网络的结构 ·· 212
  9.2.3 卷积神经网络的训练 ·· 221
 9.3 图像处理中常用的卷积神经网络 ···································· 222
  9.3.1 AlexNet ·· 222
  9.3.2 GoogleNet ··· 223
  9.3.3 ResNet ·· 224
 9.4 卷积神经网络的迁移学习 ·· 224
 9.5 基于卷积神经网络的图像分类示例 ·································· 226
  9.5.1 创建用于图像分类的简单卷积神经网络 ················ 227
  9.5.2 基于迁移学习的卷积神经网络训练与图像分类结果展示 ··· 232
 9.6 本章小结 ·· 241

参考文献 ·· 243

第1章
数字图像处理概述

随着人类社会的进步和科学技术的发展,人们对信息处理和信息交互的要求越来越高。人类传递信息的主要媒介是图像和语音。实验心理学家赤瑞特拉(Treicher)通过大量的实验证实,在人类获取的信息中,83%来自视觉,11%来自听觉,3.5%来自嗅觉,1.5%来自触觉,1%来自味觉。由此可见,视觉是人类获取信息的主要方式,图像处理是扩展人类视觉的重要手段。人类的眼睛虽然只能看到波长为380~780nm的可见光,但是人类可以借助红外线、紫外线、X射线和无线电波等辅助成像。这些方式提升了人类观察和认识客观世界的能力。

图像处理就是对图像进行一系列操作,以达到预期的目的。图像处理可分为模拟图像处理和数字图像处理。利用光学或电子方式对模拟图像的处理被称为模拟图像处理,如透镜成像、照相和电视信号处理等。其优点是速度快,一般为实时处理;缺点是精度较差,灵活性差,很难有判断能力和非线性处理能力。相比较而言,数字图像处理一般都用计算机处理或实时硬件处理。其优点是处理精度高,处理内容丰富,可进行复杂的非线性处理,有灵活的变通能力。从20世纪60年代起,随着电子计算机技术的进步,数字图像处理技术获得了飞速发展。

数字图像处理(Digital Image Processing)又称计算机图像处理,是指通过计算机对数字图像进行运算、变换、增强、压缩、恢复、分割和特征提取等一系列操作,从而获得预期结果的技术。数字图像处理是一个跨学科的前沿科技领域,在工程学、计算机科学、信息学、统计学、物理、化学、遥感、生物医学、地质、海洋、气象、农业、冶金等许多领域中的应用取得了巨大的成功。

1.1 数字图像处理的主要研究内容

图像是表达视觉信息的一种形式。图像技术是各种图像加工技术的总称。对图像技术的研究和应用可在图像工程框架下进行。清华大学的章毓晋教授根据抽象程度高低、数据量大小和研究方法的不同将图像工程分为既有联系又有区别的三个层次,即图像处理、图像分析及图像理解,如图1-1所示。

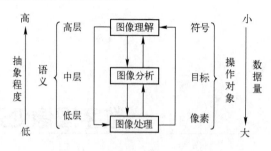

图 1-1　图像工程示意图[1]

完整的图像工程大体可分为图像信息的获取、图像信息的存储、图像信息的传送、数字图像处理、图像信息的输出和显示等。其中，数字图像处理主要包括如下研究内容。

（1）图像基本运算

图像基本运算包括点运算、代数运算、逻辑运算和几何运算等。点运算是针对像素点的处理，其处理是各像素独立进行的。代数运算是指两幅或多幅图像对应像素的加、减、乘、除运算。逻辑运算针对二值图像，是指对两幅或多幅二值图像所进行的逻辑操作。几何运算是指对原始图像进行大小、形状和位置上改变的变换处理。

（2）图像变换

为了有效和快速地对图像进行处理和分析，需要将原定义在图像空间域的图像以某种形式转换到其他的域（变换域），利用变换域的特有性质方便地进行一定的加工，最后再转换回图像空间域以得到所需的效果，如傅里叶变换、哈达玛变换、离散余弦变换等。

（3）图像增强

图像增强主要是突出图像中感兴趣的信息，减弱或去除不需要的信息，使有用的信息得到加强，便于区分或解释，主要包括直接灰度变换、直方图修正法、空间域滤波增强、频域滤波增强、伪彩色增强（Pseudo Color）等方法。

（4）图像编码

图像编码属于信息论中的信源编码范畴。图像编码技术可减少描述图像的数据量（比特数），以便节省图像的传输时间，减少所占用的存储器容量。

（5）图像恢复

图像恢复是通过计算机处理，对质量下降的图像加以重建或恢复的处理过程。图像恢复需建立造成图像质量下降的退化模型，运用相反过程恢复原来的图像，并运用一定的准则来判定是否得到图像的最佳恢复。

（6）图像分割

图像分割就是把图像分成若干个特定的、具有独特性质的区域，并提出感兴趣目标的技术和过程，是由图像处理到图像分析的关键步骤。从数学角度来看，图像分割是将数字图像划分成互不相交的区域的过程。图像分割的过程也是一个标记过程，即把属于同一区域的像素赋予相同的编号。

（7）特征提取

特征提取是指使用计算机提取图像中属于特征性信息的方法及过程。特征提取的结果是把图像上的点分为不同的子集。这些子集往往属于孤立的点、连续的曲线或连续的区域。图像的典型特征包括颜色、形状、纹理、边缘、区域等。

（8）图像识别

图像识别属于模式识别的范畴，是指利用计算机对图像进行处理、分析和理解，根据各自在图像信息中所反映的不同特征，识别各种不同模式的目标和对象的技术。图像识别的数学本质属于模式空间到类别空间的映射问题。

（9）图像理解

图像理解就是对图像的语义理解，属于数字图像处理的高层操作，是在图像分析的基础上，进一步研究图像中各目标的性质及其相互关系，并得出对图像内容含义的理解以及对原来客观场景的解释，进而指导和规划行为。

1.2 图像的数字化和数字图像的实质

1.2.1 图像的数字化

要在计算机中处理图像，首先必须把真实的图像通过数字化转变成计算机能够接受的显示和存储格式，然后用计算机进行分析处理。数字化（Digitizing）是将一幅图像从原来的形式转换为数字形式的处理过程。"转换"是非破坏性的。数字化过程包括扫描、采样和量化三个步骤。

扫描（Scanning）是按照一定的先后顺序对一幅图像进行遍历的过程，如按照行优先的顺序进行遍历扫描。像素（图像元素）是扫描（遍历）过程的最小寻址单元。对图像的数字化就是对胶片上一个个微小网格的顺序扫描。网格又称矩形扫描网格或光栅（Raster）。

采样（Sampling）是指遍历过程中，在图像的每个像素位置上测量其灰度值（亮度值）。采样通常是由光电传感器完成的，可将每个像素点的亮度转换成与其成正比的电压值。采样的结果是得到每一像素点的灰度值。采样频率是指 1s 内采样的次数，可反映采样点之间的间隔大小。采样频率越高，得到的图像质量越高，存储量越大。一般地，在进行采样时，原始图像越复杂、色彩越丰富，采样间隔越小。由于二维图像的采样是一维的推广，因此根据采样定理，要从取样样本中精确地复原图像，图像采样的频率必须大于或等于原始图像最高频率分量的两倍。

量化（Quantization）是将采样得到的灰度值通过模/数转换器等转换为离散的整数值。由于计算机只能处理数字量，因此必须将连续的灰度值转化为离散的整数值。为了能够反映图像的细节变化，量化的级别要足够高。量化时，量化值与实际值会产生误差。这种误差被称为量化误差或量化噪声，可用信噪比来度量。但量化噪声与一般噪声是有区别的。量化噪声由输入信号引起，可根据输入信号推测出来。一般噪声与输入信号无任何直接关系。

1.2.2 数字图像的实质

将一幅图像视为一个二维函数 $f(x,y)$，其中 x 和 y 是空间坐标，在 $x-y$ 平面上任意一对空间坐标 (x,y) 的幅值 f 被称为该点图像的灰度、亮度或强度。如果 f、x、y 均为非负有限离散值，则称该图像为数字图像。用函数 $f(x,y)$ 定义数字图像仅适用于最为一般的情况，即静态的灰度图像。更严格地说，数字图像可以是 2 个自变量（对于静态图像，Static Image）或 3 个自变量（对于动态画面，Video Sequence）的离散函数。对于静态图像，可以用函数 $f(x,y)$ 表示数字图像；对于动态画面，还需要时间参数 t，即用函数 $f(x,y,t)$ 表示数字图像。函数值可能是一个数值（对于灰度图像），也可能是一个向量（对于彩色图像）。

图像处理是一个涉及诸多研究领域的交叉学科。下面将从不同角度来审视数字图像。

（1）从线性代数和矩阵论的角度，数字图像就是一个由图像信息组成的二维矩阵，矩阵的每个元素均代表对应位置上的图像亮度或彩色信息。当然，这个二维矩阵在数据表示和存储上可能不是二维的。这是因为每个单位位置的图像信息可能需要不只一个数值来表示，可能需要一个三维矩阵来表示。

（2）由于随机变化和噪声的原因，图像在本质上是统计性的，因而有时将数字图像作为随机过程的实现来观察其存在的优越性。这时有关图像信息量和冗余的问题可以用概率分布和相关函数来描述和考虑。例如，如果知道概率分布，则可以用熵（Entropy）来度量数字图像的信息量，这是信息论中一个重要的思想。

（3）从线性系统的角度考虑，数字图像及其处理也可以表示为用狄拉克冲激公式表达的点展开函数的叠加。在使用这种方式对图像进行表示时，可以采用成熟的线性系统理论进行研究，在大多数时候，均考虑使用线性系统近似方式对图像进行近似处理以简化算法。

数字图像一般可以通过以下三种途径获取：

（1）将传统的可见光图像经过数字化处理转换为数字图像。例如，将一张照片通过扫描仪输入计算机中，扫描过程实质上就是一个数字化过程。

（2）应用各种光电转换设备直接得到数字图像。

（3）直接由二维离散数学函数生成数字图像。

无论采取哪种获取方式，最终得到的数字图像在数学上都是一个矩阵。因此，数字图像处理的实质是对矩阵进行各种运算和处理。也就是说，将原始图像变为目标图像的过程，实质上是由一个矩阵变为另一个矩阵的数学过程。无论是图像的点运算、几何运算、图像的统计特征还是傅里叶变换等正交变换，本质上都是基于图像矩阵的数学运算。

1.3 数字图像的类型

数字图像按照颜色和灰度的多少可以分为二值图像、灰度图像、索引图像和 RGB 图像四种基本类型。目前，大多数图像处理软件都支持这四种类型的图像。

（1）二值图像

二值图像是指每个像素不是黑的就是白的，其灰度值没有中间过渡的图像。一幅二值图像的二维矩阵仅由 0、1 构成，"0" 代表黑色，"1" 代白色。由于每个像素（矩阵中每个元素）取值只有 0、1 两种可能，所以计算机中二值图像的数据类型采用一个二进制位表示。二值图像通常用于文字、线条图的扫描识别（OCR）和掩膜图像的存储。其优点是占用空间少，缺点是当表示人物、风景的图像时，二值图像只能描述其轮廓，不能描述细节。这时候要用更高的灰度级。

（2）灰度图像

灰度图像一般是指具有 256 级灰度值的数字图像，即 8bit 灰度图像。灰度图像只有灰度颜色，没有其他颜色。灰度图像矩阵元素的取值范围通常为[0, 255]，数据类型为 8 位无符号数，"0" 代表纯黑色，"255" 代表纯白色，0～255 之间的数字由小到大表示从纯黑色到纯白色之间的过渡色。二值图像可以看成是灰度图像的一个特例。

（3）索引图像

索引图像的文件结构与灰度图像和 RGB 图像文件不同，既包括存放图像数据的二维矩阵，还包括一个颜色索引矩阵（MAP）。MAP 矩阵也可以由二维数组表示。MAP 的大小由存放图像矩阵元素的值域（灰度值范围）决定。例如，若矩阵元素值域为 0～255，则 MAP 矩阵的大小为 256×3，矩阵的三列分别为 R（红）、G（绿）、B（蓝）值，以 MAP=[R G B]表示。图像矩阵的每一个灰度值对应 MAP 中的一行。在计算机上打开图像文件时，其索引矩阵也同时读入。图像每个像素的颜色以灰度值作为索引，通过检索颜色索引矩阵（MAP）得到实际的颜色。在计算机中，索引图像的数据类型一般为 8 位无符号整型，即索引矩阵 MAP 的大小为 256×3。一般索引图像只能同时显示 256 种颜色。

（4）RGB 图像

RGB 图像又称真彩色图像，是指在组成一幅彩色图像的每个像素值中，分别用红（R）、绿（G）、蓝（B）三原色的组合来表示每个像素的颜色。与索引图像不同的是，RGB 图像每一个像素的颜色值（由 RGB 三原色表示）均直接存放在图像矩阵中，不需要进行索引。由于数字图像以二维矩阵表示，每个像素的颜色需由 R、G、B 三个分量来表示，因此 RGB 图像矩阵需要采用三维矩阵表示，即 $M×N×3$ 矩阵，M、N 分别表示图像的行、列数，3 个 $M×N$ 的二维矩阵分别表示各个像素的 R、G、B 颜色分量。RGB 图像的数据类型一般为 8 位无符号整型。

虽然索引图像和 RGB 图像都可以存放彩色图像，但两者之间的数据结构不同，存在明显的差别。由于索引图像所表示的颜色数量是由索引矩阵 MAP 的大小决定的，MAP 的大小又由像素灰度值的值域决定，所以在 8 位无符号整型数据的情况下，索引图像只能表示 256 种颜色。由于 RGB 图像将每个像素的 R、G、B 三个颜色分量均直接存放在三维图像矩阵中，理论上所表示的颜色可多达 2^{24}（$2^8×2^8×2^8$）种，远远多于索引图像的 $256(2^8)$ 种颜色，而且像素的颜色直接存放在图像矩阵中，在读取数据时无须索引，所以 RGB 图像的显示速度很快。

索引图像的优点：首先，所占用的存储空间远远小于 RGB 彩色图像，在对图像颜色要求不高的情况下，一般可采用索引图像存放彩色图像；其次，由于索引图像的颜色值存放在索引矩阵 MAP 中，在修改图像的颜色时直接修改索引矩阵即可，不需要修改图像矩阵，因此在比较选择不同的图像处理方案时，索引图像显得非常方便。

综上所述，在数字图像的四种基本类型中，随着表示颜色类型的增加，数字图像所需的存储空间逐渐增加。二值图像仅能表示黑、白两种颜色，所需的存储空间最少；灰度图像可以表示由黑色到白色渐变的 256 个灰度级，每个像素需要一个字节存储空间；索引图像可以表示 256 种颜色，与灰度图像一样，每个像素需要一个字节存储空间，为了表示 256 种颜色，还需要一个 256×3 颜色索引矩阵；RGB 图像可以表示 2^{24} 种颜色，相应每个像素需要 3 个字节的存储空间，是灰度图像和索引图像的 3 倍。表 1-1 给出了数字图像四种基本类型的对比。

表 1-1 数字图像四种基本类型的对比

类 型	二值图像	灰度图像	索引图像	RCB 图像
颜色数量	2	256	256	2^{24}
数据类型	1bit	8bit	8bit	24bit
矩阵大小	$M×N$	$M×N$	$M×N$	$M×N×3$

1.4 数字图像的显示

数字图像经过处理后，可用于观看或保留。数字图像的显示方式主要有两类。第一类是通过屏幕显示，显示设备主要包括电视显示器和液晶显示器等。这类显示并未将图像永久记录在纸或胶片等介质上，是暂时的显示，也称"软复制"显示。第二类是通过各种打印设备（例如图像记录器和打印机等）将图像打印出来。这类显示将图像记录在纸或胶片等介质上，是永久性的显示，也称"硬复制"显示。

1.4.1 数字图像的显示特性

数字图像的显示特性包括显示图像的大小、光度分辨率、低频响应、高频响应、点间距和噪声特性等。这些因素共同决定了图像的显示效果。

（1）显示图像的大小

显示图像的大小是指图像显示系统显示图像尺寸的能力，包括显示器物理尺寸和系统可处理的数字图像大小两个方面。

（2）光度分辨率

显示系统的光度分辨率是指系统在每个像素位置产生正确的亮度或光密度的精度，特别是显示数字图像时系统所能产生的离散灰度级数量。它部分地依赖于控制每个像素亮度的比特数，如果显示器可以处理 8bit 数据，则能够产生 256 种灰度级。

要指出的是，如果显示系统内部的电子噪声达到或者超过一个以上的灰度级范围，那么显示系统灰度级的有效数量就会有一定的减小。一个简单的经验估算方法是根据均方根（RMS）噪声进行计算。RMS 噪声决定了灰度分辨率的实际下限。有效灰度级数绝不会多于数字数据中的灰度级数，很可能会少一些。

（3）低频响应

对于图像显示特性而言，低频响应是指显示系统在大块等灰度级区域，即平坦区域的显示能力。数字图像处理技术的目标是使数字处理对图像的视觉效果影响最小，也就是说，希望平坦区域以均匀一致的亮度显示出来。

（4）高频响应

对于图像显示特性而言，高频响应指系统显示直线图案性能的好坏，系统显示直线图案的性能反映了系统显示图像细节的能力。一种常用的高频测试图案，是由相距一个像素的明暗交替竖直线构成的，被称为"线对"。每一个线对均由一条暗线和相邻的一条明线构成。暗线由零亮度像素组成。明线由高亮度像素组成。

（5）点间距

点间距越小，均匀区域的平坦性就越好；点间距越大，越能更好地显示图像的细节信息，突出对比度。从点间距的选择而言，低频响应与高频响应的需求是一对矛盾，实际选择时必须采取折中方法。

（6）噪声特性

显示系统的电子噪声可能引起的不利包括亮度与显示点位置两方面。其一是幅值噪声。如果所有噪声的幅值都低于一个灰度级，那么总的显示效果就很理想。亮度通道的随机噪声会产生一种胡椒加盐的效果，即黑白噪声点。这类噪声在平坦区域尤为明显。其二是位置噪声。相比幅值噪声，位置噪声对显示的影响更为严重。位置噪声可能引起点显示间距的不均匀。极其严重的位置噪声会给图像的显示带来视觉可观察到的几何畸变。

1.4.2　数字图像的打印

这里我们要介绍打印数字图像时，弥补输出设备灰度值有限（灰度级不足）时常用的一种技术——半调输出技术。

在一般情况下，打印设备只能输出二值图像。以激光打印机为例，其输出点的灰度只有两个，或者输出黑色的打印点（有墨），或者输出白色点（无墨）。为了在现行的打印设备上输出灰度图像，常采用半调输出技术。半调输出技术是一种利用人类的视觉原理，将灰度图像转换为二值图像的技术。半调输出技术的基本原理是将输出图像中的灰度转换为二值点的模式，使现有的仅能输出二值图像的打印设备输出灰度图像。

半调输出本质上是一种利用人类视觉原理的特定输出方法，即通过控制二值点输出模式的形式（包括数量、尺寸和形状等），使人类视觉系统获得灰度级别的视觉效果。也就是说，半调输出利用视觉系统在微观上的视觉平均特性，以单位面积上二值墨点的多少、墨点的大小来体现不同的灰度等级。如果对半调输出的图像进行足够的放大，则呈现出来的依然是二值图像。

半调输出模板是半调输出的一种具体实现方法，是指将图像输出的单元进行细分，通过邻近的二值点结合起来组成图像输出单元。这样细分之后，图像输出的基本单元包含若干二值点。这些二值点组成一个模板，使模板中的一些二值点输出墨点，其他二值点的输出为没有墨色的空白点，从而达到显示不同灰度等级的效果。图 1-2 为 2×2 大小的半调输出模板，即一个输出单元分为 2×2 个网格，可以实现 5 个灰度等级的打印输出效果。大小为 3×3 的半调输出模板，可实现 10 个灰度等级效果。若要输出 256 个灰度级，则需要采用 16×16 大小的半调输出模板。需要说明的是，这里将输出的二值点进行了放大，实际打印机的二值点比如图 1-2 所示的二值点小很多，放大的目的是为了更形象地说明半调输出技术的效果。

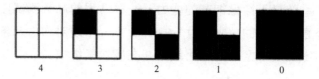

图 1-2　2×2 大小的半调输出模板

1.5　彩色模型

人眼中的锥状细胞是负责彩色视觉的传感器。详细的实验结果已经确定，人眼中的（600～700）万个锥状细胞可分为 3 个主要的感知类别，分别对应红色、绿色和蓝色。大约 65% 的锥状细胞对红光敏感，33% 的锥状细胞对绿光敏感，只有 2% 的锥状细胞对蓝光敏感。图 1-3 显示了人眼中的红色、绿色和蓝色锥状细胞吸收光的平均实验曲线。由于人眼的吸收特性，因此所看到的绝大多数彩色是三原色红（R）、绿（G）、蓝（B）的各种组合。

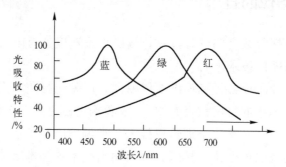

图 1-3　人眼中的红色、绿色和蓝色锥状细胞吸收光的平均实验曲线[2]

彩色模型（也叫彩色空间或彩色系统）的目的是以在一定标准下通常可接受的方式方便地对彩色加以说明。从本质上说，彩色模型是一个坐标系统。在该系统下的一个子空间中，每种颜色都对应其中一个点。

彩色模型的设计通常是为了便于硬件实现或对颜色进行控制。在实际应用中，最常见的模型有下列几种。

1.5.1 RGB 彩色模型

RGB 彩色模型广泛应用于彩色显示器、高质量彩色摄像机中。在 RGB 彩色模型中，每种颜色均出现在红、绿、蓝的原色光谱成分中。RGB 彩色模型基于笛卡儿坐标系，所考虑的彩色子空间是如图 1-4 所示的立方体。图中，RGB 原色值位于 3 个角上，二次色青色、深红色和黄色位于另外 3 个角上，黑色位于原点处，而白色位于离原点最远的角上。在该模型中，灰度（RGB 值相等的点）沿着连接这两点的直线从黑色延伸到白色。在这一模型中的不同颜色是位于立方体上的或立方体内部的点，且由自原点延伸的向量来定义。为方便起见，假定所有的颜色值均已归一化了。因此，图 1-4 所示的立方体是一个单位立方体，即 R、G 和 B 的所有值都假定在区间[0, 1]内。

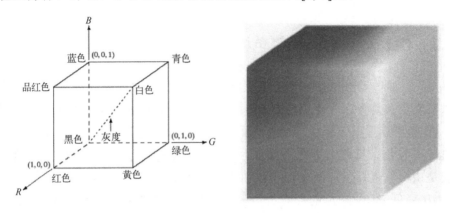

图 1-4 彩色子空间[2]

由 RGB 彩色模型表示的图像由 3 个分量图像组成，每种原色为一幅分量图像。当将其送入 RGB 监视器时，3 幅图像在屏幕上混合生成一幅合成的彩色图像。在 RGB 彩色空间，表示每个像素的比特数被称为像素深度。考虑一幅 RGB 彩色图像，其中每幅红、绿、蓝图像都是一幅 8 比特图像。在这种条件下，可以说每个 RGB 彩色像素[(R,G,B)值的三元组]均有 24bit 的深度（3 个图像平面乘以每个平面的比特数）。全彩色图像通常用来表示一幅 24bit 的 RGB 彩色图像。在 24bit 的 RGB 彩色图像中，颜色总数为 16777216 种。

在 RGB 彩色模型中，所有颜色都可看作由三种基本颜色混合而成，即

$$C = \alpha(R) + \beta(G) + \gamma(B) \tag{1-1}$$

式中，α、β、γ 是红、绿、蓝三种成分的比例，被称为三色系数。RGB 彩色模型主要应用于彩色电影、电视和测色计中。

在实际应用中，经常需要将彩色图像转换为灰度图像，转换关系可由不同的标准规范决定。假设 Y 表示灰度（强度）信息，在 NTSC 美制电视制亮度规范中，灰度与红、绿、蓝三色光的关系为

$$Y = 0.229\alpha + 0.587\beta + 0.114\gamma \tag{1-2}$$

在 PAL 电视制亮度规范中，灰度与红、绿、蓝三色光的关系为

$$Y = 0.222\alpha + 0.707\beta + 0.071\gamma \tag{1-3}$$

在一些应用中，有时只需考虑 R、G、B 之间的比例关系，这时可以使用规范化 RGB 颜色空间，即

$$R = \frac{\alpha}{\alpha + \beta + \gamma}$$
$$G = \frac{\beta}{\alpha + \beta + \gamma} \tag{1-4}$$
$$B = \frac{\gamma}{\alpha + \beta + \gamma}$$

式中，R、G、B 被称为色度坐标，只有两个坐标是独立的，第三个坐标可利用前两个坐标求得。

1.5.2 CMY 和 CMYK 彩色模型

在白光下，吸收蓝光的颜料看上去是黄色，吸收绿光的颜料看上去是品红色，吸收红光的颜料看上去是青色。青色（Cyan）、品红色（Magenta）、黄色（Yellow）被称为三补色。CMY 彩色模型以三补色作为基色，可以用正方体表示。正方体的 6 个顶点分别为红色、黄色、绿色、青色、蓝色、品红色，顶点（1,1,1）为黑色，（0,0,0）为白色，即主对角线是由白色到黑色的渐变，产生由亮到暗的灰度变化。

在 RGB 彩色空间，颜色的形成是由黑色到白色的增色处理过程，用于屏幕的彩色输出。在 CMY 彩色空间，颜色的形成是由白色到黑色的减色处理过程，故称为减色原色空间，主要用于绘图和打印的彩色输出。

实际上，由以打印为目的进行组合的这些颜色所产生的黑色是不纯的。为了生成真正的黑色，即在打印中起主要作用的颜色，在 CMY 彩色空间加入第 4 种颜色——黑色，提出了 CMYK 彩色模型。出版商提到的"四色打印"，指的就是 CMYK 彩色模型。

1.5.3 HSI 彩色模型

国际照明委员会 CIE 对颜色的描述给了一个通用的定义：用颜色的 3 个特性来区分颜色，即色调、饱和度和明度。它们是颜色所固有的、截然不同的特性。这种模型与人类描述和解释颜色的方式最接近，方便人为指定颜色。HSI 彩色空间示意图如图 1-5 所示。

色调（Hue）又称色相，是指颜色的外观，用于区别颜色的名称和颜色的种类。在 $0° \sim 360°$ 标准色轮上，色相是按位置度量的。色调用红、橙、黄、绿、青、蓝、靛、紫等术语来刻画。用于描述感知色调的一个术语是色彩（Colorfulness）。

饱和度（Saturation）有时也称彩度，是指颜色的强度或纯度。饱和度表示色相中灰成分所占的比例，是用 0（灰色）～100%（完全饱和）的百分比来度量的。在标准色轮上，从中心向边缘的饱和度是递增的。完全饱和的颜色是指没有渗入白光所呈现的颜色，例如，仅由单一波长组成的光谱色就是完全饱和的颜色。

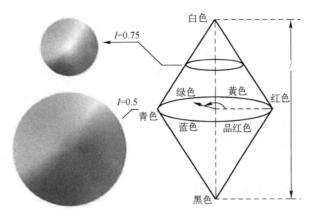

图 1-5 HSI 彩色空间示意图 [2]

明度（Brightness）是视觉系统对可见物体辐射或发光多少的感知属性，与人类的感知有关。国际照明委员会定义了一个比较容易度量的物理量来度量明度。该物理量被称为亮度（Luminance），即辐射的能量。明度是指相对明暗程度，通常用 0（黑）~100%（白）的百分比来度量，在黑白两个极端之间是灰色。

从 RGB 彩色空间到 HIS 彩色空间的转换比较复杂，转换公式为

$$\begin{cases} I = \dfrac{1}{3}(R+G+B) \\ S = 1 - \dfrac{3\min(R,G,B)}{R+G+B} \\ \theta = \cos^{-1}\left[\dfrac{\frac{1}{2}[(R-G)+(R-B)]}{\sqrt{(R-G)^2+(R-B)(G-B)}}\right] \\ H = \begin{cases} \theta & G \geqslant B \\ 360° - \theta & G < B \end{cases} \end{cases} \quad (1\text{-}5)$$

式中，θ 的物理含义为 HIS 彩色空间中一点与红色轴之间的夹角。

从 HSI 彩色空间转换为 RGB 彩色空间的公式描述如下。

当 $0° \leqslant H \leqslant 120°$ 时，RGB 彩色空间各分量为

$$\begin{cases} R = I\left[1 + \dfrac{S\cos(H)}{\cos(60°-H)}\right] \\ B = I(1-S) \\ G = 3I - R - B \end{cases} \quad (1\text{-}6)$$

当 $120° \leqslant H \leqslant 240°$ 时，RGB 彩色空间各分量为

$$\begin{cases} G = I\left[1 + \dfrac{S\cos(H-120°)}{\cos(180°-H)}\right] \\ R = I(1-S) \\ B = 3I - R - G \end{cases} \quad (1\text{-}7)$$

当 $240° \leqslant H \leqslant 360°$ 时，RGB 彩色空间各分量为

$$\begin{cases} B = I\left[1 + \dfrac{S\cos(H-240°)}{\cos(300°-H)}\right] \\ G = I(1-S) \\ R = 3I - G - B \end{cases} \quad (1\text{-}8)$$

1.6 图像的统计特征

1.6.1 灰度图像的统计特征

（1）信息量

一幅图像有 q 个灰度级，如果出现的概率分别为 p_1、p_2、…、p_q，则灰度图像的信息熵可表示为

$$H = -\sum_{i=1}^{q} p_i \log_2 p_i \quad (1\text{-}9)$$

当图像中灰度值出现的概率相等时，图像的熵最大。

（2）灰度平均值

一幅图像中所有像素灰度值的算术平均值表示为

$$\overline{f} = \frac{1}{MN}\sum_{i=0}^{M-1}\sum_{j=0}^{N-1} f(i,j) \quad (1\text{-}10)$$

（3）灰度中值

灰度中值是所有灰度级中处于中间的值；当灰度级为偶数时，取中间两个灰度值的平均值。

（4）灰度众数

灰度众数是图像中出现次数最多的灰度值，是一幅图像中面积占优物体的灰度特征的表示。

（5）灰度标准差

灰度标准差可反映图像各个像素灰度值与图像平均灰度值的总的离散程度，与熵一样，是衡量一幅图像信息量大小的主要度量指标，是图像统计特征中最重要的统计量之一。标准差越大，图像信息量越大。灰度标准差 S 可以表示为

$$S = \sqrt{\frac{1}{MN}\sum_{i=0}^{M-1}\sum_{j=0}^{N-1}[f(i,j)-\overline{f}]^2} \quad (1\text{-}11)$$

（6）灰度值域

灰度值域是图像最大灰度值与最小灰度值之差，可反映图像灰度值的变化程度，并间接反映了图像的信息量。

1.6.2 灰度图像的直方图

直方图是统计学中常用的工具。在数字图像处理中，灰度图像的直方图是灰度级的

函数，概括地表述了一幅图像的灰度信息。直方图的横坐标是灰度值，纵坐标是该灰度值出现的像素数或频次（某一灰度值的像素数占图像所有像素数的百分比）。一幅图像的直方图基本上可以描述该幅图像的概貌，如图像的整体明暗程度和对比度等情况。

从概率论角度来看，直方图是关于灰度级的离散概率分布函数。通过直方图，我们可以计算 1.6.1 节介绍的统计特性。例如，灰度均值可以认为是按照直方图所描述的概率分布函数求灰度值的期望，灰度众数可以认为是概率分布函数峰值处所对应的灰度值。既然灰度图像的直方图给出了图像中灰度级出现的概率，自然也可以按照式（1-9）求出图像的信息熵。

灰度图像直方图的性质描述如下：

（1）只反映图像中不同灰度级的出现概率，不能反映某一灰度值像素所在的位置信息，即丢失了位置信息。

（2）任意给定图像的直方图是唯一的，任意给定直方图所对应的图像不唯一。

（3）由于直方图是对具有相同灰度值的像素统计得到的，因此若某一幅图像由多幅子图像构成，则各子图像直方图之和应等于原始图像的直方图。

1.6.3　多波段图像的统计特征

灰度图像每个像素的度量是数值。多波段图像每个像素的度量是向量。RGB 彩色图像具有红、绿、蓝 3 个波段，遥感图像有 7 个波段，它们都属于多波段图像。这类图像的每个波段均具有与 1.6.1 节所述类似的统计特性。此外，各波段之间还具有如下统计特性。

（1）协方差

多波段图像的两个波段数据分别为 $f(i,j)$ 和 $g(i,j)$，大小均为 $M \times N$，两个波段之间的协方差系数为

$$S_{gf}^2 = S_{fg}^2 = \frac{1}{MN} \sum_{i=0}^{M-1} \sum_{j=0}^{N-1} [f(i,j) - \overline{f}][g(i,j) - \overline{g}] \tag{1-12}$$

（2）相关系数

相关系数是描述图像波段之间相关程度的统计量，反映了两个波段图像所包含信息的重叠程度。相关系数非常大时，选择其中一个波段就可以表示两个波段的信息。相关系数为 1，表明两个波段数据完全重叠。相关系数计算公式为

$$r_{gf} = S_{gf}^2 / (S_{gg} S_{ff}) \tag{1-13}$$

1.7　Matlab 图像处理基础

本节将介绍基于 Matlab 进行图像处理的基础操作，包括图像文件的读/写与显示、

图像类型的转换及图像统计特征的计算。在使用 Matlab 进行图像处理时，图像文件的读/写与显示及图像类型的转换是进行其他处理的前提。本节将给出在 Matlab 中实现这些功能的函数，并通过示例给出这些函数的使用方法及运行结果。

1.7.1 图像文件的读/写与显示

1. 图像的读取

在 Matlab 环境中，利用函数 imread 来实现图像文件的读取，具体格式如下：

    A=imread(filename，format)

其中，filename 为图像文件名；format 为图像格式，读取的图像数据保存在矩阵 A 中。矩阵 A 主要是表 1-2 所对应的数据类型。其中，double、uint8、char、logical 是常用的四种类型。函数 imread 可以读取二值图像、灰度图像和 RGB 彩色图像。函数命令 imread 中的 format 可以默认，默认时函数会自动搜索 filename 所对应的图像文件格式。在 filename 中，图像文件的扩展名（代表图像格式）一般不可默认。

表 1-2 数据类型

数 据 类 型	描　　　述
double	双精度浮点数，8 字节
uint8	无符号 8bit 整数，1 字节
uint16	无符号 16bit 整数，2 字节
uint32	无符号 32bit 整数，4 字节
int8	有符号 8bit 整数，1 字节
int16	有符号 16bit 整数，2 字节
int32	有符号 32bit 整数，4 字节
single	单精度浮点数，4 字节
char	字符
logical	值为 0 或 1

当读取的图像文件是索引图像时，可采用如下的操作格式：

    [X, map]=imread(filename)

其中，X 代表读取索引图像的数据矩阵；map 为该索引图像的颜色映射表。对于 8bit 的索引图像，其颜色映射表 map 为 256×3 的矩阵。若 filename 所对应的图像文件为 Matlab 软件自带图像，则可直接输入图像文件的文件名和扩展名，当读取本地 PC 上的图像文件时，要输入完整的 dir 路径。

如果要给出所读取图像的维数，则可采用如下函数，即

    [M, N]=size (A)

其中，M 为图像矩阵的行数；N 为图像矩阵的列数。

如果想知道图像数据更为详细的信息，则可使用 whos 命令。

2．图像的显示

在 Matlab 中，用户可以调用 imshow 函数来显示一幅图像。imshow 函数将自动设置图像窗口对象的 Colormap 属性、坐标轴的 CLim 属性及图像对象的 CData 和 CdataMapping 属性。

当显示的图像为二值图像或 RGB 彩色图像时，采用如下格式，即

imshow(A),

当显示的图像为索引图像时，显示命令格式为

imshow(X, map)

其中，X 为索引图像的数据矩阵；map 为索引图像的颜色映射表。注意，颜色映射表 map 在命令中不可默认；若默认，则函数会自动显示该索引图像所对应的灰度图像。

当显示的图像为灰度图像时，可以采用如下三种命令格式。

（1）imshow(I, n)

I 为灰度图像的数据矩阵，n 取整数，代表所需要显示图像的灰度等级数，默认值为 256，一般可以默认。

（2）imshow(I, [low high])

该函数显示灰度图像数据 I，并通过[low high]限定显示的灰度级区域。灰度图像数据 I 中所有小于 low 的像素值被显示为黑色，所有高于 high 的像素都显示为白色，在[low, high]区间之内的灰度值将被归一化。

（3）imshow(I, [ ])

该函数采用空函数[ ]限定显示的灰度级区域，相当于使用[min(I(:)) max(I(:))]作为参数。利用这个参数的属性，可以在图像显示时起到增强对比度的效果。

当要显示多幅图像时，imshow 可以与 figure 命令联合使用。函数 figure 用于开辟窗口，函数 imshow 可以在该窗口中显示图像。要注意，显示多幅图像时，如果忘记使用 figure 命令，则程序将会只显示最后一幅图像。

3．图像的写入

在 Matlab 中，可以通过 imwrite 函数把数值矩阵所代表的图像数据写入标准格式的图像文件。对于灰度图像或 RGB 彩色图像，写入命令格式为

imwrite(A, filename，format)

或者

A= imwrite(filename，format)

对于索引图像，命令格式为

imwrite(X, map, filename，format)

或者

[X, map]=imwrite(filename，format)

在上述命令中，文件名称 filename 一般需要输入完整的 dir 路径，而且图像名称必须带合法的扩展名，文件格式 format 可以默认，也可以取如下的值：'bmp'、'tif'、'png'、'jpg'、'xwd'。

示例 1.1：灰度图像的读取与显示。

在命令行中输入如下代码，即

```
>> A=imread('cameraman.tif'); figure(1), imshow(A);
>> whos A
  Name      Size            Bytes  Class    Attributes

  A         256x256         65536  uint8
```

代码中：通过 imread 命令可以读取 Matlab 系统自带的图像 cameraman，格式为 tif；通过 whos 命令可看出该图像数据类型为 uint8，图像大小为 256×256，是一幅 8bit 的灰度图像；函数 figure 用于开辟图像窗口；函数 imshow 可以在该窗口中显示图像，如图 1-6 所示。

示例 1.2：RGB 彩色图像的读取与显示。

在命令行中输入如下代码，即

```
>> B=imread('e:/standard-images/lena_color.bmp');figure(2),imshow(B);
>> whos B
  Name      Size              Bytes  Class    Attributes

  B         512x512x3        786432  uint8
```

该示例是读取本地电脑 e 盘中 standard-images 文件夹下的图像 lena_color，格式为 bmp，通过 whos 命令可看出该图像数据类型为 uint8，图像大小为 512×512×3，其中前两个 512 代表图像的行数和列数，3 代表 RGB 的三个通道，是一幅 RGB 彩色图像，如图 1-7 所示。

图 1-6　灰度图像显示

图 1-7　彩色图像显示

示例 1.3：索引图像的读取与显示。

在命令行中输入如下代码，即

```
>> [X,map]=imread('trees.tif');figure(3),imshow(X,map)
>>whos X
    Name      Size            Bytes   Class    Attributes
     X       258x350          90300   uint8
>>whos map
    Name      Size            Bytes   Class    Attributes
     map     256x3             6144   double
```

索引图像显示如图 1-8 所示。

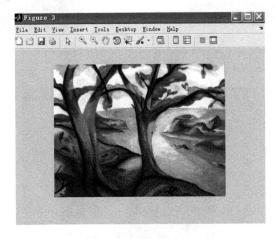

图 1-8 索引图像显示

示例 1.4：函数 imshow。

在命令行中输入如下代码，即

```
>> X=imread('trees.tif');
figure(1),imshow(X)
figure(2),imshow(X,[50 80])
figure(3),imshow(X,[ ])
>>whos X
    Name      Size            Bytes   Class    Attributes
     X       258x350          90300   uint8
>>min(min(X))
ans =
    0
>>max(max(X))
ans =
    127
```

由代码可以看出，该函数为 8bit，灰度区间为[0,127]，仅占据一半的灰度区间，采用 imshow(X)命令，显示结果如图 1-9（a）所示，图像整体偏暗。图 1-9（b）为 imshow(X,[50 80])显示结果，对比原始图像虽然较亮，但是灰度级损失很多。图 1-9（c）为 imshow(X,[ ])显示结果，对比原始图像不但灰度级没有损失，而且整体也变亮了，说明对比度得到了增强。

（a）imshow(X)   （b）imshow(X,[50 80])

（c）imshow(X,[ ])

图 1-9 imshow 函数使用示例

1.7.2 图像类型的转换

某些图像处理过程需要对图像的类型进行转换。例如，要对一幅索引图像进行滤波处理，首先要将其转化为 RGB 彩色图像，否则结果是毫无意义的。为了使读者对图像类型有一个更加清晰的认识，本节将对不同图像类型转换的 Matlab 函数进行介绍。

（1）mat2gray 函数

在 Matlab 环境中，mat2gray 函数将一个二维数据矩阵转化为灰度图像的格式为

          I=mat2gray(A, [amin amax])

mat2gray 函数将二维矩阵 A 在区间[amin amax]转化为灰度图像 I，amin 对应灰度 0（最暗），amax 对应灰度 1（最亮），矩阵 A 中小于等于 amin 的元素值映射至灰度 0，大

于等于 amax 的元素值映射至灰度 1。

mat2gray 函数区间[amin amax]可以默认,即 I=mat2gray(A),此时程序将自动将矩阵 A 中的最小值设为 amin,最大值设为 amax。

(2) ind2gray 函数

在 Matlab 环境中,ind2gray 函数把索引图像转化为灰度图像的格式为

```
I=ind2gray(X,map)
```

ind2gray 函数将具有颜色索引矩阵 map 的索引图像 X 转化为灰度图像 I,相当于仅保留了原始图像中的亮度信息,去掉了色度和饱和度信息。输入图像可以为 uint8 或 double 类型,输出图像为 uint8 类型。

示例 1.5:将索引图像转化为灰度图像。

在命令行中输入如下代码,显示结果如图 1-10 所示。

```
>> [X,map]=imread('trees.tif');
figure,imshow(X,map)
I=ind2gray(X,map);
figure,imshow(I)
```

(a) 索引图像　　　　　　　　　　　(b) 灰度图像

图 1-10　将索引图像转化为灰度图像

(3) gray2ind 函数

在 Matlab 环境中,gray2ind 函数将灰度图像转化为索引图像的格式为

```
[X,map]=gray2ind(I,n)
```

gray2ind 函数将灰度图像 I 重新量化为 n 个灰度级,生成具有 n 个灰度级的索引图像 X,以及 n×3 的颜色索引矩阵 map。要注意,在生成的 map 中,RGB 三个分量的值相同,显示出的索引图像看上去仍与灰度图像类似,仅有亮度信息。

示例 1.6:将灰度图像转化为索引图像。

在命令行中输入如下代码,显示结果如图 1-11 所示。

```
>> I=imread('cameraman.tif');
figure, imshow(I);
[X, map]=gray2ind(I,8);
```

figure, imshow(X, map);

（a）灰度图像

（b）索引图像

（c）颜色索引矩阵 map

图 1-11　将灰度图像转化为索引图像

（4）ind2rgb 函数

在 Matlab 环境中，ind2rgb 函数将索引图像转化为 RGB 彩色图像的格式为

  I=ind2rgb(X, map)

ind2rgb 函数将具有颜色索引矩阵 map 的索引图像 X 转化为 RGB 彩色图像 I。该函数实际上是产生一个三维数组，并将索引图像 X 所对应的颜色索引矩阵 map 中的 RGB 三个分量赋予三维数组。因此，转换前后的图像在视觉上没有任何区别。

（5）rgb2ind 函数

在 Matlab 环境中，rgb2ind 函数将 RGB 彩色图像转化为索引图像的格式为

  [X, map]=rgb2ind(I, n)

这里 n 为索引图像所对应的颜色个数。该函数采用最小方差准选取 n×3 的颜色索引矩阵 map，将 RGB 彩色图像转化为索引图像。其中，n 的取值不大于 65536。

示例 1.7：将 RGB 彩色图像转化为索引图像。

在命令行中输入如下代码，显示结果如图 1-12 所示。

```
>> I=imread('peppers.png');figure(1),imshow(I);
[X,map]=rgb2ind(I,8);
figure(2),imshow(X,map);
```

（a）RGB 彩色图像

（b）索引图像

map <8x3 double>		
1	2	3
0.3333	0.0902	0.0745
0.7608	0.1686	0.1373
0.8902	0.7255	0.6353
0.4078	0.3961	0.0941
0.6510	0.5451	0.1255
0.4824	0.3216	0.5412
0.2706	0.1451	0.2627
0.9686	0.5847	0.0824

（c）颜色索引矩阵 map

图 1-12 将 RGB 彩色图像转化为索引图像

（6）rgb2gray 函数

rgb2gray 函数将 RGB 彩色图像转化为灰度图像的格式为

```
A=rgb2gray(I)
```

rgb2gray 函数输出图像与输入图像类型相同。输入 RGB 彩色图像可以是 uint8、uint16、double 或 single 类型。

示例 1.8：将 RGB 彩色图像转化为灰度图像。

在命令行中输入如下代码，显示结果如图 1-13 所示。

```
>>I=imread('peppers.png');
figure(1),imshow(I);
A=rgb2gray(I);
figure(2),imshow(A);
```

（7）im2bw 函数

im2bw 函数通过设定亮度阈值把输入图像转化为二值图像。当输入图像为灰度图像、索引图像、RGB 彩色图像时，im2bw 函数格式为

```
BW=im2bw(I, threshold)
```

（a）RGB 彩色图像

（b）转化后的灰度图像

图 1-13　将 RGB 彩色图像转化为灰度图像

其中，I 为输入的灰度图像或 RGB 彩色图像；threshold 是归一化的阈值，介于[0,1]之间。输入图像为 double 或 uint8 类型。

当输入图像为索引图像时，im2bw 函数格式为

```
BW=im2bw(X, map, threshold)
```

其中，X 为输入的索引图像；map 为颜色索引矩阵；threshold 是归一化阈值。

示例 1.9：将三种类型的图像转化为二值图像。

在命令行中输入如下代码，将图 1-10（a）、图 1-11（a）、图 1-12（a）这三幅图像转化为二值图像，显示结果如图 1-14 所示。

```
>>threshold=0.5;
I=imread('cameraman.tif');
J=imread('peppers.png');
[X,map]=imread('trees.tif');
BW1=im2bw(I, threshold);figure, imshow(BW1);
BW2=im2bw(J, threshold);figure,imshow(BW2);
BW3=im2bw(X,map,threshold);figure,imshow(BW3);
```

（a）索引图像的转化结果

图 1-14　三种类型图像的二值化结果

（b）灰度图像转化结果

（c）RGB 彩色图像转化结果

图 1-14 三种类型图像的二值化结果（续）

（8）dither 函数

dither 函数通过抖动技术增加输出图像的颜色分辨率，可实现图像类型转换。输入图像可以是 double 或 uint8 类型。

当输入图像为灰度图像时，dither 函数通过半调输出技术实现图像的二值化，格式命令为

BW=dither(I)

当输入为 RGB 彩色图像时，dither 函数将 RGB 彩色图像转化为索引图像，格式为

X=dither(I,map)

示例 1.10：dither 函数的应用。

建立 M 文件，运行如下程序，演示 dither 函数的图像类型转换，结果如图 1-15 所示。

（a）灰度图像

（b）dither 后的二值图像

图 1-15 dither 函数演示结果

（c）RGB 彩色图像　　　　　　　　　（d）dither 后的索引图像

图 1-15　dither 函数演示结果（续）

```
I=imread('cameraman.tif');      %读取灰度图像
A=dither(I);                    %利用半调输出技术二值化
figure(1),imshow(I)
figure(2),imshow(A)
[X,map]=imread('trees.tif');    %调用索引图像 trees 的颜色索引矩阵
J=imread('peppers.png');        %读取 RGB 彩色图像
B=dither(J,map);                %利用颜色抖动技术生成索引图像
figure(3),imshow(J)
figure(4),imshow(B,map)
```

1.7.3　图像统计特征的计算

图像的统计分析是数字图像处理分析的基本方法之一。灰度图像的统计特性主要包括灰度平均值、灰度方差、灰度中值、灰度众数、灰度值域、灰度直方图和信息量等。对于 RGB 图像或遥感图像等多光谱图像，还有协方差系数等统计特征。下面将介绍其计算的 Matlab 命令。

在 Matlab 环境中，为平均值、标准差和直方图提供了直接调用函数，即

```
b=mean2(A)
d=std2(A)
```

其中，A 是输入的二维图像；b 是返回的灰度均值；d 是返回的灰度标准差。该函数的算法是 mean(A(:)) 和 std(A(:))，即先把 A 拉伸为向量，然后求向量的均值和标准差。

```
imhist(A)
imhist(A, n)
```

该命令显示输入二维图像 A 的直方图，n 为设置的区间个数。默认时，对于灰度图像，n 取 256；对于二值图像，n 默认为 2。

尽管 Matlab 没有提供直接适用于二维图像的求取中值函数，但可以调用求取向量中值的 median 来实现。要注意，median 函数处理的数据格式只能是 double 或 single。

```
c=median(double(A(:)))
```

图像的灰度值域定义为图像最大灰度值与最小灰度值之差,可以调用 max 和 min 函数来实现,即

```
range=max(A(:))-min(A(:))
```

示例 1.11:图像的平均值、标准差、中值、灰度值和直方图。

```
clear all;
I = imread('pout.tif');          %读取图像
figure,imshow(I),                %显示原图
figure,imhist(I),                %显示直方图

average=mean2(I)                 %均值
standard=std2(I)                 %标准差
med=median(double(I(:)))         %中值
range=max(I(:))-min(I(:))        %灰度值域
```

程序运行结果为

```
average =110.3037
standard =23.1811
med =105
range =150
```

灰度图像及其直方图显示如图 1-16 所示。

 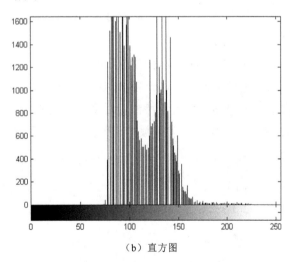

(a) pout   (b) 直方图

图 1-16 灰度图像及其直方图显示

由图 1-16(b)可知,图像 pout 的灰度值主要分布在 75~160 之间,其他区间几乎没有像素分布,灰度平均值和中值也处于这个区域。图像灰度值集中在中间部分,图像对比度不够且整体偏暗。这与图 1-16(a)中的原图表现一致。

示例 1.12:图像的众数和信息量。

灰度图像的众数是指图像中出现次数最多的灰度值。其物理意义是一幅图像中面积占优物体的灰度值信息。灰度的信息量可以根据香农定理计算。对于 8bit 灰度图像,本

例给出相应的实现程序，即

```
clear all;
I = imread('pout.tif');
[m,n]=size(I);                          %求图像的行和列
%%%%% 统计各灰度值出现的次数
H=zeros(1,256);                         %设置各灰度级初始个数为0
for i=1:m
    for j=1:n
        H(I(i,j)+1)=H(I(i,j)+1)+1;     %个数累加
    end
end
%%%%% 查询灰度众数
k=find(H==max(H));                      %寻找个数累计最多的位置
gray=k-1                                %返回灰度众数
%%%%% 计算图像熵
p=H/m/n;                                %各灰度级出现的概率
p(find(p==0))=[ ];                      %把概率为0的灰度级舍去
entropy=-sum(p.*log2(p))                %求信息量
```

程序运行结果为

```
gray =82
entropy = 5.7599
```

灰度众数为 82，说明灰度级 82 出现的次数最多。该灰度值对应于直方图中最高的那条线（见图 1-16（b））。

示例 1.13：RGB 图像的各分量显示和协方差系数。

在数字图像处理中，一幅 RGB 图像包含了三个分量。对于多波段的图像处理，不仅要考虑单个波段图像的统计特性，还要考虑各波段图像之间的相关性。在 Matlab 中，可调用 corr2 函数来实现协方差系数的求解，协方差系数越高，代表的相关性越强。其程序为

```
I=imread('e:/standard-images/lena_color.bmp');
figure(1), imshow(I)                    %显示 RGB 彩色图像
I1=I(:,:,1);                            %提取 R 分量
I2=I(:,:,2);                            %提取 G 分量
I3=I(:,:,3);                            %提取 B 分量
r12=corr2(I1,I2)                        %RG 协方差系数
r13=corr2(I1,I3)                        %RB 协方差系数
r23=corr2(I2,I3)                        %GB 协方差系数

J=I;
J(:,:,2)=0;J(:,:,3)=0;                  %GB 分量置零，保留 R 分量
figure(2),imshow(J)                     %显示 R 分量图像

J=I;
J(:,:,1)=0;J(:,:,3)=0;                  %RB 分量置零，保留 G 分量
figure(3),imshow(J)                     %显示 G 分量图像
```

```
J=I;
J(:,:,1)=0;J(:,:,2)=0;          %RG 分量置零，保留 B 分量
figure(4),imshow(J)             %显示 B 分量图像
```

程序运行结果为

```
r12 =0.9232
r13 =0.7718
r23 = 0.9360
```

RGB 彩色图像及其各分量图像如图 1-17 所示。

（a）Lena 彩色图像

（b）R 分量图像

（c）G 分量图像

（d）B 分量图像

图 1-17　RGB 彩色图像及其各分量图像

1.8　本章小结

数字图像处理是一门交叉学科，与数学、信息科学、工程技术、光学和计算机技术等众多学科密切相关。

本章是数字图像处理的概述，简要介绍了数字图像处理的主要研究内容、图像的数字化和数字图像的实质、数字图像的类型、数字图像的显示、彩色模型、图像的统计特征和 Matlab 图像处理基础等内容。本章中所介绍的内容和涉及的基本概念为后续章节的学习奠定了基础。

第 2 章
数字图像处理基本运算

数字图像处理经常需要采用各种运算。根据输入信息与输出信息的类型，数字图像处理的运算从功能上包括以下几种：（1）输入单幅图像，输出单幅图像；（2）输入多幅图像，输出单幅图像；（3）输入单幅图像或多幅图像，输出数值或符号等。在三种运算中，前两种运算是数字图像处理技术的基本运算。根据输入图像得到输出图像（目标图像）处理运算的数学特征，数字图像处理的运算可分为点运算、代数运算、逻辑运算和几何运算。

2.1 点运算

在对图像各像素进行处理时，只输入该像素本身灰度的运算方式被称为点运算。对图像进行点运算处理时，由于各像素之间不发生关系，各像素的处理是独立进行的，因此，点运算不会改变图像内的空间位置关系。这与邻域处理运算法截然不同。在领域处理算法中，每个输出像素的灰度值均由对应输入像素的一个领域内若干像素点的灰度值共同决定。点运算常用于改变图像的灰度范围及分布，是图像数字化和图像显示的重要工具。

点运算主要有以下作用：

（1）扩展所关注部分灰度信息的对比度，实现图像的对比度增强。

（2）去掉图像传感器的非线性影响，实现光度学标定。

（3）抵消显示设备的非线性，实现显示标定。

（4）进行阈值化处理，实现图像边界和轮廓线的确定。

（5）剪裁像素的灰度级至合适的范围以便存储图像。

点运算从数学上可以分为线性点运算和非线性点运算。

2.1.1 线性点运算

线性点运算是指输入图像的灰度级与目标图像的灰度级呈线性关系。线性点运算的灰度变换函数形式可以采用线性方程描述，即

$$D_B = kD_A + b \qquad (2\text{-}1)$$

式中，D_A 为输入像素的灰度值，D_B 为相应输出点的灰度值。线性点运算尽管形式简单，但能够实现很多处理。调整斜率和截距，线性点运算可实现如下功能：

（1）当 $k=1$、$b=0$ 时，输入图像直接复制为输出图像；当 $k=1$、$b>0$ 时，图像灰度

级上移，图像整体变亮；当 $k=1$、$b<0$ 时，图像灰度级下移，图像整体变暗。无论整体变亮还是整体变暗，都不改变图像的对比度。

（2）当 $k>1$、$b=0$ 时，输出图像的灰度范围扩大，斜率 k 使得任意两个灰度值之间的差值扩大了 k 倍，增加了图像的对比度。

（3）当 $0<k<1$、$b=0$ 时，输出图像的灰度范围缩小，斜率 k 使得任意两个灰度值之间的差值缩小，减弱了图像的对比度。

（4）当 $k<0$ 时，图像的亮区域变暗，暗区域变亮，即所谓"黑白颠倒"，在图像处理中被称为图像的反相或反补。

（5）当 k、b 取其他值时，线性点运算的功能为上述功能的组合。

线性点运算的处理效果如图 2-1 所示。

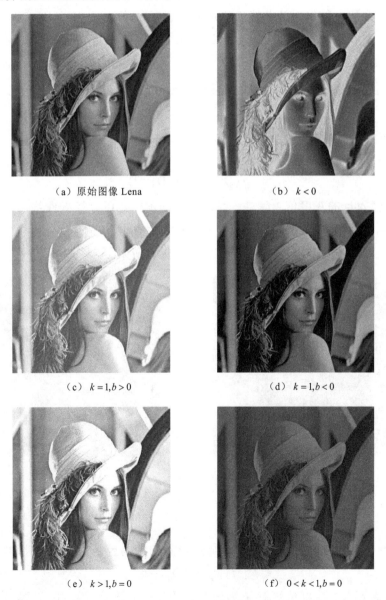

（a）原始图像 Lena　　　　　　（b）$k<0$

（c）$k=1, b>0$　　　　　　（d）$k=1, b<0$

（e）$k>1, b=0$　　　　　　（f）$0<k<1, b=0$

图 2-1　线性点运算的处理效果

2.1.2 非线性点运算

非线性点运算一般考虑非递减的灰度变换函数。为保证原图的基本外貌。非线性点运算灰度变换函数的斜率要求处处为正。

非线性点运算的函数形式可以表示为

$$D_B = f(D_A) \tag{2-2}$$

式中，D_A 为输入像素的灰度值；D_B 为相应输出点的灰度值；f 表示非线性函数。函数表达式须根据具体应用选择有代表性的非线性函数形式。

以下是几种典型的非线性点运算函数。

（1）指数点运算

指数点运算是一种常用的非线性点运算，常用的表达式为

$$f(D_A) = a^{D_A} - 1 \tag{2-3}$$

式中，D_A 为输入点的灰度值；参数 a 为大于 1 的常数，可以控制曲线的形状。指数点运算的作用是拓展图像的高灰度级，压缩图像的低灰度级。指数点运算的处理效果如图 2-2（a）所示。

（2）对数点运算

对数点运算的通用形式为

$$f(D_A) = c \cdot \ln(D_A + 1) \tag{2-4}$$

式中，D_A 为输入点的灰度值；参数 c 为大于 0 的常数，可以控制曲线的形状。对数点运算的作用是拓展图像的低灰度级，压缩图像的高灰度级，让图像的灰度分布更加符合人的视觉特征。对数点运算的处理效果如图 2-2（b）所示。

（a）指数点运算　　　　　　　　　　（b）对数点运算

图 2-2　指数点运算和对数点运算的处理效果

（3）幂律变换

幂律变换又称为伽马变换，常用于显示设备的伽马校正。其基本形式为

$$f(D_A) = kD_A^{\gamma} + b \tag{2-5}$$

式中，D_A 为输入点的灰度值；k、b 为调节参数（一般情况下 $k > 0$）；参数 γ 为大于 0 的

常数，可以控制曲线的形状。其主要作用如下：

① 当 $\gamma=1$ 时，幂律变换退化为线性点运算。

② 当 $\gamma>1$ 时，变换曲线在对应线性函数的上方，此时拓展图像的高灰度级，压缩图像的低灰度级，作用与指数点运算相似。

③ 当 $0<\gamma<1$ 时，变换曲线在对应线性函数的下方，此时拓展图像的低灰度级，压缩图像的高灰度级，作用与对数点运算相似。

（4）S 型函数与反 S 型函数

S 型函数是基于正弦函数的非线性点运算形式，表达式为

$$f(D_A)=\frac{L}{2}\left\{1+\frac{\sin[\alpha\pi(D_A/L-0.5)]}{\sin(\alpha\pi/2)}\right\} \qquad 0<\alpha\leqslant 1 \qquad (2\text{-}6)$$

式中，灰度级范围为 $0\sim L$，参数 α 越大，效果越明显。S 型函数在中间部分的斜率大于 1，两端处的斜率小于 1，曲线形状为 S，故而得名。S 型函数点运算通过降低较高或较暗物体的对比度来加强灰度级处于中间范围的物体的对比度。

反 S 型函数是基于正切函数的非线性点运算形式，表达式为

$$f(D_A)=\frac{L}{2}\left\{1+\frac{\tan[\alpha\pi(D_A/L-0.5)]}{\tan(\alpha\pi/2)}\right\} \qquad 0<\alpha<1 \qquad (2\text{-}7)$$

同样，参数 α 决定点运算的效果，α 越大，效果越明显，恰好与 S 型函数相反。反 S 型函数在中间处的斜率小于 1，在靠近两端处的斜率大于 1，曲线形状为反 S。这种非线性点运算是通过降低灰度级处于中间范围的物体的对比度，从而将较亮和较暗物体的对比度加强。

S 型函数曲线与反 S 型函数曲线如图 2-3 所示。

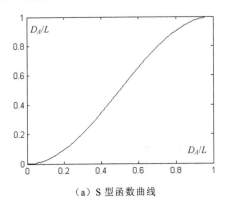
（a）S 型函数曲线

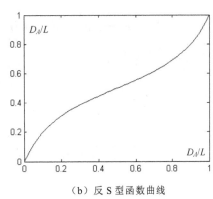
（b）反 S 型函数曲线

图 2-3　S 型函数曲线与反 S 型函数曲线

2.2 代数运算与逻辑运算

图像的代数运算是指两幅或多幅图像对应像素的加、减、乘、除运算。图像的代数

运算大多作为复杂图像处理的预处理步骤，其本身也有很多用途。图像的代数运算是一种比较简单和有效的增强处理，是图像增强处理中的常用方法。

2.2.1 加运算

图像的加运算是将两个图像对应像素的灰度值求和，作为新图像像素的灰度值。图像的加运算，首先需要满足的是两个图像类型和分辨率相同，也就是两个图像的维数要相同，若两个不同维数的图像进行加、减，则首先需要将两个图像调整为相同的维数。

图像加运算的主要应用包括以下几方面。

（1）降低加性随机噪声

对同一场景的多幅噪声图像相加求平均，可以有效降低图像加性随机噪声。直接采集的图像品质较好，一般都无需叠加处理。对于经过长距离模拟通信方式传送的图像，例如卫星图像等，这种处理是必要的。其原理分析如下。

若有一静止场景在数据采集时，其图像被加性随机噪声污染，且我们采集了 M 幅该场景的含噪图像，则这些图像可表示为

$$g_i(x,y) = f(x,y) + n_i(x,y) \qquad i=1,2,\cdots,M \tag{2-8}$$

其中，$f(x,y)$ 为静止场景的理想图像；$n_i(x,y)$ 表示由于胶片的颗粒或数字化设备中的电子噪声所引起的噪声图像。集合中的每幅图像被不同的噪声图像所退化，通常这些噪声来自同一个互不相干且均值等于零的随机图像的样本集，满足下列条件，即

$$E\{n_i(x,y)\} = 0 \tag{2-9}$$

$$E\{n_i(x,y) + n_j(x,y)\} = E\{n_i(x,y)\} + E\{n_j(x,y)\} = 0 \tag{2-10}$$

$$E\{n_i(x,y)n_j(x,y)\} = E\{n_i(x,y)\}E\{n_j(x,y)\} = 0 \qquad i \neq j \tag{2-11}$$

其中，$E\{n_i(x,y)\}$ 为在样本集中所有噪声图像在像素点 (x,y) 处的平均值。对于图像中的任一像素点，定义功率信噪比为 $P(x,y) = \dfrac{f^2(x,y)}{E\{n_i^2(x,y)\}}$。如果 M 幅图像求平均，可得

$$\bar{g}(x,y) = \frac{1}{M}\sum_{i=1}^{M}[f(x,y) + n_i(x,y)] = f(x,y) + \frac{1}{M}\sum_{i=1}^{M}n_i(x,y) \tag{2-12}$$

则功率信噪比为

$$\bar{P}(x,y) = \frac{f^2(x,y)}{E\left\{\left[\sum_{i=1}^{M}\dfrac{1}{M}n_i(x,y)^2\right]\right\}} = \frac{M^2 f^2(x,y)}{E\left\{\left[\sum_{i=1}^{M}n_i(x,y)^2\right]\right\}} \tag{2-13}$$

可进一步改写为

$$\overline{P}(x,y) = \frac{M^2 f^2(x,y)}{E\left\{\left[\sum_{i=1}^{M} n_i(x,y)\right]\left[\sum_{j=1}^{M} n_j(x,y)\right]\right\}} = \frac{M^2 f^2(x,y)}{E\left\{\left[\sum_{i=1}^{M}\sum_{j=1}^{M} n_i(x,y)n_j(x,y)\right]\right\}}$$

$$= \frac{M^2 f^2(x,y)}{E\left\{\sum_{i=1}^{M} n_i^2(x,y)\right\} + E\left\{\sum_{\substack{i,j=1,2,\cdots,M \\ i \neq j}} \sum n_i(x,y)n_j(x,y)\right\}} \quad (2\text{-}14)$$

$$= \frac{M^2 f^2(x,y)}{\sum_{i=1}^{M} E\{n_i^2(x,y)\} + \sum_{\substack{i,j=1,2,\cdots,M \\ i \neq j}} \sum E\{n_i(x,y)n_j(x,y)\}}$$

将式（2-11）代入，分母中的第二项为零，且所有噪声都来自同一样本集，分母中第一项求和的所有项相同，得

$$\overline{P}(x,y) = \frac{M^2 f^2(x,y)}{M \cdot E\{n_i^2(x,y)\}} = MP(x,y) \quad (2\text{-}15)$$

因此，M 幅图像求平均，可使图像中每一像素点的功率信噪比增大 M 倍，相当于降低了图像加性随机噪声。

在求平均的过程中，每一次观测静止场景的理想图像都是确定性信号，不会发生改变。而噪声是随机信号，每次观测值都不一样，各种不相同噪声信号的积累相对较慢。因此，可以通过多幅图像求平均的方式来降低加性随机噪声所带来的影响。利用求平均的方法降低噪声信号提高信噪比的做法，只有当噪声可以用同一个独立分布的随机模型描述时才会有效。

（2）实现二次曝光

将两幅图像的亮度减少一半后再相加，就可以得到二次曝光的效果，即求两个图像 $f_1(x,y)$ 和 $f_2(x,y)$ 的均值为

$$g(x,y) = \frac{1}{2} f_1(x,y) + \frac{1}{2} f_2(x,y) \quad (2\text{-}16)$$

更改两幅图像的系数，可以得到推广公式，即

$$g(x,y) = \alpha f_1(x,y) + \beta f_2(x,y) \quad (2\text{-}17)$$

其中，系数需要满足 $\alpha + \beta = 1$，以避免出现合成后的图像亮度超过灰度值范围的情况。

2.2.2 减运算

图像减运算也称图像差分运算，是指将两幅图像的对应像素相减得到一幅新图像的操作。图像的减运算与加运算一样，也需要满足两个图像的类型和分辨率相同，即维数相同的要求。在数字图像处理中，减运算主要应用于以下几个方面。

（1）检测图像变化和场景中的运动物体

减运算可以检测同一场景两幅图像之间的变化。当场景内的物体发生了位置上的改变时，将改变前后的图像相减即可得到变化物体的具体位置。该方法主要应用于视频中

的前景检测、运动检测等。将运动物体前后的图像相减，就可以得到其具体位置，如图 2-4 所示。

图 2-4　运动检测示例

（2）在容易获得背景时，直接相减去除背景

减运算可以去除一幅图像中不需要的加性图案，如缓慢变化的背景阴影、周期性噪声等。对于二次曝光后的图像，若已知图像背景，则只需将二者按比例做差即可得到前景图像，因此可以说，减运算是加运算的逆运算过程。

（3）求梯度

图像的减运算也可用于得到图像梯度函数。给定一个标量函数 $f(x,y)$，一个 x 轴方向的单位向量为 i、y 轴方向的单位向量为 j 的坐标系统，则梯度是向量函数，定义为

$$\nabla f(x,y) = i \cdot \frac{\partial f(x,y)}{\partial x} + j \cdot \frac{\partial f(x,y)}{\partial y} \tag{2-18}$$

其中，∇ 表示向量梯度算子；向量 $\nabla f(x,y)$ 指向最大斜率的方向，幅度为

$$|\nabla f(x,y)| = \sqrt{\left[\frac{\partial f(x,y)}{\partial x}\right]^2 + \left[\frac{\partial f(x,y)}{\partial y}\right]^2} \tag{2-19}$$

考虑到计算的方便，图像的梯度幅值可以借助减运算实现，即

$$|\nabla f(x,y)| = \sqrt{|f(x+1,y) - f(x,y)|^2 + |f(x,y+1) - f(x,y)|^2} \tag{2-20}$$

2.2.3　乘运算

图像乘法是指将两幅图像矩阵对应的像素相乘。图像的乘运算同样需要满足两幅图像维数相同的要求，主要作用如下。

（1）掩膜处理

乘运算可以用来遮住图像的某些部分，典型应用是掩膜处理。在原始图像中需要被

保留下来的区域,掩膜图像取值为1,被抑制掉的区域,掩膜图像取值为0。可见,掩膜图像是二值图像。原始图像乘以掩膜图像,就可抹去图像的某些部分,使该部分为0。

掩膜处理可以用于图像的局部增强。

(2)实现图像卷积或相关处理

由于图像的卷积和相关运算与频域的乘积运算相对应,因此乘运算有时也被用来作为一种技巧来实现卷积或相关处理。

2.2.4 除运算

图像除法又称比值处理,是将两幅图像矩阵对应的像素相除,同样需要满足两幅图像维数相同的要求。除运算可用于校正成像设备的非线性影响,应用在特殊形态的图像(如断层扫描等医学图像)处理中,也可以用于多光谱图像处理中。其主要作用简单介绍如下。

(1)去除同物异谱现象

所谓同物异谱,是指由于阴影的存在,将相同地物的阴坡和阳坡误判成两种地物,也即相同的物体表现为不同的频谱特性。光线照射所形成的阴影,对卫星图像的地物识别和信息提取具有较大的影响。比值处理可以有效地消除地形对遥感图像的影响,使处在阴坡和阳坡的同一类地物的灰度值趋向一致。

(2)去除同谱异物现象

所谓同谱异物,是指某些地物在单波段图像中差异很小,表现出相同或相近的频谱特征。通过选择合适的波段进行比值处理,可以有效扩大不同地物的光谱(灰度值)差异,解决同谱异物的问题。例如:在TM4波段,水和沙滩的反射率分别为16和17;在TM7波段,水和沙滩的反射率分别为1和4。对于水和沙滩,无论是在TM4波段还是TM7波段,图像灰度值的差异都很小。经过两个不同波段图像的比值处理,水的反射率比值为16,沙滩的反射率比值为4.25。比值运算可以充分地反映这一差距而把二者区分出来。

2.2.5 图像逻辑运算

图像逻辑运算主要应用于图像形态学处理、图像分割、图像分析等领域。图像逻辑运算针对二值图像,是指对两幅或多幅二值图像进行逻辑操作。与前述的代数运算一样,图像逻辑运算也属于像素点对像素点的操作,也要求两幅二值图像维数相同。图像逻辑运算的基本逻辑操作包括逻辑与、逻辑或、逻辑非、异或及同或等运算。

逻辑与运算的主要作用是求两个二值图像的相交部分。逻辑或运算的功能是合并图像。如果逻辑与运算与乘运算对应,那么逻辑或运算就与加运算对应。对于二值图像来说,逻辑非运算可使白色变成黑色,黑色变成白色。这个效果与斜率为负的线性点运算作用类似,即二值图像的反相或反补。异或运算的用途是,当不需要两幅图像的重叠部分时,可以通过异或运算获得不相交的图像。异或运算和代数运算中使用的减运算对视频图像进行前景检测的原理相同。同或运算的计算准则和作用恰好与异或运算相反。

2.3 图像几何运算

图像几何运算是指对原始图像进行大小、形状和位置上改变的变换处理。图像几何运算一个很重要的应用是消除由于摄像机抖动和不稳定所引起的几何畸变。图像几何运算的另一个应用是用于配准相近的图像，以便进行图像的比较。此外，地形绘制中的图像投影也会用到图像几何运算。

图像几何运算包含两个步骤：（1）空间变换，其目的是计算图像中物体的原来位置及变换后位置之间的关系；（2）灰度值重采样，由于变换后，位置为非整数，而数字图像只能记录整数，因此需要首先对位置进行取整处理，然后将灰度值按照一定的算法重新分配到整数坐标上。

本节将主要介绍空间变换。从性质上分，图像的空间变换有平移、缩放、镜像、旋转等基本变换及复合变换等。

2.3.1 齐次坐标

对于二维图像，变换中心在坐标原点的空间变换，如缩放和旋转等都可以用 2×2 变换矩阵表示和实现。然而，由于二维变换矩阵无法实现图像的平移及绕任意一点的缩放和旋转等变换，因此为了能够用统一的矩阵形式表示并实现这些空间变换，就需要引入一种新的坐标——齐次坐标。利用齐次坐标来进行变换处理，能够实现以任意一点为中心的二维图像的空间变换。下面以平移为例进行介绍。

设图像某一像素的原始坐标为 (x_0, y_0)，空间变换后的坐标为 (x_1, y_1)。若发生了平移，沿 x 轴方向的平移量为 Δx，沿 y 轴方向的平移量为 Δy，则新旧位置坐标可表示为

$$\begin{cases} x_1 = x_0 + \Delta x \\ y_1 = y_0 + \Delta y \end{cases} \tag{2-21}$$

式（2-21）的坐标变换用矩阵形式可表示为

$$\begin{bmatrix} x_1 \\ y_1 \end{bmatrix} = \begin{bmatrix} 1 & 0 \\ 0 & 1 \end{bmatrix} \begin{bmatrix} x_0 \\ y_0 \end{bmatrix} + \begin{bmatrix} \Delta x \\ \Delta y \end{bmatrix} \tag{2-22}$$

由式（2-22）可知，平面上点的变换矩阵并没有引入平移常量，无论怎么选择，2×2 阶的变换矩阵都不能实现平移转换。因此，根据矩阵相乘的规律，在坐标列向量 $[x_0, y_0]^T$ 中引入第三个元素，扩展为 3×1 的列向量 $[x_0, y_0, 1]^T$，就可以实现点的平移变换，变换形式为

$$\begin{bmatrix} x_1 \\ y_1 \end{bmatrix} = \begin{bmatrix} 1 & 0 & \Delta x \\ 0 & 1 & \Delta y \end{bmatrix} \begin{bmatrix} x_0 \\ y_0 \\ 1 \end{bmatrix} \tag{2-23}$$

为运算方便，将 2×3 阶变换矩阵进一步扩充为 3×3 方阵，采用如下变换矩阵，即

$$T = \begin{bmatrix} 1 & 0 & \Delta x \\ 0 & 1 & \Delta y \\ 0 & 0 & 1 \end{bmatrix} \tag{2-24}$$

则平移变换可以表示为

$$\begin{bmatrix} x_1 \\ y_1 \\ 1 \end{bmatrix} = \begin{bmatrix} 1 & 0 & \Delta x \\ 0 & 1 & \Delta y \\ 0 & 0 & 1 \end{bmatrix} \begin{bmatrix} x_0 \\ y_0 \\ 1 \end{bmatrix} \tag{2-25}$$

这种以 $n+1$ 维向量表示 n 维向量的方法被称为齐次坐标表示法。齐次坐标的几何意义相当于点 (x,y) 投影在 xyz 三维立体空间的 $z=1$ 平面上。

2.3.2 图像平移

图像平移就是将图像中所有的点都按照指定的平移量进行水平、垂直移动。原始坐标点 (x_0,y_0) 平移了 $(\Delta x,\Delta y)$ 到新坐标点 (x_1,y_1)，其矩阵表示形式为式（2-25）。相应地，也可以根据新坐标点求得原坐标点，即

$$\begin{bmatrix} x_0 \\ y_0 \\ 1 \end{bmatrix} = \begin{bmatrix} 1 & 0 & -\Delta x \\ 0 & 1 & -\Delta y \\ 0 & 0 & 1 \end{bmatrix} \begin{bmatrix} x_1 \\ y_1 \\ 1 \end{bmatrix} \tag{2-26}$$

很明显，式（2-25）和式（2-26）的变换矩阵是互逆的。平移后，图像上的每一点都可以在原始图像中找到对应的点，如图 2-5 所示。

图 2-5　图像的平移效果

2.3.3 图像缩放

在一般情况下，图像缩放是指把图像沿 x 方向和 y 方向缩放同样的倍数，即全比例缩放。若 x 方向和 y 方向的缩放比例不同，则会改变原始图像像素之间的相对位置，产生几何畸变。设图像某一像素的原始坐标为 (x_0,y_0)，空间变换后的坐标为 (x_1,y_1)，沿 x 轴方向的缩放倍数为 r_x，沿 y 轴方向的缩放倍数为 r_y，则有

$$\begin{bmatrix} x_1 \\ y_1 \\ 1 \end{bmatrix} = \begin{bmatrix} r_x & 0 & 0 \\ 0 & r_y & 0 \\ 0 & 0 & 1 \end{bmatrix} \begin{bmatrix} x_0 \\ y_0 \\ 1 \end{bmatrix} \quad (2\text{-}27)$$

图像的缩放效果如图 2-6 所示。图像的缩放操作会改变图像的大小，产生图像中的像素可能在原始图像中找不到相应的像素点，这样就必须进行近似处理。其一般的方法是直接赋值为与其最相近的像素值，也可以通过一些插值算法来计算。

（a）原始图像 barbara

（b）放大至 1.2 倍的效果

（c）缩小至 0.8 倍的效果

（d）行方向缩小至 0.8 倍，列方向放大至 1.2 倍的效果

图 2-6　图像的缩放效果

2.3.4　图像镜像

镜像变换也是一种常见的基本变换。图像镜像变换不会改变图像的形状。图像镜像变换包括水平镜像和垂直镜像两种。图像水平镜像是将图像的左半部分和右半部分以图像垂直中轴为中心进行镜像对换。图像垂直镜像是将图像上半部分和下半部分以图像水平中轴线为中心进行镜像对换。图像的镜像效果如图 2-7 所示。这里的原始图像是图 2-6（a）。

设图像高度为 h，宽度为 w，则坐标点 (x_0, y_0) 经过水平镜像后，新坐标为

$$\begin{cases} x_1 = w - x_0 \\ y_1 = y_0 \end{cases} \quad (2\text{-}28)$$

写成齐次坐标形式为

$$\begin{bmatrix} x_1 \\ y_1 \\ 1 \end{bmatrix} = \begin{bmatrix} -1 & 0 & w \\ 0 & 1 & 0 \\ 0 & 0 & 1 \end{bmatrix} \begin{bmatrix} x_0 \\ y_0 \\ 1 \end{bmatrix} \quad (2\text{-}29)$$

坐标点 (x_0, y_0) 经过垂直镜像后，新坐标为

$$\begin{cases} x_1 = x_0 \\ y_1 = h - y_0 \end{cases} \quad (2\text{-}30)$$

写成齐次坐标形式为

$$\begin{bmatrix} x_1 \\ y_1 \\ 1 \end{bmatrix} = \begin{bmatrix} 1 & 0 & 0 \\ 0 & -1 & h \\ 0 & 0 & 1 \end{bmatrix} \begin{bmatrix} x_0 \\ y_0 \\ 1 \end{bmatrix} \quad (2\text{-}31)$$

（a）水平镜像　　　　　　　　　　　　（b）垂直镜像

图 2-7　图像的镜像效果

2.3.5　图像旋转

旋转有一个绕着什么转的问题。其通常的做法是，以图像的中心为圆心旋转，将图像上的所有像素都旋转一个相同的角度。图像旋转变换是图像的位置变换，旋转后，图像的大小一般会改变。与图像平移变换一样，在图像旋转变换过程中，可以将旋转出显示区域的图像裁掉，旋转后，也可以扩大图像范围以显示所有的图像，如图 2-8 所示。

 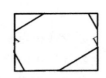 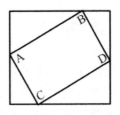

（a）旋转前图像　　（b）保持原始图像大小的旋转　　（c）图像放大的旋转

图 2-8　图像旋转的显示方式

这里采用不裁掉旋转出部分，旋转后图像变大的做法，并给出齐次变换矩阵，如图 2-9 所示，将坐标点 (x_0, y_0) 绕原点顺时针旋转 α，新坐标为 (x_1, y_1)。原坐标点与 x 轴之间的夹角为 θ。在旋转过程中，坐标点与原点的距离 r 保持不变。

旋转前，坐标点 (x_0, y_0) 可表示为极坐标的形式，即

$$\begin{cases} x_0 = r\cos\theta \\ y_0 = r\sin\theta \end{cases} \quad (2\text{-}32)$$

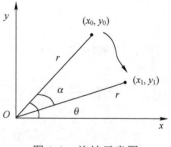

图 2-9 旋转示意图

当顺时针旋转 α 后，新坐标 (x_1, y_1) 可表示为

$$\begin{cases} x_1 = r\cos(\theta - \alpha) = r\cos\theta\cos\alpha + r\sin\theta\sin\alpha = x_0\cos\alpha + y_0\sin\alpha \\ y_1 = r\sin(\theta - \alpha) = r\sin\theta\cos\alpha - r\cos\theta\sin\alpha = -x_0\sin\alpha + y_0\cos\alpha \end{cases} \quad (2\text{-}33)$$

表示矩阵形式为

$$\begin{bmatrix} x_1 \\ y_1 \\ 1 \end{bmatrix} = \begin{bmatrix} \cos\alpha & \sin\alpha & 0 \\ -\sin\alpha & \cos\alpha & 0 \\ 0 & 0 & 1 \end{bmatrix} \begin{bmatrix} x_0 \\ y_0 \\ 1 \end{bmatrix} \quad (2\text{-}34)$$

2.3.6 图像复合变换

图像复合变换是指对给定的图像进行两次或两次以上的平移、缩放、镜像、旋转等基本变换的多次变换，又称为级联变换。由于引入齐次坐标后，图像的基本变换采用了统一的矩阵表示形式，因此根据矩阵理论可知，对给定图像按顺序连续进行多次基本图像变换，其变换的矩阵仍然可以用 3×3 矩阵表示。图像复合变换的矩阵等于基本变换的矩阵按变换顺序依次相乘。

若对图像依次进行 n 次平移、缩放、镜像旋转等基本变换，其变换矩阵分别为 T_1、T_2，…，T_n，则 n 次空间变换之后的复合变换矩阵 T 可以表示为

$$T = T_1 T_2 \cdots T_{n-1} T_n \quad (2\text{-}35)$$

需要注意的是，当复合变换由不同类型的基本变换组成时，复合变换所包含的各个不同类型的基本变换次序不能随意改变。例如，绕任意一点的比例缩放、绕任意一点的旋转等。在矩阵运算规则中，矩阵的乘法是不满足交换律的，不同于代数运算中的乘运算，乘运算是对应元素的点乘，可以满足交换律。

2.3.7 控制点法

在许多图像处理应用中，所需的空间变换相当复杂，无法用简便的数学式来表达。此外，由于所需的空间变换经常要从对实际图像的测量中获得，因此更希望用这些测量结果而不是函数形式来描述空间变换。此时，需采用控制点法来描述空间变换关系。

控制点位置对应示意图如图 2-10 所示。

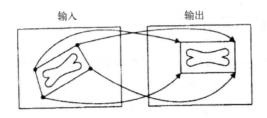

图 2-10 控制点位置对应示意图[12]

所谓控制点法，就是通过测量实际场景中具有明显特征坐标点的位置变化来确定坐标变换方程系数，进而建立原始图像坐标与目标图像坐标之间的映射关系。原始图像与目标图像有 4 个点相对应，根据这 4 个控制点可建立如下方程确定坐标变换关系，即

$$\begin{cases} x_1 = ax_0 + by_0 + cx_0y_0 + d \\ y_1 = ex_0 + fy_0 + gx_0y_0 + h \end{cases} \quad (2\text{-}36)$$

求解式（2-36）中的 8 个系数，可以建立满足要求的近似变换关系。上述变换可以表示为更一般的幂函数形式，即

$$\begin{cases} x_1 = \sum_{i=0}^{N}\sum_{j=0}^{N} a_{ij} x_0^i y_0^j \\ y_1 = \sum_{i=0}^{N}\sum_{j=0}^{N} b_{ij} x_0^i y_0^j \end{cases} \quad (2\text{-}37)$$

这里的 N 是幂函数的阶，式（2-36）相当于 $N=1$ 时的情况。虽然提高 N 可以提高精度，但需要控制点对数目的增大，计算量也加大。在实际应用中，一般取 $N=2\sim3$ 即可满足精度要求。

控制点法也经常应用于遥感图像的几何校正。当从空中对大地进行摄影时，由于摄像机本身镜头的特性，会导致数字图像有很大的几何畸变。这些图像只有经过几何校正之后才能够进行解译。事实上，一般常见的遥感图像都已经是经过遥感地面站粗加工过的了，否则根本无从下手。

控制点法利用已知的某些特殊点的实际数据确定模型中的未知参数，从而可以确定校正模型。这种方法回避了成像的具体过程，而是直接对图像的几何失真进行数学模拟，原则上对各种类型几何失真的校正都有效。其缺点是对控制点的测量比较麻烦。

2.4 图像插值运算

在几何运算中，像素空间变换后的位置往往为非整数坐标，例如发生了缩放、旋转及其复合变换等情况。由于数字图像只能记录整数，因此首先需要对位置进行取整处理，然后将灰度值重新分配到整数坐标上。灰度值的重新分配需要用到图像插值运算。

常用的插值方法有三种，即最近邻插值法、双线性插值法和双三次插值法。

2.4.1 最近邻插值法

最近邻插值法又称零阶插值法，是最简单的插值法，如图 2-11 所示。首先计算 (x_0, y_0) 与其邻近的 4 个整数坐标点的距离，然后将最近的整数坐标点的灰度值作为其灰度值。当 (x_0, y_0) 附近各相邻像素之间的灰度变化较小时，最近邻插值法就是一种简单快速的插值法。但当 (x_0, y_0) 附近各相邻像素之间的灰度差异很大时，最近邻插值法就会产生较大的误差，甚至可能影响图像质量，出现锯齿效应。

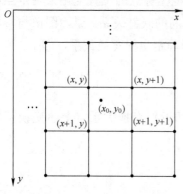

图 2-11 最近邻插值法[9]

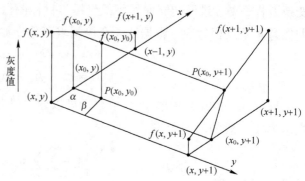

图 2-12 双线性插值法[9]

2.4.2 双线性插值法

双线性插值法又称一阶插值法，是对最近邻插值法的一种改进。该方法采用线性内插，根据点 (x_0, y_0) 的 4 个相邻点的灰度值，通过插值计算出灰度值 $f(x_0, y_0)$，如图 2-12 所示。

具体计算过程如下。

（1）计算 α 和 β，其实就是 x_0 和 y_0 的小数部分，即

$$\begin{cases} \alpha = x_0 - x \\ \beta = y_0 - y \end{cases} \tag{2-38}$$

（2）根据 $f(x, y)$、$f(x+1, y)$ 线性插值求 $f(x_0, y)$，即

$$f(x_0, y) = f(x, y) + a[f(x+1, y) - f(x, y)] \tag{2-39}$$

（3）根据 $f(x, y+1)$、$f(x+1, y+1)$ 线性插值求 $f(x_0, y+1)$，即

$$f(x_0, y+1) = f(x, y+1) + a[f(x+1, y+1) - f(x, y+1)] \tag{2-40}$$

（4）根据 $f(x_0, y)$、$f(x_0, y+1)$ 线性插值求 $f(x_0, y_0)$，即

$$f(x_0, y_0) = f(x_0, y) + \beta[f(x_0, y+1) - f(x_0, y)] \tag{2-41}$$

上述过程是先沿 x 方向，再沿 y 方向进行插值处理。其实，也可以先沿 y 方向，后沿 x 方向进行插值处理。两种方式的插值结果相同。由上述过程可知，二维双线性插值运算包含三次一维线性插值运算。

相比最近邻插值法，虽然双线性插值法的计算量大很多，但插值后的图像质量高，不会出现像素不连续的情况。由于双线性插值法具有低通滤波器的性质，会使高频分量受损，所以图像轮廓在一定程度上会变得模糊。

2.4.3 双三次插值法

双三次插值法是一种更加复杂的插值法，它能克服以上两种插值法的不足，而且图像的边缘轮廓比双线性插值法更清晰。双三次插值法的计算量大，既要考虑 (x_0, y_0) 点的直接相邻点对它的影响，也要考虑周围 16 个相邻点的灰度值对它的影响，见图 2-11。

双三次插值法一般采用 sinc 函数内插法。sinc 函数 $\mathrm{sinc}(x) = \sin(\pi x)/(\pi x)$ 可以用式（2-42）的三次多项式来近似，即

$$s(x) = \begin{cases} 1 - 2|x|^2 + |x|^3 & |x| < 1 \\ 4 - 8|x| + 5|x|^2 - |x|^3 & 1 \leq |x| < 2 \\ 0 & |x| \geq 2 \end{cases} \quad (2\text{-}42)$$

利用 sinc 插值函数，双三次插值法的步骤如下：
（1）按照式（2-38）计算 α 和 β；
（2）计算 $s(1+a)$、$s(a)$、$s(1-a)$、$s(2-a)$ 及 $s(1+\beta)$、$s(\beta)$、$s(1-\beta)$、$s(2-\beta)$；
（3）根据 $f(x-1,y)$、$f(x,y)$、$f(x+1,y)$、$f(x+2,y)$ 计算 $f(x_0,y)$，即

$$\begin{aligned} f(x_0, y) = & s(1+\alpha)f(x-1, y) + s(\alpha)f(x, y) + \\ & s(1-\alpha)f(x+1, y) + s(2-\alpha)f(x+2, y) \end{aligned} \quad (2\text{-}43)$$

（4）按步骤（3）求 $f(x_0, y-1)$、$f(x_0, y+1)$、$f(x_0, y+2)$；
（5）根据 $f(x_0, y-1)$、$f(x_0, y)$、$f(x_0, y+1)$、$f(x_0, y+2)$ 计算 $f(x_0, y_0)$，即

$$\begin{aligned} f(x_0, y_0) = & s(1+\beta)f(x_0, y-1) + s(\beta)f(x_0, y) + \\ & s(1-\beta)f(x_0, y+1) + s(2-\beta)f(x_0, y+2) \end{aligned} \quad (2\text{-}44)$$

上述计算过程可用矩阵表示为

$$f(x_0, y_0) = \boldsymbol{ABC} \quad (2\text{-}45)$$

其中：

$$\boldsymbol{A} = [s(1+a), s(a), s(1-a), s(2-a)] \quad (2\text{-}46)$$

$$\boldsymbol{B} = \begin{bmatrix} f(x-1, y-1) & f(x-1, y) & f(x-1, y+1) & f(x-1, y+2) \\ f(x, y-1) & f(x, y) & f(x, y+1) & f(x, y+2) \\ f(x+1, y-1) & f(x+1, y) & f(x+1, y+1) & f(x+1, y+2) \\ f(x+2, y-1) & f(x+2, y) & f(x+2, y+1) & f(x+2, y+2) \end{bmatrix} \quad (2\text{-}47)$$

$$\boldsymbol{C} = [s(1+\beta), s(\beta), s(1-\beta), s(2-\beta)]^{\mathrm{T}} \quad (2\text{-}48)$$

2.5 图像运算的 Matlab 实现

前面已经介绍了常见的图像运算，下面将介绍图像的代数运算和几何运算的部分 Matlab 函数。

2.5.1 代数运算的 Matlab 实现

图像的代数运算主要以像素为基础,在两幅或多幅图像之间进行加、减、乘、除操作。

1. 图像加运算

图像加运算是指将两个或多个图像矩阵对应的像素值相加。图像加运算的前提是相加图像矩阵的大小和类型相同,即图像矩阵的维数相同。在 Matlab 环境中,使用 imadd 函数实现图像加运算,格式命令为

```
Z=imadd(X, Y)
```

其中,X 为输入图像数据矩阵,既可以是二维的 $M \times N$ 灰度图像矩阵,也可以是三维的 $M \times N \times 3$ RGB 彩色图像矩阵;Y 可以是与 X 格式类型和维数完全相同的图像数据矩阵,也可以是 double 类型的数值;输出图像矩阵 Z 的格式类型和维数与 X 完全相同。

当对两幅整型数据类型的图像进行加运算时,其结果很可能超出图像数据类型所支持的最大值,尤其 uint8 类型的图像,溢出情况最为常见。当发生溢出时,imadd 函数会将数据截取为数据类型所支持的最大值。为了避免该现象,在加运算前,最好将图像转为具有较宽范围的数据类型。

示例 2.1:图像加运算。

下面的程序演示了两幅图像的相加,以及图像与常数的相加,演示结果如图 2-13 所示。需要注意的是,当两幅图像相加时进行了数据类型的扩展,为了能够正确显示相加后的结果,需要调用 imshow(I, [ ])格式,而不能采用 imshow(I)格式。

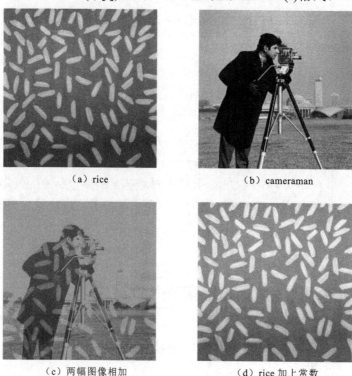

(a) rice (b) cameraman

(c) 两幅图像相加 (d) rice 加上常数

图 2-13 图像加运算的演示结果

```
I = imread('rice.png');
I16=uint16(I);                          %把 uint8 类型数据转化为 uint16 类型
J = imread('cameraman.tif');
J16=uint16(J);                          %把 uint8 类型数据转化为 uint16 类型
K = imadd(I16,J16);
Iplus50=imadd(I,50);
figure, imshow(I), figure, imshow(J),
figure, imshow(K,[ ]), figure, imshow(Iplus50),
```

示例 2.2：图像加运算降低加性随机噪声。

对同一场景的多幅图像相加求平均，可以有效降低图像加性随机噪声。下面的程序演示了加运算降低随机噪声的效果。图 2-14（a）是原始图像。图 2-14（b）是叠加了均值为 0、方差为 0.1 的高斯噪声的图像。通过对程序中叠加次数 k 的调整，可以得到不同叠加次数的降噪效果。图 2-14（c）～（f）分别对应叠加次数为 5、10、50 和 100 的降噪效果，相应的信噪比提高值分别为 4.11dB、5.92dB、8.91dB 和 10.34dB。从实验结果可以看出，叠加次数越高，降噪效果越明显。

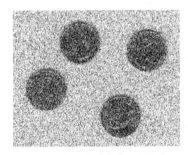

（a）原始图像　　　　　　　　　　　　（b）加入高斯噪声的图像

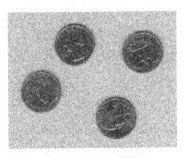
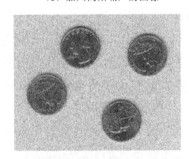

（c）叠加 5 次的结果　　　　　　　　　（d）叠加 10 次的结果

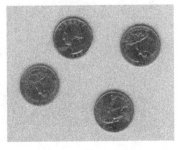
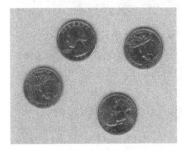

（e）叠加 50 次的结果　　　　　　　　（f）叠加 100 次的结果

图 2-14　图像加运算降低加性随机噪声的演示结果

```
clear all;
I=imread('eight.tif');              %读取图像
[M,N]=size(I);                      %读取图像大小
figure(1), imshow(I),               %显示原始图像
J=imnoise(I,'gaussian',0,0.1);      %加入均值为 0、方差为 0.1 的高斯噪声
SNR=10*log10(sum(sum(I.^2))/(sum(sum((J-I).^2)))); %%%  计算信噪比
figure(2), imshow(J),               %显示含噪图像

Jsum=zeros(M,N);
k=100;                              %%设置叠加次数
for i=1:k                           %%叠加
    J=imnoise(I,'gaussian',0,0.1);
    J=double(J);
    Jsum=Jsum+J;
end
J_a=uint8(Jsum/k);
figure(3),imshow(J_a),              %显示叠加图像

SNR_a=10*log10(sum(sum(I.^2))/(sum(sum((J_a-I).^2)))); %%  计算降噪后信噪比
dSNR=SNR_a-SNR;                     %信噪比提升值
```

2. 图像减运算

图像减运算也称图像差分运算，是指将两幅图像的对应像素相减得到一幅新图像的操作。图像减运算的前提是两幅图像矩阵的大小和类型相同，即图像矩阵的维数相同。在 Matlab 环境中，使用 imsubtract 函数实现图像减运算，格式命令为

```
Z=imsubtract(X, Y)
```

其中，X 为输入图像数据矩阵，既可以是二维的 $M \times N$ 灰度图像矩阵，也可以是三维的 $M \times N \times 3$ RGB 彩色图像矩阵；Y 可以是与 X 格式类型和维数完全相同的图像数据矩阵，也可以是 double 类型的数值；输出图像矩阵 Z 的格式类型和维数与 X 完全相同。

图像相减时，有些时候会导致输出图像的某些像素值为负数，在这种情况下，这些小于 0 的像素值会自动设置为 0，以保持其非负性。

示例 2.3：图像减运算。

下面的程序演示了两幅图像的相减及图像与常数的相减，演示结果如图 2-15 所示。

（a）两幅图像相减的结果　　　　　　　　（b）rice 减去常数的结果

图 2-15　图像减运算的演示结果

```
I = imread('rice.png');
J = imread('cameraman.tif');
K=imsubtract(I,J);
Kq=imsubtract(I,50);
figure,imshow(K),
figure,imshow(Kq)
```

3．图像乘运算

图像乘运算是指将两幅图像矩阵的对应像素相乘。在 Matlab 环境中，使用 immultiply 函数实现图像乘运算，格式命令为

```
Z=immultiply(X, Y)
```

其中，X 为输入图像数据矩阵，既可以是二维的 $M \times N$ 灰度图像矩阵，也可以是三维的 $M \times N \times 3$ RGB 彩色图像矩阵；Y 可以是与 X 格式类型和维数完全相同的图像数据矩阵，也可以是 double 类型的数值；输出图像矩阵 Z 的格式类型和维数与 X 完全相同。

与加运算相比，图像乘运算更容易发生溢出现象，尤其 uint8 类型的图像更为明显。当发生溢出时，immultiply 函数会将数据截取为数据类型所支持的最大值。为了避免溢出，在乘运算前需要将图像转为具有较宽范围的数据类型。

示例 2.4：图像乘运算。

下面的程序演示了两幅图像相乘及图像与常数的相乘，演示结果如图 2-16 所示。

```
I = imread('rice.png');
I16=uint16(I);              %把 uint8 类型数据转化为 uint16 类型
J = imread('cameraman.tif');
J16=uint16(J);              %把 uint8 类型数据转化为 uint16 类型
K=immultiply(I16,J16);
figure, imshow(K,[ ]),
Km=immultiply(I,2);
figure, imshow(Km)
```

　　　　（a）两幅图像相乘的结果　　　　　　　　　　（b）rice 乘以常数 2 的结果

图 2-16　图像乘运算的演示结果

4．图像除运算

图像除运算又称比值处理，是将两幅图像矩阵的对应像素相除，在矩阵运算中属于

对应元素的点除。在 Matlab 环境中，使用 imdivide 函数实现图像除运算，格式命令为

    Z=imdivide(X, Y)

其中，X 为输入图像数据矩阵，既可以是二维的 $M \times N$ 灰度图像矩阵，也可以是三维的 $M \times N \times 3$ RGB 彩色图像矩阵；Y 可以是与 X 格式类型和维数完全相同的图像数据矩阵，也可以是 double 类型的数值；输出图像矩阵 Z 的格式类型和维数与 X 完全相同。

示例 2.5：图像除运算。

下面的程序演示了两幅图像相除及图像与常数的相除，演示结果如图 2-17 所示。需要注意的是，两幅图像相除虽然不会产生溢出现象，但输出结果往往压缩在较小的范围内，为了增强对比度，需要调用 imshow(I, [ ])格式显示。

```
I = imread('rice.png');
J = imread('cameraman.tif');
K=imdivide(I,J);
figure, imshow(K, [ ])
Kd=imdivide(I, 2);
figure, imshow(Kd)
```

（a）两幅图像相除的结果

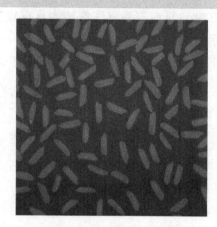
（b）rice 除以常数 2 的结果

图 2-17　图像除运算的演示结果

2.5.2　几何运算的 Matlab 实现

在 Matlab 中，图像的平移和镜像等可以通过简单的矩阵元素重新排列得到。下面将着重介绍图像的缩放和旋转命令。

无论缩放还是旋转图像，一般都需要进行插值运算。对于灰度图像而言，该插值一般属于二维插值，是指根据原始图像的像素来估计周围点的像素值。

1. 图像的缩放

图像的缩放是指在保持原有图像形状的基础上对图像的尺寸进行放大或缩小。在 Matlab 环境中，可以通过调用函数 imresize 实现图像的缩放，格式命令为

```
B = imresize(A, scale, method)
B = imresize(A, [mrows  ncols], method)
```

其中，A 是输入图像；scale 是缩放倍数，若 scale 大于 1，则进行放大操作，小于 1，则执行缩小操作；mrows 和 ncols 是指缩放后图像的行数和列数，用于行、列缩放比例不一致的情况；method 是插值方式，可以选择 nearest（最近邻）、bilinear（双线性）、bicubic（双三次）等。

示例 2.6：图像的缩放。

下面的程序演示了图像的放大、缩小及行、列不同比例的缩放，演示结果见图 2-6。

```
I = imread('e:/standard-images/barbara.gif');
I = I(1:256,257:512);
figure(1), imshow(I)
I2=imresize(I, 0.8, 'bilinear');
figure(2),imshow(I2)
I3=imresize(I, 1.2, 'bilinear');
figure(3),imshow(I3)
[m,n]=size(I);
I4=imresize(I, [0.8*m 1.2*n], 'bilinear');
figure(4),imshow(I4)
```

2．图像的旋转

图像的旋转是指将原有图像进行某一角度的转动。在 Matlab 环境中，可以通过调用函数 imrotate 实现图像的旋转，格式命令为

```
B = imrotate (A, angle, method,bbox)
```

其中，A 是输入图像；angle 是旋转角度，逆时针为正，这里采用角度制；method 是插值方式，可以选择 nearest（最近邻）、bilinear（双线性）、bicubic（双三次）等；bbox 是旋转后的显示方式，一种是 crop，旋转后的图像与原始图像一样大小，即旋转超出的部分被裁掉，另一种是 loose，旋转后的图像包含原始图像，在一般情况下，除了旋转角度恰好为 90°的倍数，这种方式显示的图像要比原始图像大，默认显示方式为 loose。

示例 2.7：图像的旋转。

下面的程序演示了对图 2-6（a）旋转 30°的 crop 显示和 loose 显示的结果，如图 2-18 所示。

```
I = imread('e:/standard-images/barbara.gif');
I = I(1:256,257:512);
I2 = imrotate(I,30,'bilinear','crop');
figure(1), imshow(I2)
I3 = imrotate(I,30,'bilinear');
figure(2), imshow(I3)
```

(a) crop 显示　　　　　　　　　　　　(b) loose 显示

图 2-18　图像旋转的演示结果

2.6　本章小结

　　图像处理要建立在各种图像运算的基础之上。本章围绕数字图像处理的基本运算，介绍了点运算、代数运算、逻辑运算和几何运算。

　　点运算是一种在确定的函数关系下所进行的像素变换运算，能有规律地改变像素点的灰度值。通过恰当定义数学运算的形式，点运算可用于改善图像数字化设备或图像数字显示设备的某些局限性。本章主要介绍了线性点运算，以及指数、对数、幂率变换、S 型函数和反 S 型函数等非线性点运算。

　　图像的代数运算主要以像素为基础，在两幅或多幅图像之间进行加、减、乘、除操作。加运算可以有效地降低加性随机噪声。减运算可以检测场景中变化和运动的物体。乘运算可以实现掩膜处理。除运算可以有效地消除同物异谱和同谱异物的现象。

　　逻辑运算是针对二值图像进行的运算，与代数运算类似，也是以像素为基础的。基本逻辑操作包括逻辑与、逻辑或、逻辑非、异或及同或等运算。代数运算和逻辑运算属于十分基本，且在图像处理中经常使用的图像运算。

　　几何运算是指对原始图像进行大小、形状和位置上改变的变换处理。几何运算不改变图像的像素值，只是在图像平面上对像素进行重新分配排列。几何运算可用于图像配准、图像拼接和几何畸变校正等。几何运算需要两部分：一部分是空间变换所需要的运算，常见的空间变换有平移、缩放、镜像、旋转等基本变换及复合变换；另一部分是灰度插值算法，因为按照这种空间变换关系进行计算，输出图像的像素可能被映射到输入图像的非整数坐标上。

　　在三种插值法中，最近邻插值法只考虑最近像素的灰度值，虽然算法最快，但插值后的图像容易出现锯齿效应。双三次插值法考虑 4×4 邻域内像素灰度的加权均值，参与性运算的像素个数最多，虽然速度最慢，但效果是最精确的。双线性插值法考虑 2×2 邻域内像素，是处理速度和插值效果之间折中的一个方法。

　　上述这些运算都是基于空间域的图像处理运算，与空间域运算相对应的是变换域运算，将在后续章节中进行介绍。

第 3 章 图像变换

数字图像处理方法主要包括空间域处理方法（空域法）和变换域处理方法（频域法）。图像变换是将图像信号从空间域变换到另一个域。图像变换的目的是根据图像在变换域中的某些性质对图像进行加工处理。虽然这些性质在空间域中很难甚至无法获取，但是在变换域中却能很好地呈现。在有些情况下，在空间域中分析图像信号很不方便，通过图像变换后再进行分析，往往变得很容易。在数字图像处理中，图像增强、图像恢复、图像编码、图像分析和描述等都需要利用图像变换作为手段。数字图像处理中的变换方法一般都要保持能量守恒，在理论上，其基本运算要严格可逆。常见的图像变换有离散傅里叶变换（DFT）、离散余弦变换（DCT）和小波变换，除此之外，还有离散沃尔什-哈达玛变换（DWHT）和离散 K-L 变换等，下面将详细进行介绍。

3.1 傅里叶变换

法国数学家吉恩·巴普提斯特·约瑟夫·傅里叶（Jean Baptiste Joseph Fourier）指出，任何周期函数都可以用不同频率的正/余弦函数表示。不同系数的正弦项或余弦项之和被称为傅里叶里级数。无论函数多么复杂，只要它是周期的，并且满足某些适度的数学条件，就都可以用这样的和来表示。在现实中，对于非周期函数，由于曲线下面的面积有限，所以也可以用正弦项或余弦项乘以加权函数的积分来表示，如图 3-1 所示。图中，f 是由三个不同频率和幅值的正弦信号相加得来的。这三个正弦信号分别为 $2\sin(\pi t/2)$、$3\sin(\pi t)$、$\sin(2\pi t)$。

3.1.1 一维傅里叶变换

1. 一维连续傅里叶变换

傅里叶变换在数学中的定义是严格的。设 $f(x)$ 为 x 的函数，如果 $f(x)$ 满足狄里赫莱条件：（1）在任意有限区间内连续，或者只有有限个第一类间断点；（2）具有有限个极值点；（3）绝对可积，即 $\int_{-\infty}^{+\infty}|f(x)|\mathrm{d}x<+\infty$，则 $f(x)$ 的傅里叶变换可表示为

$$F\{f(x)\}=F(\omega)=\int_{-\infty}^{+\infty}f(x)\mathrm{e}^{-\mathrm{j}\omega x}\mathrm{d}x \qquad (3\text{-}1)$$

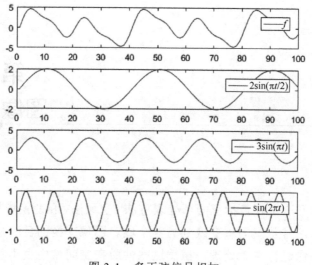

图 3-1 多正弦信号相加

其中，$e^{-j\omega x}$ 可用欧拉公式表示为

$$e^{-j\omega x} = \cos(\omega x) - j\sin(\omega x) \tag{3-2}$$

其中，ω 为角频率，$\omega = 2\pi f$。若已知 $F(\omega)$，则傅里叶反变换为

$$f(x) = F^{-1}\{F(\omega)\} = \frac{1}{2\pi}\int_{-\infty}^{+\infty} F(\omega)e^{-j\omega x}d\omega \tag{3-3}$$

函数 $f(x)$ 一般是实函数。$F(\omega)$ 是一个复函数，由实部和虚部组成，可以表示为

$$F(\omega) = R(\omega) + jI(\omega) \tag{3-4}$$

其中，实部可以表示为

$$R(\omega) = \int_{-\infty}^{+\infty} f(x)\cos(\omega x)dx \tag{3-5}$$

虚部可以表示为

$$I(\omega) = -\int_{-\infty}^{+\infty} f(x)\sin(\omega x)dx \tag{3-6}$$

由此，$F(\omega)$ 又可表示为指数形式，即

$$F(\omega) = |F(\omega)|e^{j\phi(\omega)} \tag{3-7}$$

$$|F(\omega)| = \sqrt{R^2(\omega) + I^2(\omega)} \tag{3-8}$$

$$\phi(\omega) = \arctan[I(\omega)/R(\omega)] \tag{3-9}$$

其中，$|F(\omega)|$ 被称为振幅；$\phi(\omega)$ 被称为相位。

2. 离散傅里叶变换（DFT）

设以时间间隔 Δx 对一个连续函数 $f(x)$ 均匀采样，离散化为一个序列 $\{f(x_0), f(x_0+\Delta x), \cdots, f(x_0+(N-1)\Delta x)\}$，则该序列可以表示为

$$f(n) = f(x_0 + n\Delta x) \tag{3-10}$$

式中，n 为离散值 $0,1,2,\cdots,N-1$；序列 $\{f(0), f(1), f(2), \cdots, f(N-1)\}$ 表示取自该连续函数 N 个等间隔的抽样值，如图 3-2 所示。

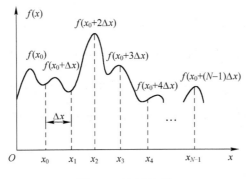

图 3-2　信号抽样

被抽样函数的离散傅里叶变换定义为

$$F(k) = \frac{1}{N}\sum_{x=0}^{N-1} f(n) e^{-j2\pi kn/N} \qquad (3\text{-}11)$$

式中，$k = 0,1,2,\cdots,N-1$。

离散傅里叶反变换定义为

$$f(n) = \sum_{w=0}^{N-1} F(k) e^{j2\pi nk/N} \qquad (3\text{-}12)$$

式中，$n = 0,1,2,\cdots,N-1$。

式（3-11）中，$k = 0,1,2,\cdots,N-1$ 分别对应于 $0,\Delta\omega,2\Delta\omega,\cdots,(N-1)\Delta\omega$ 处傅里叶变换的抽样值，即 $F(\omega)$ 的离散化表示 $F(k\Delta\omega)$，除了 $F(\omega)$ 的抽样值始于频率轴的原点之外，与 $f(x)$ 的离散化是类似的，从而可以证明 $\Delta\omega$ 与 Δx 的关系为

$$\Delta\omega = 1/{N\Delta x} \qquad (3\text{-}13)$$

3.1.2　二维傅里叶变换

1. 二维连续傅里叶变换

由一维傅里叶变换可以推导出二维傅里叶变换，连续图像 $f(x,y)$ 可看作 x-y 面上的一个函数，只要 $f(x,y)$ 是连续可积的，则其傅里叶变换可表示为

$$F(u,v) = \iint_{-\infty}^{+\infty} f(x,y)\exp[-j2\pi(ux+vy)]\mathrm{d}x\mathrm{d}y \qquad (3\text{-}14)$$

反变换为

$$f(x,y) = \iint_{-\infty}^{+\infty} F(u,v)\exp[j2\pi(ux+vy)]\mathrm{d}u\mathrm{d}v \qquad (3\text{-}15)$$

傅里叶变换有许多重要性质。这些性质为实际运算处理提供了极大的便利。下面将列出二维连续傅里叶变换的几个主要性质。

（1）可分离性

可分离性表明一个二维傅里叶变换可用二次的一维傅里叶变换来实现，即

$$F(u,v) = \int_{-\infty}^{+\infty}\int_{-\infty}^{+\infty} f(x,y)\exp[-j2\pi(ux+vy)]\mathrm{d}x\mathrm{d}y$$

$$= \int_{-\infty}^{+\infty}\int_{-\infty}^{+\infty} f(x,y)\exp(-j2\pi ux)\exp(-j2\pi vy)\mathrm{d}x\mathrm{d}y$$

$$= \int_{-\infty}^{+\infty}[\int_{-\infty}^{+\infty} f(x,y)\exp(-j2\pi ux)\mathrm{d}x]\exp(-j2\pi vy)\mathrm{d}y \qquad (3\text{-}16)$$

$$= \int_{-\infty}^{+\infty}\{FT_x[f(x,y)]\}\exp(-j2\pi vy)\mathrm{d}y = FT_y\{FT_x[f(x,y)]\}$$

（2）线性

傅里叶变换是线性算子，即

$$FT[a \cdot f(x,y) + b \cdot g(x,y)] = aFT[f(x,y)] + bFT[f(x,y)] \qquad (3\text{-}17)$$

（3）共轭对称性

如果函数 $F(u,v)$ 是 $f(x,y)$ 的傅里叶变换，则 $F^*(-u,-v)$ 是 $f(-x,-y)$ 傅里叶变换的共轭函数，即

$$F(u,v) = F^*(-u,-v) \qquad (3\text{-}18)$$

（4）旋转不变性

如果空间域函数旋转的角度为 θ_0，那么在变换域中该函数的傅里叶变换也将旋转同样的角度 θ_0，即

$$f(r,\theta+\theta_0) \Leftrightarrow F(k,\varphi+\theta_0) \qquad (3\text{-}19)$$

式中，$f(r,\theta)$ 和 $F(k,\phi)$ 为极坐标表示式。其中，$x = r\cos\theta$，$y = r\sin\theta$，$u = k\cos\theta$，$v = k\sin\theta$。$f(r,\theta)$ 的傅里叶变换为 $F(k,\phi)$。

（5）比例变换特性

如果 $F(u,v)$ 是 $f(x,y)$ 的傅里叶变换，则 a 和 b 分别为两个标量，有

$$af(x,y) \Leftrightarrow aF(u,v) \qquad (3\text{-}20)$$

$$f(ax,by) \Leftrightarrow \frac{1}{|ab|}F\left(\frac{u}{a},\frac{v}{b}\right) \qquad (3\text{-}21)$$

（6）能量保持定理

能量保持定理也称帕斯瓦（Parseval）定理，如果 $F(u,v)$ 是 $f(x,y)$ 的傅里叶变换，那么有下式成立，即

$$\int_{-\infty}^{+\infty}\int_{-\infty}^{+\infty}|f(x,y)|^2\mathrm{d}x\mathrm{d}y = \int_{-\infty}^{+\infty}\int_{-\infty}^{+\infty}|F(u,v)|^2\mathrm{d}u\mathrm{d}v \qquad (3\text{-}22)$$

能量保持定理说明变换前后能量不损失。

（7）相关定理

如果 $f(x,y)$ 和 $g(x,y)$ 是两个二维时域函数，那么可以定义相关运算。为

$$f(x,y) \circ g(x,y) = \int_{-\infty}^{+\infty}\int_{-\infty}^{+\infty} f(\alpha,\beta)g(x+\alpha,y+\beta)\mathrm{d}\alpha\mathrm{d}\beta \qquad (3\text{-}23)$$

由此，可得到傅里叶变换的相关定理为

$$f(x,y) \circ g(x,y) \Leftrightarrow F(u,v) \cdot G^*(u,v) \qquad (3\text{-}24)$$

$$f(x,y) \cdot g^*(x,y) \Leftrightarrow F(u,v) \circ G(u,v) \tag{3-25}$$

式中，$F(u,v)$ 和 $G(u,v)$ 分别是 $f(x,y)$ 和 $g(x,y)$ 的傅里叶变换。

（8）卷积定理

如果 $f(x,y)$ 和 $g(x,y)$ 是两个二维时域函数，那么可以定义卷积运算*为

$$f(x,y)*g(x,y) = \int_{-\infty}^{+\infty}\int_{-\infty}^{+\infty} f(\alpha,\beta)g(x-\alpha,y-\beta)\mathrm{d}\alpha\mathrm{d}\beta \tag{3-26}$$

由此，可得到傅里叶变换的卷积定理为

$$f(x,y)*g(x,y) \Leftrightarrow F(u,v) \cdot G(u,v) \tag{3-27}$$

$$f(x,y) \cdot g(x,y) \Leftrightarrow F(u,v)*G(u,v) \tag{3-28}$$

式中，$F(u,v)$ 和 $G(u,v)$ 分别是 $f(x,y)$ 和 $g(x,y)$ 的傅里叶变换。

2. 二维离散傅里叶变换

数字图像 $f(x,y)$ 是以一个 M 行 N 列的矩阵 $[f(m,n)]_{M \times N}$ 形式出现在计算机中的。图像矩阵的二维离散傅里叶变换可按级数形式定义为

$$F(u,v) = \frac{1}{MN}\sum_{x=0}^{M-1}\sum_{y=0}^{N-1} f(x,y)\exp[-\mathrm{j}2\pi(ux/M + vy/N)] \tag{3-29}$$

式中，$u = 0,1,2,\cdots,M-1$；$v = 0,1,2,\cdots,N-1$。

傅里叶反变换为

$$f(x,y) = \sum_{u=0}^{M-1}\sum_{v=0}^{N-1} F(u,v)\exp[\mathrm{j}2\pi(ux/M + vy/N)] \tag{3-30}$$

式中，$u = 0,1,2,\cdots,M-1$；$v = 0,1,2,\cdots,N-1$。

与连续的二维傅里叶变换一样，$F(u,v)$ 又被称为离散信号 $f(x,y)$ 频谱，$\varphi(u,v)$ 被称为相位谱，$|F(u,v)|$ 被称为幅度谱，其表示式为

$$F(u,v) = |F(u,v)|e^{\mathrm{j}\varphi(u,v)} = R(u,v) + \mathrm{j}I(u,v) \tag{3-31}$$

$$\varphi(u,v) = \arctan\frac{I(u,v)}{R(u,v)} \tag{3-32}$$

$$|F(u,v)| = \sqrt{R^2(u,v) + I^2(u,v)} \tag{3-33}$$

实际上，由于幅度谱应用得较多，为此经常把幅度谱称为频谱。与连续傅里叶变换一样，离散傅里叶变换也有相应的性质，既有相同点，也有不同点。

（1）可分离性

与二维连续傅里叶变换一样，离散二维傅里叶变换可以分解为两个一维傅里叶变换，不论是先对行还是先对列进行一维傅里叶变换都是一样的，顺序对结果并没有影响。同样，对二维傅里叶反变换也可以分成两步，考虑 $M=N$ 时有

$$F(u,v) = \frac{1}{N}\sum_{x=0}^{N-1}\mathrm{e}^{-\mathrm{j}2\pi ux/N} \cdot \frac{1}{N}\sum_{y=0}^{N-1} f(x,y)\mathrm{e}^{-\mathrm{j}2\pi vy/N} \tag{3-34}$$

式中，u、$v = 0,1,2,\cdots,N-1$。

$$f(x,y) = \sum_{u=0}^{N-1} e^{j2\pi ux/N} \cdot \sum_{v=0}^{N-1} F(u,v) e^{j2\pi vy/N} \quad (3\text{-}35)$$

式中，$x, y = 0, 1, 2, \cdots, N-1$。

式（3-34）也可写为

$$F(u,v) = \frac{1}{N} \sum_{x=0}^{N-1} F(x,v) e^{-j2\pi ux/N} \quad (3\text{-}36)$$

其中

$$F(x,v) = \frac{1}{N} \sum_{y=0}^{N-1} f(x,y) e^{-j2\pi vy/N} \quad (3\text{-}37)$$

$f(x,y)$ 的每一行取变换后再乘以 N 就得到二维函数 $F(x,v)$。$F(x,v)$ 的每一列取变换就得到 $F(u,v)$。同理，若先把 $f(x,y)$ 的诸列取变换，再将其结果的行取变换，则会得到同样的结果。

（2）频率位移性质

考虑图像行、列相等时，频率位移性质表述为

$$f(x,y) e^{j2\pi(u_0 x + v_0 y)/N} \leftrightarrow F(u-u_0, v-v_0) \quad (3\text{-}38)$$

式（3-38）表明，$f(x,y)$ 乘以一个指数项函数后，将其整体进行傅里叶变换，可使频率域的中心移动到点 (u_0, v_0)。在图像处理过程中，在傅里叶变换后，往往要将中心移动到 $u_0 = v_0 = N/2$ 位置上，N 为图像阵点的点数，在此情况下，可以得到

$$e^{j2\pi(u_0 x + v_0 y)/N} = e^{j2\pi(x+y)\frac{N}{2}/N} = e^{j\pi(x+y)} = (-1)^{x+y} \quad (3\text{-}39)$$

$$f(x,y)(-1)^{x+y} \leftrightarrow F\left(u - \frac{N}{2}, v - \frac{N}{2}\right) \quad (3\text{-}40)$$

这说明，在空间域中，将 $f(x,y)$ 乘以 $(-1)^{x+y}$，就可将 $f(x,y)$ 傅里叶变换的原点移动到相应 $N \times N$ 频率方阵的中心，这个过程被称为图像中心化，在一维变量的情况下，可简化为 $(-1)^x$ 项乘以 $f(x)$。以上过程是频率平移性质的应用，如果需要在时间域或空间域中进行平移，则同样可以运用空间位移性质。当图像在空间域中平移时，其频域中的幅度谱并没有受到影响，仅仅增加了相移项。

（3）周期性和共轭对称性

离散信号的傅里叶变换都有周期性，如果将 $(x+mN)$、$(y+nN)$ 代入反变换公式，$(u+mN)$、$(v+nN)$ 代入正变换公式，则不难对周期性加以证明。为此，在时域、频域分析二维信号的特点时，只需其任何一个周期中的每个变量的 N 个值就可以完全确定。

DFT 的共轭对称性不难进行证明，即

$$F(u,v) = \frac{1}{M \cdot N} \sum_{x=0}^{M-1} \sum_{y=0}^{N-1} f(x,y) e^{[-j2\pi(\frac{ux}{M} + \frac{vy}{N})]} \quad (3\text{-}41)$$

对方程两边进行共扼，即

$$F^*(u,v) = \frac{1}{M \cdot N} \sum_{x=0}^{M-1} \sum_{y=0}^{N-1} f^*(x,y) e^{[j2\pi(ux/M + vy/N)]}$$
$$= \frac{1}{M \cdot N} \sum_{x=0}^{M-1} \sum_{y=0}^{N-1} f(x,y) e^{[-j2\pi(-ux/M - vy/N)]} = F(-u,-v) \quad (3\text{-}42)$$

可见，当 $f(x,y)$ 是一个实函数时，即
$$f^*(x,y) = f(x,y) \qquad (3\text{-}43)$$
有
$$F^*(u,v) = F(-u,-v) \qquad (3\text{-}44)$$

二维 DFT 的周期性和共轭对称性给图像的频谱分析和显示带来了很大的好处，利用周期性和共轭对称性，在计算函数的频谱时，只需对其一半的频谱进行分析与计算即可。

（4）旋转不变性

首先将 x、y、u、v 均用极坐标的形式表示，即 $x = r\cos\theta$、$y = r\sin\theta$、$u = k\cos\theta$、$v = k\sin\theta$，则 $f(x,y)$ 和 $F(u,v)$ 就可以分别由 $f(r,\theta)$ 和 $F(k,\phi)$ 表示。在连续或离散傅里叶变换中采用直接代入法即可证明，即
$$f(r, \theta + \theta_0) \Leftrightarrow F(k, \varphi + \theta_0) \qquad (3\text{-}45)$$

当 $f(x,y)$ 被旋转 θ_0 时，则 $F(u,v)$ 被旋转同一个角度。同样，如果 $F(k,\phi)$ 被旋转一个角度，则 $f(r,\theta)$ 也被旋转同一个角度。

（5）平均值

当行、列相同时，二维离散函数普遍采用的平均值定义由下面的表达式给出，即
$$\overline{f}(x,y) = \frac{1}{N^2} \sum_{x=0}^{N-1} \sum_{y=0}^{N-1} f(x,y) \qquad (3\text{-}46)$$

将 $u = v = 0$ 代入式（3-29）（M 等于 N 时）得
$$F(0,0) = \frac{1}{N^2} \sum_{x=0}^{N-1} \sum_{y=0}^{N-1} f(x,y) \qquad (3\text{-}47)$$

因此 $\overline{f}(x,y)$ 与傅里叶变换系数的关系写为：
$$\overline{f}(x,y) = F(0,0) \qquad (3\text{-}48)$$

（6）离散卷积定理

设 $f(x,y)$、$g(x,y)$ 是大小为 $A \times B$ 和 $C \times D$ 的两个数组，则它们的离散卷积定义为
$$f(x,y) * g(x,y) = \sum_{m=0}^{M-1} \sum_{n=0}^{N-1} f(m,n) g(x-m, y-n) \qquad (3\text{-}49)$$

式中，$x = 0,1,2,\cdots,M-1$；$y = 0,1,2,\cdots,N-1$；$M = A+C-1$；$N = B+D-1$。

现证明离散卷积定理，将上式两边取 DFT，则
$$\begin{aligned} F[f(x,y) * g(x,y)] &= \sum_{x=0}^{M-1} \sum_{y=0}^{N-1} \{ \sum_{m=0}^{M-1} \sum_{n=0}^{N-1} f(x,y) g(x-m,y-n) \} e^{-j2\pi(\frac{ux}{M}+\frac{vy}{N})} \\ &= \sum_{m=0}^{M-1} \sum_{n=0}^{N-1} f(m,n) e^{-j2\pi(\frac{um}{M}+\frac{vn}{N})} \times \sum_{x=0}^{M-1} \sum_{y=0}^{N-1} g(x-m,y-n) e^{-j2\pi(\frac{u(x-m)}{M}+\frac{v(y-n)}{N})} \\ &= F(u,v) \cdot G(u,v) \end{aligned} \qquad (3\text{-}50)$$

可见，空间域的卷积定理成立，利用类似方法可证频率域卷积定理。

（7）离散相关定理

大小为 $A \times B$ 和 $C \times D$ 两个离散函数序列 $f(x,y)$ 和 $g(x,y)$ 的互相关定义为

$$f(x,y) \circ g(x,y) = \sum_{m=0}^{M-1}\sum_{n=0}^{N-1} f(m,n)g(x+m,y+n) \qquad (3\text{-}51)$$

式中，$M = A+C-1$；$N = B+D-1$。

利用与卷积定理相似的方法，可证互相关和自相关定理，与连续情况一样，也证明了离散二维函数的自相关和自谱，二维函数的互相关和互谱成傅里叶变换对的关系。利用相关定理和二维 DFT 可以计算函数的相关。不过与卷积一样，需要考虑循环问题。对此，需要将函数进行周期延拓，并对延拓后的函数添加适当的零点。

3.1.3 离散傅里叶变换的快速算法

离散傅里叶变换（DFT）是信号处理中的一个非常有用的工具，找到一个离散傅里叶变换及其逆变换的快速算法是所期望的。由于在数字图像处理中需处理的数据数量级非常大，所以运用快速算法来解决实际问题是非常有必要的。离散傅里叶变换处理一个长度为 N 的矢量需要 N^2 次乘法，而快速傅里叶变换（FFT）可将乘法运算减小到大约 $N\log_2 N$ 的量级。N 越大，FFT 算法的效率越高。

前面提到过二维离散傅里叶变换可拆分为两个一维离散傅里叶变换，是先行后列还是先列后行并没有影响。所以这里主要介绍一维离散傅里叶变换。快速傅里叶变换需要偶数个数据点，若原始序列的个数是奇数，则需要对其进行周期延拓。设最终的序列长度为 N，即序列 $f(n) = (f_0, f_1, \cdots, f_{N-1})$，则 $F(k)$ 由下式得到，即

$$F(k) = \sum_{n=0}^{N-1} f(n) W_N^{nk} \qquad (3\text{-}52)$$

把式（3-52）分为偶数指标部分和奇数指标部分，即

$$F(k) = \sum_{n=0}^{N/2-1} f(2n) W_N^{2nk} + \sum_{n=0}^{N/2-1} f(2n+1) W_N^{(2n+1)k} \qquad (3\text{-}53)$$

因为

$$W_N^2 = W_{N/2} \qquad (3\text{-}54)$$

于是有

$$\begin{aligned} F(k) &= \sum_{n=0}^{N/2-1} f(2n) W_{N/2}^{nk} + W_N^k \left(\sum_{n=0}^{N/2-1} f(2n+1) W_{N/2}^{nk} \right) \\ &= G(k) + W_N^k H(k) \end{aligned} \qquad (3\text{-}55)$$

式中，$0 \leqslant k \leqslant N-1$，$F(k)$ 表示两个离散傅里叶变换的形式，为算法效率的提高提供可能。因为偶数部分和奇数部分的周期都为 $N/2$，所以每一个和式只需对 $0 \sim N/2-1$ 之间的 k 进行计算后，再将两个和式相应的两个离散傅里叶变换合并成 N 点离散傅里叶变换 $F(k)$。在直接计算中，如果没有利用对称性，则需要 N^2 次复数乘法和加法。快速算法只要求计算两个 $N/2$ 点离散傅里叶变换，一共需要 $2(N/2)^2$ 次复数乘法和大约 $2(N/2)^2$ 次复数加法。两个 $N/2$ 点离散傅里叶变换还需合并，再需 N 次复数乘法（对应于以 W_N^k 乘以第二个和式）和 N 次复数加法（对应于乘积加上第一个和式）。用所有的 k 值计算

式（3-55），总共需要 $N+2(N/2)^2$ 复数乘法和复数加法。易证当 $N>2$ 时，$N+2(N/2)^2$ 将小于 N^2。

式（3-55）相当于将原始的 N 点计算分解成两个 $N/2$ 点计算。如果 $N/2$ 仍然为偶数（当 N 等于 2 的幂时总是这样的），则还可以将式（3-55）中的每一个和式再分成两个 $N/4$ 点离散傅里叶变换来进行计算，并将这两个变换再合并成 $N/2$ 点离散傅里叶变换。如此又可以加快计算速度。

FFT 蝶形算法（$N=8$）如图 3-3 所示。

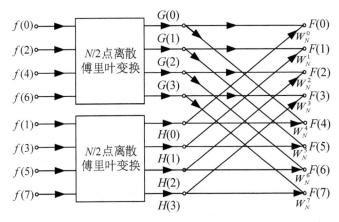

图 3-3　FFT 蝶形算法（$N=8$）

3.2　离散余弦变换

除了离散傅里叶变换，离散余弦变换（DCT）也是图像处理中常用的正交变换。由离散傅里叶变换的性质可知，当一个函数为偶函数时，其离散傅里叶变换的虚部为零，因而不需要计算整个离散傅里叶变换，只需要计算离散余弦项变换，这就是离散余弦变换。显然，离散余弦变换的计算速度比离散傅里叶变换要快得多，因此离散余弦变换是离散傅里叶变换的特例，是简化离散傅里叶变换的一种重要方法。

离散余弦变换的基本思想是将一个实函数对称延拓成一个实偶函数。实偶函数的离散傅里叶变换也必然是实偶函数。

3.2.1　一维离散余弦变换

一维离散余弦变换的核函数定义为

$$g(x,u) = C(u)\sqrt{\frac{2}{M}}\cos\frac{(2x+1)ux}{2M} \qquad (3\text{-}56)$$

其中，x、$u=0,1,2,\cdots,M-1$；$C(u)=\begin{cases}\dfrac{1}{\sqrt{2}}, u=0\\ 1, \text{其他}\end{cases}$。

M 点序列 $f(x)$ 的离散余弦变换定义为

$$F(u) = C(u)\sqrt{\frac{2}{M}} \sum_{x=0}^{M-1} f(x)\cos\frac{(2x-1)u\pi}{2M} \quad (3\text{-}57)$$

其中，x、$u = 0,1,2,\cdots,M-1$；$F(u)$ 是离散余弦变换的第 u 个系数；u 是广义频率变量。

将变换式展开后，写成矩阵形式为 $\boldsymbol{F} = \boldsymbol{Gf}$。矩阵 $\boldsymbol{G}$ 为

$$\boldsymbol{G} = \sqrt{\frac{2}{M}}\left[C(u)\cos\frac{(2x+1)u\pi}{2M}\right]_{M\times M} \quad (3\text{-}58)$$

其中，x、$u = 0,1,2,\cdots,M-1$。

一维离散余弦反变换（IDCT）为

$$f(x) = \sqrt{\frac{2}{M}} \sum_{u=0}^{M-1} C(u)F(u)\cos\frac{(2x+1)u\pi}{2M} \quad (3\text{-}59)$$

其中，x、$u = 0,1,2,\cdots,M-1$。可见，一维离散余弦变换的逆变换与正变换是相同的。

3.2.2　二维离散余弦变换

将一维离散余弦变换推广到二维离散余弦变换，其变换核函数为

$$g(x,y,u,v) = \frac{2}{\sqrt{MN}} C(u)C(v)\cos\frac{(2x+1)u\pi}{2M}\cos\frac{(2y+1)v\pi}{2N} \quad (3\text{-}60)$$

其中，x、$u = 0,1,2,\cdots,M-1$；y、$v = 0,1,2,\cdots,N-1$；$C(u)$ 和 $C(v)$ 的定义与式（3-56）的情况一样。

将一幅大小为 $N \times N$ 的图像 $f(x,y)$ 沿水平方向对折后，再沿垂直方向对折，可成为一个大小为 $2N \times 2N$ 的偶函数图像。设 $f(x,y)$ 为 $M \times N$ 的数字图像矩阵，则二维离散余弦变换为

$$F(u,v) = \frac{2}{\sqrt{MN}} \sum_{x=0}^{M-1}\sum_{y=0}^{N-1} C(u)C(v)f(x,y)\cos\frac{(2x+1)u\pi}{2M}\cos\frac{(2y+1)v\pi}{2N} \quad (3\text{-}61)$$

其中，x、$u = 0,1,2,\cdots,M-1$；y、$v = 0,1,2,\cdots,N-1$。

逆变换为

$$f(x,y) = \frac{2}{\sqrt{MN}} \sum_{u=0}^{M-1}\sum_{v=0}^{N-1} C(u)C(v)F(u,v)\cos\frac{(2x+1)u\pi}{2M}\cos\frac{(2y+1)v\pi}{2N} \quad (3\text{-}62)$$

二维离散余弦变换的矩阵形式为 $\boldsymbol{F} = \boldsymbol{GfG}^{\mathrm{T}}$。

由以上定义可知，二维离散余弦变换是可分离的，其正变换和逆变换均可以将二维离散余弦变换分解成一系列一维离散余弦变换（行、列）进行单独计算。

3.2.3　离散余弦变换的快速算法

离散余弦变换的快速算法有多种。一种典型的快速算法就是借助离散傅里叶变换。一维离散余弦变换与离散傅里叶变换具有相似性，对离散余弦变换公式进行如下修改，即

$$F(0) = \frac{1}{\sqrt{M}} \sum_{x=0}^{2M-1} f_e(x) \quad (3\text{-}63)$$

$$\begin{aligned} F(u) &= \sqrt{\frac{2}{M}} \sum_{x=0}^{2M-1} f_e(x) \cos\frac{(2x+1)ux}{2M} = \sqrt{\frac{2}{M}} \sum_{x=0}^{2M-1} f_e(x) \operatorname{Re}\{e^{-j\frac{(2x+1)u\pi}{2M}}\} \\ &= \sqrt{\frac{2}{M}} \operatorname{Re}\{\sum_{x=0}^{2M-1} f_e(x) e^{-j\frac{(2x+1)u\pi}{2M}}\} = \sqrt{\frac{2}{M}} \operatorname{Re}\{e^{-j\frac{u\pi}{2M}} \cdot \sum_{x=0}^{2M-1} f_e(x) e^{-j\frac{2\pi xu}{2M}}\} \end{aligned} \quad (3\text{-}64)$$

式中，$f_e(x)$ 相当于把 $f(x)$ 进行补零延拓，即

$$f_e(x) = \begin{cases} f(x) & x = 0,1,2,\cdots, M-1 \\ 0 & y = M, M+1, M+2, \cdots, 2M-1 \end{cases} \quad (3\text{-}65)$$

由式（3-64）可知，取实部运算中包含一个 $2M$ 点的离散傅里叶变换和一个相位因子项，在进行离散余弦变换时，可将 $f(x)$ 拓展为 $2M$ 个点，对其进行 $2M$ 点的离散傅里叶变换后，再乘以相位因子，取实部就是所要的离散余弦变换。

同理，在进行反变换时，首先将 $F(u)$ 在变换空间进行以下拓展，即

$$f_e(x) = \begin{cases} f(u) & u = 0,1,2,\cdots, M-1 \\ 0 & y = M, M+1, M+2, \cdots, 2M-1 \end{cases} \quad (3\text{-}66)$$

反变换为

$$\begin{aligned} f(x) &= \frac{1}{\sqrt{M}} F_e(0) + \sqrt{\frac{2}{M}} \sum_{u=1}^{2M-1} F_e(u) \cos\frac{(2x+1)u\pi}{2M} \\ &= \frac{1}{\sqrt{M}} F_e(0) + \sqrt{\frac{2}{M}} \sum_{u=1}^{2M-1} F_e(u) \operatorname{Re}\{e^{j\frac{(2x+1)u\pi}{2M}}\} \\ &= \frac{1}{\sqrt{M}} F_e(0) + \sqrt{\frac{2}{M}} \operatorname{Re}\left[\sum_{u=1}^{2M-1} F_e(u) e^{j\frac{u\pi}{2M}} e^{j\frac{2xu(0)}{2M}}\right] \\ &= \frac{1}{\sqrt{M}} F_e(0) + \sqrt{\frac{2}{M}} \operatorname{Re}\left[\sum_{u=1}^{2M-1} \left[F_e(u) e^{j\frac{u\pi}{2M}}\right] e^{j\frac{2xu(0)}{2M}}\right] \end{aligned} \quad (3\text{-}67)$$

由式（3-67）可知，离散余弦反变换可以由 $F_e(u) \cdot \exp(j\pi u / 2M)$ 的傅里叶反变换实现。通过以上分析可以看出，将序列拓展之后，离散傅里叶变换的实部对应离散余弦变换，虚部对应离散正弦变换，因此可以利用离散傅里叶变换实现离散余弦变换。

3.3 离散沃尔什-哈达玛变换

离散沃尔什-哈达玛变换（Discrete Walsh Hadamard Transform，DWHT）是将一个函数变换成由取值为+1 或-1 的基本函数构成的级数。离散沃尔什-哈达玛变换只需要进行实数运算，所需的存储量比 FFT 要少得多，运算速度也快得多。因此离散沃尔什-哈达玛变换在图像传输、通信技术和数据压缩中被广泛使用。离散沃尔什-哈达玛变换具有能量集中的特性，且原始数据中数字越是均匀分布，经变换后的数据就越集中于矩阵的边角，可用来压缩图像信息。

3.3.1 离散沃尔什变换

离散沃尔什（Walsh）变换的变换核由+1 和-1 组成，其本质是将一个函数变换为由取值为+1 或-1 的基向量构成的级数，以过零点数目替代频率的概念，被称为序率。由于在交换过程中只有加法和减法运算，因而计算比较简单，易于硬件实现。

若 $N = 2^n$，$f(x)$ 是 N 点时域序列，$x = 0,1,2,\cdots,N-1$，则 $f(x)$ 的离散沃尔什变换为

$$W(u) = \frac{1}{\sqrt{N}} \sum_{x=0}^{N-1} f(x) \prod_{i=0}^{p-1} (-1)^{b_i(x)b_{p-1-i}(u)} \qquad (3\text{-}68)$$

式中，$u = 0,1,2,\cdots,N-1$。

式（3-68）中的变换核为

$$g(x,u) = \frac{1}{\sqrt{N}} \prod_{i=0}^{p-1} (-1)^{b_i(x)b_{p-1-i}(u)} \qquad (3\text{-}69)$$

逆变换为

$$f(x) = \frac{1}{\sqrt{N}} \sum_{u=0}^{N-1} W(u) \prod_{i=0}^{p-1} (-1)^{b_i(x)b_{p-1-i}(u)} \qquad (3\text{-}70)$$

反变换核为

$$h(x,u) = g(x,u)$$

在上述变换式中，$b_i(x)$ 是 x 二进制数的第 $i+1$ 位的值（0 或 1），当 $n = 3$、$N = 2^n = 8$、$x = 6$ 时，$b_0(6) = 0$、$b_1(6) = 1$、$b_2(6) = 1$，变换核和反变换核用矩阵形式表示为

$$G = \frac{1}{\sqrt{8}} \begin{bmatrix} 1 & 1 & 1 & 1 & 1 & 1 & 1 & 1 \\ 1 & 1 & 1 & 1 & -1 & -1 & -1 & -1 \\ 1 & 1 & -1 & -1 & 1 & 1 & -1 & -1 \\ 1 & 1 & -1 & -1 & -1 & -1 & 1 & 1 \\ 1 & -1 & 1 & -1 & 1 & -1 & 1 & -1 \\ 1 & -1 & 1 & -1 & -1 & 1 & -1 & 1 \\ 1 & -1 & -1 & 1 & 1 & -1 & -1 & 1 \\ 1 & -1 & -1 & 1 & -1 & 1 & 1 & -1 \end{bmatrix} \qquad (3\text{-}71)$$

二维离散沃尔什变换的正、反变换核相同，均为

$$g(x,u,y,v) = h(x,u,y,v) = \frac{1}{\sqrt{MN}} \prod_{i=0}^{p-1} (-1)^{b_i(x)b_{p-1-i}(u)+b_i(y)b_{p-1-i}(v)} \qquad (3\text{-}72)$$

二维离散函数 $f(x,y)$ 的离散沃尔什变换正变换为

$$\begin{aligned} W(u,v) &= \sum_{x=0}^{M-1}\sum_{y=0}^{N-1} f(x,y) g(x,u,y,v) \\ &= \frac{1}{\sqrt{MN}} \sum_{x=0}^{M-1}\sum_{y=0}^{N-1} f(x,y) \prod_{i=0}^{p-1} (-1)^{b_i(x)b_{p-1-i}(u)+b_i(y)b_{p-1-i}(v)} \\ &= \frac{1}{\sqrt{N}} \sum_{y=0}^{N-1} \left[\frac{1}{\sqrt{M}} \sum_{x=0}^{M-1} f(x,y) \prod_{i=0}^{p-1} (-1)^{b_i(x)b_{p-1-i}(u)} \right] \prod_{i=0}^{p-1} (-1)^{b_i(y)b_{p-1-i}(v)} \\ &= \frac{1}{\sqrt{MN}} GfG \end{aligned} \qquad (3\text{-}73)$$

式中，x、$u = 0,1,2,\cdots,M-1$；y、$v = 0,1,2,\cdots,N-1$。

逆变换为

$$f(x,y) = \sum_{u=0}^{M-1}\sum_{v=0}^{N-1} W(u,v)g(x,u,y,v) \tag{3-74}$$

3.3.2 离散哈达玛变换

离散哈达玛变换本质上是一种特殊排序的离散沃尔什变换，与离散沃尔什变换的区别是变换核矩阵行的次序不同。离散哈达玛变换的最大优点在于变换核矩阵时有简单的递推关系，即高阶的变换矩阵可以由低阶的转换矩阵构成。

若 $N = 2^n$，一维离散哈达玛正变换核与反变换核相同，为

$$g(x,u) = h(x,u) = \frac{1}{\sqrt{N}}(-1)^{\sum_{i=0}^{n-1} b_i(x)P_i(u)} \tag{3-75}$$

因此一维离散哈达玛变换可表示为

$$H(u) = \frac{1}{\sqrt{N}} \sum_{x=0}^{N-1} f(x)(-1)^{\sum_{i=0}^{n-1} b_i(x)P_i(u)} \tag{3-76}$$

式中，$u = 0,1,2,\cdots,N-1$。

逆变换为

$$f(x) = \frac{1}{\sqrt{N}} \sum_{u=0}^{N-1} H(u)(-1)^{\sum_{i=0}^{n-1} b_i(x)P_i(u)} \tag{3-77}$$

式中，$x = 0,1,2,\cdots,N-1$。

离散哈达玛变换核除了因子 $1/\sqrt{N}$ 之外，均由一系列的+1 和-1 组成，如 N=8 时的离散哈达玛变换核用矩阵可表示为

$$\boldsymbol{H}_8 = \frac{1}{\sqrt{8}} \begin{bmatrix} 1 & 1 & 1 & 1 & 1 & 1 & 1 & 1 \\ 1 & -1 & 1 & -1 & -1 & -1 & 1 & -1 \\ 1 & 1 & -1 & -1 & 1 & 1 & -1 & -1 \\ 1 & -1 & -1 & 1 & -1 & -1 & -1 & 1 \\ 1 & 1 & 1 & 1 & -1 & -1 & -1 & -1 \\ 1 & -1 & 1 & -1 & -1 & 1 & -1 & 1 \\ 1 & 1 & -1 & -1 & -1 & -1 & 1 & 1 \\ 1 & -1 & -1 & -1 & 1 & 1 & 1 & -1 \end{bmatrix} \tag{3-78}$$

由此矩阵可得出一个非常有用得结论，即 $2N$ 阶的离散哈达玛变换矩阵可由 N 阶的变换矩阵按下述规律形成，即

$$\boldsymbol{H}_{2N} = \begin{bmatrix} \boldsymbol{H}_N & \boldsymbol{H}_N \\ \boldsymbol{H}_N & -\boldsymbol{H}_N \end{bmatrix} \tag{3-79}$$

最低阶（$N=2$）的离散哈达玛变换矩阵为

$$\boldsymbol{H}_2 = \begin{bmatrix} 1 & 1 \\ 1 & -1 \end{bmatrix} \tag{3-80}$$

利用这个性质求 N 阶（$N=2^n$）的离散哈达玛变换矩阵要比直接用式（3-75）来求此矩阵的速度要快得多，此结论提供了一种快速哈达玛变换（FHT）。

在离散哈达玛变换矩阵中，通常将沿某列符号改变的次数称为这个列的列率，则前面给出的 $N=8$ 时的变换矩阵的 8 个列的列率分别为 0、7、3、4、1、6、2 和 5。

二维离散哈达玛正变换核与反变换核相同，为

$$g(x,u,y,v)=h(x,u,y,v)=\frac{1}{\sqrt{MN}}(-1)^{\sum_{i=0}^{m-1}b_i(x)P_i(u)+\sum_{i=0}^{n-1}b_i(y)P_i(v)} \tag{3-81}$$

式中，$M=2^m$；$N=2^n$，则对应的二维离散哈达玛变换为

$$H(u,v)=\frac{1}{\sqrt{MN}}\sum_{x=0}^{M-1}\sum_{y=0}^{N-1}f(x,y)(-1)^{\sum_{i=0}^{m-1}b_i(x)P_i(u)+\sum_{i=0}^{n-1}b_i(y)P_i(v)} \tag{3-82}$$

式中，$u=0,1,2,\cdots,M-1$，$v=0,1,2,\cdots,N-1$。

逆变换为

$$f(x,y)=\frac{1}{\sqrt{MN}}\sum_{x=0}^{M-1}\sum_{y=0}^{N-1}H(u,v)(-1)^{\sum_{i=0}^{m-1}b_i(x)P_i(u)+\sum_{i=0}^{n-1}b_i(y)P_i(v)} \tag{3-83}$$

式中，$x=0,1,2,\cdots,M-1$；$y=0,1,2,\cdots,N-1$。可以看出，二维离散哈达玛变换的正、反变换核具有可分离性，可以通过两次一维变换来实现一个二维变换。

3.3.3 快速沃尔什-哈达玛变换

类似于快速傅里叶变换，离散沃尔什-哈达玛变换也有快速算法 FWHT，可将输入序列 $f(x)$ 按奇偶进行分组，分别进行离散沃尔什-哈达玛变换。FWHT 的基本关系为

$$\begin{cases} W(u)=\frac{1}{2}[w_e(u)+w_o(u)] \\ W\left(u+\frac{N}{2}\right)=\frac{1}{2}[w_e(u)-w_o(u)] \end{cases} \tag{3-84}$$

以 8 阶离散沃尔什-哈达玛变换为例，其快速算法为

$$H_1=[1]$$
$$H_2=\begin{bmatrix}1 & 1\\ 1 & -1\end{bmatrix} \tag{3-85}$$

$$H_8=H_2H_4=\begin{bmatrix}H_4 & H_4\\ H_4 & -H_4\end{bmatrix}=\begin{bmatrix}H_4 & 0\\ 0 & H_4\end{bmatrix}\begin{bmatrix}I_4 & I_4\\ I_4 & -I_4\end{bmatrix}$$

$$=\begin{bmatrix}H_2 & H_2 & 0 & 0\\ H_2 & -H_2 & 0 & 0\\ 0 & 0 & H_2 & H_2\\ 0 & 0 & H_2 & -H_2\end{bmatrix}\begin{bmatrix}I_4 & I_4\\ I_4 & -I_4\end{bmatrix}$$

$$= \begin{bmatrix} H_2 & 0 & 0 & 0 \\ 0 & H_2 & 0 & 0 \\ 0 & 0 & H_2 & 0 \\ 0 & 0 & 0 & H_2 \end{bmatrix} \begin{bmatrix} I_2 & I_2 & 0 & 0 \\ I_2 & -I_2 & 0 & 0 \\ 0 & 0 & I_2 & I_2 \\ 0 & 0 & I_2 & -I_2 \end{bmatrix} \begin{bmatrix} I_4 & I_4 \\ I_4 & -I_4 \end{bmatrix} \quad (3\text{-}86)$$

$$= [G_0][G_1][G_2]$$

$$W(u) = \frac{1}{8} H_8 f(x) = \frac{1}{8} [G_0][G_1][G_2] f(x) \quad (3\text{-}87)$$

$$\begin{aligned} f_1(x) &= [G_2] f(x) \\ f_2(x) &= [G_1] f(x) \\ f_3(x) &= [G_0] f(x) \end{aligned} \quad (3\text{-}88)$$

$$W(u) = \frac{1}{8} f_3(x) \quad (3\text{-}89)$$

$$[f_1(x)] = [G_2][f(x)] \Rightarrow \begin{bmatrix} f_1(0) \\ f_1(1) \\ f_1(2) \\ f_1(3) \\ f_1(4) \\ f_1(5) \\ f_1(6) \\ f_1(7) \end{bmatrix} = [G_2] \begin{bmatrix} f(0) \\ f(1) \\ f(2) \\ f(3) \\ f(4) \\ f(5) \\ f(6) \\ f(7) \end{bmatrix} = \begin{bmatrix} f(0)+f(4) \\ f(1)+f(5) \\ f(2)+f(6) \\ f(3)+f(7) \\ f(0)-f(4) \\ f(1)-f(5) \\ f(2)-f(6) \\ f(3)-f(7) \end{bmatrix} \quad (3\text{-}90)$$

$$[f_2(x)] = [G_1][f_1(x)] \Rightarrow \begin{bmatrix} f_2(0) \\ f_2(1) \\ f_2(2) \\ f_2(3) \\ f_2(4) \\ f_2(5) \\ f_2(6) \\ f_2(7) \end{bmatrix} = [G_1] \begin{bmatrix} f_1(0) \\ f_1(1) \\ f_1(2) \\ f_1(3) \\ f_1(4) \\ f_1(5) \\ f_1(6) \\ f_1(7) \end{bmatrix} = \begin{bmatrix} f_1(0)+f_1(2) \\ f_1(1)+f_1(3) \\ f_1(0)-f_1(2) \\ f_1(1)-f_1(3) \\ f_1(4)+f_1(6) \\ f_1(5)+f_1(7) \\ f_1(4)-f_1(6) \\ f_1(5)-f_1(7) \end{bmatrix} \quad (3\text{-}91)$$

$$[f_3(x)] = [G_0][f_2(x)] \Rightarrow \begin{bmatrix} f_3(0) \\ f_3(1) \\ f_3(2) \\ f_3(3) \\ f_3(4) \\ f_3(5) \\ f_3(6) \\ f_3(7) \end{bmatrix} = [G_0] \begin{bmatrix} f_2(0) \\ f_2(1) \\ f_2(2) \\ f_2(3) \\ f_2(4) \\ f_2(5) \\ f_2(6) \\ f_2(7) \end{bmatrix} = \begin{bmatrix} f_2(0)+f_2(1) \\ f_2(0)-f_2(1) \\ f_2(2)+f_2(3) \\ f_2(2)-f_2(3) \\ f_2(4)+f_2(5) \\ f_2(4)-f_2(5) \\ f_2(6)+f_2(7) \\ f_2(6)-f_2(7) \end{bmatrix} \quad (3\text{-}92)$$

3.4 离散 K-L 变换

离散 K-L 变换（DKLT）由 Karhunen 和 Loeve 两人共同提出，原先用于对连续随机过程的级数展开。而对于随机序列，Hotelling 最先探讨了主值成分法（the method of principal components）。其实它是 K-L 级数展开的等效离散版本。因而有时 K-L 变换也称为 Hotelling 变换或主成分分析（Principal Component Analysis, PCA）。K-L 变换的优点是去相关性能好，得到的主成分是互相线性不相关的，是一种基于目标统计特性的最佳正交变换。K-L 变换的基本原理是用较少数量的特征对样本进行描述以达到降低特征空间维数的目的，在人脸识别、图像压缩和信号传输等领域有着广泛的应用。

在图像集合 $\{f_i(m,n)\}$ 中，每一个图像 $f_i(m,n)$ 均可以用叠加的方式表达成 MN 维向量 f_i，即

$$f_i = \begin{bmatrix} f_{i,0} \\ f_{i,1} \\ \vdots \\ f_{i,M-1} \end{bmatrix} \quad f_{i,j} = \begin{bmatrix} f_i(j,0) \\ f_i(j,1) \\ \vdots \\ f_i(j,N-1) \end{bmatrix} \tag{3-93}$$

式中，$f_{i,j}$ 是由集合中第 i 帧图像第 j 行元素排成的列向量。

f 向量的协方差矩阵定义为

$$[C_f] = E\{(f - m_f)(f - m_f)^T\} \tag{3-94}$$

式中，$M_f = E\{f\}$ 是 f 的平均值向量；$E\{E\{f\}\}$ 表示求统计平均的运算。

在 L 帧图像组成的集合中，式（3-93）和式（3-94）可由下面两式计算，即

$$m_f \approx \frac{1}{L} \sum_{i=1}^{L} f_i \tag{3-95}$$

$$[C_f] \approx \frac{1}{L} \sum_{i=1}^{L} (f_i - m_f)(f_i - m_f)^T$$

$$= \frac{1}{L}\left[\sum_{i=1}^{L} f_i f_i^T\right] - m_f m_f^T \tag{3-96}$$

上述平均值向量 m_f 是 MN 维的，而 C_f 是 MN 阶方阵。

设 α_i 和 λ_i，$i=1,2,\cdots,MN$，是 $[C_f]$ 的特征向量及其相应的特征值。在排列各 λ_i 时，使得

$$\lambda_1 \geq \lambda_2 \geq \cdots \geq \lambda_{MN} \tag{3-97}$$

而特征向量 α_i 是 MN 维向量，应当有

$$[C_f]a_i = \lambda_i a_i, \quad i=1,2,\cdots,MN \tag{3-98}$$

f 的协方差矩阵 $[C_f]$ 是实对称方阵，一定存在 MN 个互为正交的实特征向量，且各特征值 $[C_f]$ 为实数，构成一个 MN 维的完备正交向量系。

对各实特征向量 α_i 进行归一化处理后，就得到了 K-L 变换的变换矩阵 $[A]$，其第 i

行元素由特征向量 $\boldsymbol{\alpha}_I^T$ 构成，即

$$[A] = \begin{bmatrix} \boldsymbol{a}_1^T \\ \boldsymbol{a}_2^T \\ \vdots \\ \boldsymbol{a}_{MN}^T \end{bmatrix} \tag{3-99}$$

且

$$\boldsymbol{a}_i^T \boldsymbol{a}_j = \begin{cases} 1, & i = j \\ 0, & i \neq j \end{cases} \tag{3-100}$$

显然，$[A]$ 是一个 MN 阶正交矩阵。

离散 K-L 变换可表达为

$$\boldsymbol{g} = [A](\boldsymbol{f} - \boldsymbol{m}_f) \tag{3-101}$$

变换后，g 的平均值向量 $\boldsymbol{m}_g$ 为

$$\begin{aligned}\boldsymbol{m}_g = E\{\boldsymbol{g}\} &= E\{[A](\boldsymbol{f} - \boldsymbol{m}_f)\} \\ &= [A] \cdot E\{\boldsymbol{f}\} - E\{[A]\boldsymbol{m}_f = [0]_{MN \times 1}\end{aligned} \tag{3-102}$$

变换后，g 的协方差矩阵 $[C_g]$ 为

$$\begin{aligned}[C_g] &= E\{([A]\boldsymbol{f} - [A]\boldsymbol{m}_f)([A]\boldsymbol{f} - [A]\boldsymbol{m}_f)^T\} \\ &= E\{[A](\boldsymbol{f} - \boldsymbol{m}_f)(\boldsymbol{f} - \boldsymbol{m}_f)^T [A]^T\} \\ &= [A]E\{(\boldsymbol{f} - \boldsymbol{m}_f)(\boldsymbol{f} - \boldsymbol{m}_f)^T\}[A]^T \\ &= [A][C_f][A]^T\end{aligned} \tag{3-103}$$

根据式（3-98）和式（3-99），可进一步推导式（3-103），得到

$$\begin{aligned}[C_g] = [A][C_f][A]^T &= \begin{bmatrix} \boldsymbol{a}_1^T \\ \boldsymbol{a}_2^T \\ \vdots \\ \boldsymbol{a}_{MN}^T \end{bmatrix} [C_f][\boldsymbol{a}_1 \cdots \boldsymbol{a}_{MN}] \\ &= \begin{bmatrix} \boldsymbol{a}_1^T \\ \boldsymbol{a}_2^T \\ \vdots \\ \boldsymbol{a}_{MN}^T \end{bmatrix} [[C_f]\boldsymbol{a}_1, \cdots, [C_f]\boldsymbol{a}_{MN}] \\ &= \begin{bmatrix} \boldsymbol{a}_1^T \\ \boldsymbol{a}_2^T \\ \vdots \\ \boldsymbol{a}_{MN}^T \end{bmatrix} [\lambda_1 \boldsymbol{a}_1, \cdots, \lambda_{MN} \boldsymbol{a}_{MN}] \\ &= \begin{bmatrix} \boldsymbol{a}_1^T \\ \boldsymbol{a}_2^T \\ \vdots \\ \boldsymbol{a}_{MN}^T \end{bmatrix} [\boldsymbol{a}_1 \cdots \boldsymbol{a}_{MN}] \begin{bmatrix} \lambda_1 & & 0 \\ & \ddots & \\ 0 & & \lambda_{MN} \end{bmatrix}\end{aligned} \tag{3-104}$$

最后可得

$$[C_g] = \begin{bmatrix} \lambda_1 & & 0 \\ & \ddots & \\ 0 & & \lambda_{MN} \end{bmatrix} = \varLambda \tag{3-105}$$

这表明，经离散 K-L 变换后，g 中的各个元素之间是不相关的，g 中第 i 个元素的方差，就是 $[C_f]$ 的第 i 个特征值 λ_i。与式（3-101）对应的离散 K-L 反变换式为

$$f = [A]^T g + m_f \tag{3-106}$$

3.5 小波变换

小波的概念由法国地球物理学家 J.Morlet 于 1984 年提出。他在分析地质资料时，首先引进并使用了小波这一术语。顾名思义，小波就是小的波形。所谓小，是指它具有衰减性，而被称为波，则是指它的波动性，其振幅呈正负相间的振荡形式。作为一种新兴的数学分支，小波分析是傅里叶分析、泛函数分析、调和分析、数值分析和样条分析的优秀工作成果。

与傅里叶变换、Gabor 变换相比，小波变换是时间（空间）频率的局部化分析。它通过伸缩平移运算，对信号（函数）逐步进行多尺度细化，最终达到高频处时间细分、低频处频率细分，能自动适应时频信号分析的要求，从而可聚焦到信号的任意细节，解决了傅里叶变换的难题，成为继傅里叶变换以来，在科学方法上的重大突破。有人把小波变换称为数学显微镜。

3.5.1 连续小波变换

假定 $\psi(t) \in L^2(R)$，$\psi(t)$ 的傅里叶变换是 $\hat{\psi}(\omega)$，在 $\hat{\psi}(\omega)$ 满足容许性条件

$$C_\psi = \int_R \frac{|\hat{\psi}(\omega)|^2}{|\omega|} d\omega < \infty \tag{3-107}$$

时，称 $\psi(t)$ 为一个小波基或母小波（Mother Wavelet）。根据 $\psi(t) \in L^2(R)$ 和 $\int_R |\hat{\psi}(t)| dt < \infty$，可得出小波基 $\psi(t)$ 有衰减特性，且通常衰减得很快，尤其它是局部非零紧支函数，在这意义上可称为小。当 $\hat{\psi}(0) = \int_{-\infty}^{\infty} \hat{\psi}(t) dt = 0$ 时，可知小波具有波动性。当 $\omega = 0$ 时，有 $\hat{\psi}(\omega) = 0$，即 $\hat{\psi}(\omega) = 0$，可知小波 $\psi(t)$ 具有带通性。当 $\psi(t) \in L^2(R)$ 和 $\int_R |\psi(t)| dt < \infty$ 时，可知小波基 $\psi(t)$ 有能量有限特性。

将母函数 $\psi(t)$ 经由平移和缩放后，得

$$\psi_{a,b}(t) = \frac{1}{\sqrt{|a|}} \psi\left(\frac{t-b}{a}\right), \quad a,b \in R, a \neq 0 \tag{3-108}$$

称 $\psi_{a,b}(t)$ 为一个小波序列。其中：a 为缩放因子，也称尺度因子，可反映指定小波函数的尺度；b 为平移因子，确定函数在 x 轴的方位。

当 $a>1$ 时，函数 $\psi(t)$ 具有伸展作用；当 $a<1$ 时，函数 $\psi(t)$ 具有收缩作用。其傅里叶变换的 $\psi(\omega)$ 与 $\psi(t)$ 情况相反。若 a 减小，则 $\psi_{a,b}(t)$ 的窗口随 a 的减小而变狭，$\psi_{a,b}(\omega)$ 的频谱往高频段延宽，反过来也如此，如此可能就会自动调节窗口的大小。若信号的频率变大，则时域窗口变狭，频域窗口变宽，对提升时域分辨率有益处。

对于任意函数 $f(t) \in L^2(R)$ 的连续小波变换为

$$W_f(a,b) = \langle f, \psi_{a,b} \rangle = |a|^{-1/2} \int_R f(t) \overline{\psi\left(\frac{t-b}{a}\right)} dt \qquad (3\text{-}109)$$

连续小波的重构公式为

$$f(t) = \frac{1}{C_\psi} \int_{-\infty}^{+\infty} \int_{-\infty}^{+\infty} \frac{1}{|a|^2} W_f(a,b) \psi\left(\frac{t-b}{a}\right) da db \qquad (3\text{-}110)$$

在小波变换的过程中需保持能量成比例，因此

$$\int_R \frac{da}{a^2} \int_R |W_f(a,b)|^2 db = C_\psi \int_R |f(x)|^2 dx \qquad (3\text{-}111)$$

由于小波基函数 $\psi(t)$ 转换成的小波 $\psi_{a,b}(t)$ 在小波变换中对被分析的信号起到观测窗的作用，因此 $\psi(t)$ 还需要满足绝对可积的条件，即

$$\int_{-\infty}^{+\infty} |\psi(t)| dt < \infty \qquad (3\text{-}112)$$

$\psi(\omega)$ 是连续函数，要满足完全重构条件，则 $\psi(\omega)$ 在原点上要等于零，即

$$\hat{\psi}(0) = \int_{-\infty}^{+\infty} \psi(t) dt = 0 \qquad (3\text{-}113)$$

要使信号重构后的实现在数值上是稳定的，除了上述条件，还要求 $\psi(t)$ 的傅里叶变换满足式（3-114）的稳定性条件，即

$$A \leqslant \sum_{j=-\infty}^{+\infty} |\hat{\psi}(2^{-j}\omega)|^2 \leqslant B \qquad (3\text{-}114)$$

其中，$0 < A \leqslant B < \infty$。

连续小波变换主要具备下面几种性质：

（1）线性：小波变换是线性变换，即一个函数的小波变换就是该函数每个分量的小波变换加在一起的和。

（2）平移不变性：若 $f(t)$ 的小波变换为 $W_f(a,b)$，则 $f(t-\tau)$ 的小波变换为 $W_f(a,b-\tau)$。

（3）伸缩共变性：若 $f(t)$ 的小波变换为 $W_f(a,b)$，则 $f(ct)$ 的小波变换为 $\frac{1}{\sqrt{c}} W_f(ca,cb)$。

（4）自相似性：不一样的缩放因子 a 和与之对应的平移因子 b 的连续小波变换中存在自相似性。

（5）冗余性：小波变换的冗余性直观反映了自相似性，冗余性表现如下：

① 恢复原始信号的小波变换逆变换公式并非唯一，即信号 $f(t)$ 的小波变换不与小波

重构一一对应,傅里叶变换一一对应着傅里叶反变换。

② 基本小波函数 $\psi_{a,b}(t)$ 具有很多选取的可能,如函数是非正交小波或正交小波,以至容许函数是互相线性相关的。

小波有很多种,不能随意选择。其选择是有条件的。要选取满足定义域是紧支撑(Compact Support)的函数,即小波要在微小区间之外很快衰减到零,同时函数还要满足均值为零。

连续小波变换式可以用内积表示,当尺度因子 a 增大时,表明是用伸展的 $\psi_{a,b}(t)$ 波形来观察整个 $f(t)$;反之就是用缩小的 $\hat{\psi}_{a,b}(t)$ 波形来观察 $f(t)$ 局部。所以,小波变换相当于一个具有平移、放大和缩小等功能的数学显微镜,通过检查不同放大倍数下信号的变化来研究信号的动态特性,同时又不失原信号所包含的信息。

3.5.2 离散小波变换

连续小波变换通常被应用于理论分析,而在现实运用中,尤其是在计算机上实现时,必须要把连续小波离散化。离散化不是针对时间变量 t,而是针对连续小波的缩放因子 a 和平移因子 b。

在实数域上计算小波系数时,不但计算量很大,而且会生成很多无用的数据。若是 a 与 b 选择的都是 2^j($j>0$ 且为整数)的倍数,则只需计算部分数据,这样就会让分析量减少很多。应用缩放因子和平移因子的小波变换就被称作双尺度小波变换。它是离散小波变换(Discrete Wavelet Transform,DWT)的一种形式。一般来说,离散小波变换就是指双尺度小波变换。

在连续小波变换中,根据式(3-108),$\hat{\psi}$ 是容许的,在离散化时,为了方便总限制 $a>0$,容许性条件就为

$$C_\psi = \int_0^\infty \frac{|\hat{\psi}(\omega)|^2}{|\omega|} d\omega < \infty \tag{3-115}$$

选取连续小波变换中的缩放因子 $a = a_0^j$,平移因子 $b = ka_0^j b_0$,$j \in Z$,$a_0 \neq 1$,$a_0 > 1$,则对应的离散小波函数 $\psi_{j,k}(t)$ 的表达式为

$$\psi_{j,k}(t) = \frac{1}{\sqrt{a_0^j}} \psi\left(\frac{t - kb_0 a_0^j}{a_0^j}\right) = a_0^{-\frac{j}{2}} \psi\left(a_0^{-j} t - kb_0\right) \tag{3-116}$$

离散化小波变换系数可表示为

$$C_{j,k} = \int_{-\infty}^{+\infty} f(t) \psi_{j,k}^*(t) dt = \langle f, \psi_{j,k} \rangle \tag{3-117}$$

于是离散小波变换重构公式可表示为

$$f(t) = C \sum_{j=-\infty}^{\infty} \sum_{k=-\infty}^{\infty} C_{j,k} \psi_{j,k}(t) \tag{3-118}$$

其中,C 为常数,与信号无关。

对应的离散小波变换表达式为

$$\langle f, \psi_{j,k} \rangle = a_0^{-j/2} \int_{-\infty}^{+\infty} f(t) \overline{\psi_{j,k}(t)} \mathrm{d}t = a_0^{-j/2} \int_{-\infty}^{+\infty} f(t) \overline{\hat{\psi}(a_0^{-j} t - kb_0)} \mathrm{d}t \qquad (3\text{-}119)$$

3.5.3 小波基函数

选用小波基函数需要考虑以下因素：（1）正交性：由多尺度分解获得的各子带的相关性减少；（2）紧支撑性：函数在紧支撑集上是快速下降的，下降越快，小波局域化越好；（3）对称性：确保小波不会产生相位畸变，信号不会失真；（4）正则性：描述函数的平滑效果，函数越平滑，能量就越集中。

在现实情况下，有时需要根据特定需求自行构造小波基函数，其首要任务是确认尺度函数 $\phi(t)$，小波变换必须先由尺度函数来构造小波基，构造的尺度函数 $\phi(t)$ 要具备如下条件：

（1）$\int_{-\infty}^{+\infty} \phi_{m,n}(t) \psi_{m,n}(t) = 0$，即尺度函数对所有的小波是正交的。

（2）$\int_{-\infty}^{\infty} \psi(t) \mathrm{d}t = 1$，一个平均函数。与小波函数 $\psi(t)$ 相比较，其傅里叶变换 $\Phi(\omega)$ 具有低通特性，$\psi(\omega)$ 具有带通特性。

（3）尺度函数与小波是有关联的，构造小波正交基的方法就是小波能够由尺度函数的缩放和平移的线性运算获得。

（4）$\|\phi(t)\| = 1$，也就是说，尺度函数是范数为 1 的规范化函数。

（5）$\int_{-\infty}^{+\infty} \phi_{m,n}(t) \varphi_{m,n}(t) = 0$，尺度函数对于缩放不是正交的，对于平移是正交的。

（6）由下一尺度的线性组合可得到某一尺度的尺度函数。

满足以上条件的尺度函数就可以通过如下过程得到小波基函数，描述如下：

（1）对尺度函数 $\phi(t)$ 进行傅里叶变换得到其频谱 $\Phi(\omega)$。

（2）将 $\Phi(\omega)$ 代入关系式 $\Phi(2\omega) = \Phi(\omega) H(\omega)$，求出低通滤波器的频响 $H(\omega)$。

（3）根据 $H(\omega)$ 和关系式 $G(\omega) = e^{-j\omega} H^*(\omega + \pi)$，确定高通滤波器的频响 $G(\omega)$。

（4）将 $\Phi(\omega)$ 和 $G(\omega)$ 代入二尺度方程 $\Psi(2\omega) = \Phi(\omega) G(\omega)$，求出 $\Psi(\omega)$。

（5）由 $\Psi(\omega)$ 进行傅里叶反变换得到小波母函数 $\psi(t)$。

（6）对 $\psi(t)$ 进行二进伸缩和平移得到 $L^2(R)$ 空间的正交小波基函数 $\psi_{j,k}(t)$。

常见的小波基函数有 Haar 小波、Daubechies 小波系、Biorthogonal 小波系、Morlet 小波、Coiflet 小波系、Symlets 小波系和 Mexican Hat 小波等。这里介绍其中几种具有代表性的小波以供参考。

（1）Haar 小波

正交函数为

$$\psi(t) = \begin{cases} 1, & 0 \leqslant t < 1/2 \\ -1, & 1/2 \leqslant t < 1 \\ 0, & \text{其他} \end{cases} \qquad (3\text{-}120)$$

该正交函数是由 Haar 于 1910 年提出的，其频谱为

$$\Psi(\omega) = je^{-j\frac{\omega}{2}} \frac{\sin^2(\omega/4)}{\omega/4} \tag{3-121}$$

（2）Mexican Hat 小波

$$\psi(t) = (1-t^2)\exp\left(-\frac{t^2}{2}\right) \tag{3-122}$$

Mexican Hat 小波又叫 Marr 小波，是 Gauss 函数的二阶导数，其频谱为

$$\Psi(\omega) = \sqrt{2\pi}\omega^2 \exp\left(-\frac{\omega^2}{2}\right) \tag{3-123}$$

（3）Morlet 小波

$$\psi(t) = \exp(j\omega_0 t)\exp\left(-\frac{t^2}{2}\right) \tag{3-124}$$

Morlet 小波是最常用的复值小波，其频谱为

$$\Psi(\omega) = \sqrt{2\pi}\exp\left[-\frac{(\omega-\omega_0)^2}{2}\right] \tag{3-125}$$

3.5.4 图像的小波分解与重构

图像的小波分解与重构其实就是二维小波变换与重构，小波变换可以通过数字滤波器与向下取样器将图像信号分解为低频分量（对应平坦区域）和高频分量（对应细节：噪声、轮廓等），通过对图像的层层细分方便进一步处理。

由于灰度图像为二维离散信号，因此可以将其一维处理推广至二维。常采用的方式是二维可分离小波变换，即将二维离散小波变换通过两个一维离散小波变换来实现。在二维情况下，需要一个二维可分离尺度函数 $\phi(x,y)$ 和三个二维可分离方向小波 $\psi^H(x,y)$、$\psi^V(x,y)$ 和 $\psi^D(x,y)$，它们的表述分别为

$$\phi(x,y) = \phi(x)\phi(y) \tag{3-126}$$

$$\psi^H(x,y) = \psi(x)\phi(y) \tag{3-127}$$

$$\psi^V(x,y) = \phi(x)\psi(y) \tag{3-128}$$

$$\psi^D(x,y) = \psi(x)\psi(y) \tag{3-129}$$

其中，ψ^H 是列方向变化；ψ^V 是行方向变化；ψ^D 是对角线方向变化。

给定可分离的二维尺度函数和小波函数，一维 DWT 可直接扩展到二维。这里先定义尺度和平移基函数，即

$$\phi_{j,m,n}(x,y) = 2^{\frac{j}{2}}\phi(2^j x - m, 2^j y - n) \tag{3-130}$$

$$\psi^i_{j,m,n}(x,y) = 2^{\frac{j}{2}}\psi(2^j x - m, 2^j y - n), \quad i = \{H,V,D\} \tag{3-131}$$

其中，上标 i 指代式（3-127）到式（3-129）中的方向小波，取值为 H、V 和 D。于是大小为 $M \times N$ 的图像 $f(x,y)$ 的二维离散小波变换为

$$W_\phi(j_0,m,n) = \frac{1}{\sqrt{MN}} \sum_{x=0}^{M-1} \sum_{y=0}^{N-1} f(x,y)\phi_{j_0,m,n}(x,y) \tag{3-132}$$

$$W_\psi^i(j,m,n) = \frac{1}{\sqrt{MN}} \sum_{x=0}^{M-1} \sum_{y=0}^{N-1} f(x,y)\psi_{j,m,n}^i(x,y), \quad i=\{H,V,D\} \tag{3-133}$$

如同一维情况，j_0 是一个任意的开始尺度，$W_\phi(j_0,m,n)$ 系数定义 $f(x,y)$ 在尺度 j_0 处的近似。$W_\psi^i(j,m,n)$ 系数对尺度 $j \geqslant j_0$ 附加了水平、垂直和对角方向的细节。通常令 $j_0 = 0$，并且选择 $M = N = 2^J$，因此有 $j = 0,1,2,\cdots,J-1$ 和 $m = n = 0,1,2,\cdots,2^j-1$。给出式（3-132）和式（3-133）中的 W_ϕ 和 W_ψ^i，$f(x,y)$ 可通过离散小波反变换得到，即

$$f(x,y) = \frac{1}{\sqrt{MN}} \sum_m \sum_n W_\phi(j_0,m,n)\phi_{j_0,m,n}(x,y) + \\ \frac{1}{\sqrt{MN}} \sum_{i=H,V,D} \sum_{j=j_0}^J \sum_m \sum_n W_\psi^i(j,m,n)\psi_{j,m,n}^i(x,y) \tag{3-134}$$

实现离散小波变换比较简单又有效率的方式是通过相对应的滤波器和下取样器来实现。将原先对一维信号所用的滤波器分别用在二维信号的行与列，可达二维离散小波变换的效果。整个第一层分解与重构过程分别如图 3-4、图 3-5 所示。注意，行与列交错实施的部分，否则图像无法重建成功。

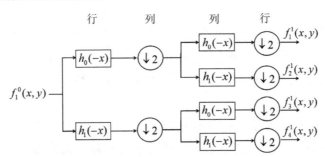

图 3-4　二维离散小波分解步骤

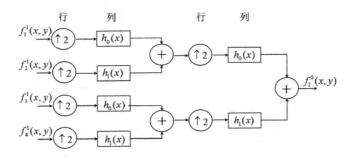

图 3-5　二维离散小波重构步骤

图像经过如图 3-4 所示的分解步骤后，可得到当前尺度下的四个子图像，包括一个粗糙子图及水平、垂直、对角线三个方向的细节子图像。每个粗糙系数子图像都可再继续进行第二层的分解，进而得到如图 3-6 所示的分解结果。

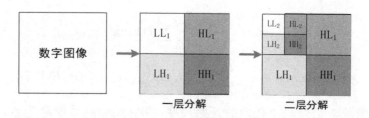

图 3-6 图像的两层小波分解

3.6 小波阈值去噪分析

3.5 节介绍了小波变换的定义和性质,以及图像的小波分解与重构。由于小波具有多分辨率分析的特性,在时、频域具有表现局部特征信号的能力,因此被广泛应用于图像处理的各个方面,例如图像去噪、图像边缘检测、图像增强、图像压缩及图像特征提取等。本节将主要介绍小波阈值去噪算法。

3.6.1 基本思路

噪声是无法预测的随机过程,因为输入和采集图像中的噪声影响了图像处理阶段和最后的成果,所以去除噪声已经是图像处理非常紧要的环节。根据噪声对图像的作用分类,可把噪声分成加性噪声和乘性噪声。因为乘性噪声经过变换后可当作加性噪声,所以着重考虑加性噪声。

利用小波去噪的基本方法是将含有噪声的信号从时域到小波域进行多尺度小波变换后,最大限度地在各个尺度下提取加噪信号的小波系数,消除噪声的小波系数,接着根据小波逆变换来重构信号。小波变换去噪方法即是找出实际图像域到小波函数域的最优映射,从而还原原始图像最好的效果。从信号方面来说,小波消噪便是信号的滤波,并且小波去噪差不多可被当成是低通滤波,因为小波变换在去噪后还能留有图像特征,所以在这方面比传统低通滤波器优越。事实上,小波去噪可以是特征提取与低通滤波功能的组合。

当使用小波变换消除噪声时,能保留和增强起关键影响的边缘信息。然而运用传统的傅里叶变换却存在着缺点,傅里叶变换不会使时域局域化,很难测验出部分突变的信号,消除噪声的时候还会丢失图像边缘信息。因此,小波变换去噪比傅里叶变换去噪更有优势。

3.6.2 小波阈值去噪

小波阈值去噪是运用加噪图像进行小波分解后的如下性质:
(1)高斯噪声经过小波变换后还是高斯分布,由于信号的带限性,因此小波系数仅在相空间的小部分集中。

（2）从能量观点出发，噪声能量在全部的小波系数上分布，信号能量只在小部分小波系数上分布。图像能量主要集中在尺度大的子带，而尺度小的子带能量较低。这样就进一步认为，在小波域上，信号提供幅值比较大的小波系数的主要成分，噪声提供绝对值比较小的小波系数。

去噪就是利用软阈值或硬阈值处理，使小波系数在最小均方误差的意义上比原来的系数更小。小波的阈值去噪首先对图像矩阵进行小波分解，然后改变小波系数。

小波阈值去噪算法的基本过程为：

（1）在选择确定小波尺度后，在含噪图像上实行各个尺度上的小波变换；

（2）按照第一层高频小波变换系数算出阈值，具体分析参考 3.6.3 节；

（3）按照选定的阈值对高频部分进行阈值处理，即把绝对值小于阈值的小波系数置零，绝对值大于阈值的小波系数保留或进行恰当的缩放；

（4）重构阈值处理后的图像小波系数，得到经过去噪处理后的图像。

在小波阈值去噪方法中，设置阈值与选择阈值函数就显得尤为重要。若阈值设置太大，会将一部分图像信号滤掉，设置太小，则不能有效地消除噪声。阈值函数的选择影响着去噪后的图像与原有图像的接近程度。

3.6.3 阈值设置

阈值化处理的重要手段就是选择适当的阈值 δ。若阈值很大，会使一部分图像特征被滤除，产生一定的误差；设置太小，则去噪后的图像仍然留有噪声，不能达到去除噪声的目的。很多设置阈值的过程就是按照一组小波系数的统计特性来计算阈值 δ。若噪声是加性且随机平稳的，则各个子带或各层上的噪声在小波域中依然是加性且随机平稳的。

目前常用的阈值方法有 BayesShrink 阈值、MapShrink 阈值、统一阈值、理想阈值估计法、最小最大化阈值（Minimax）法等。简单介绍阈值方法如下。

统一阈值也就是由 Donoho 等提出来的一种典型阈值选取方法，也叫通用阈值（简称 DJ 阈值），即

$$T = \sigma\sqrt{2\ln N} \qquad (3\text{-}135)$$

这里，σ 为估计出的噪声标准差；N 为信号的长度或尺寸。对于多维独立正态变量联合分布（维数趋向于无穷时），在正态高斯噪声模型下，可得到大于该阈值的系数含有噪声信号的概率趋于零的这一理论。因为阈值与信号长度的对数的平方根成正比，可知当 N 比较大时，阈值把全部的小波系数置零，这时小波滤波器就是低通滤波器。

BayesShrink 阈值和 MapShrink 阈值：倘若小波系数服从广义高斯分布，则按照贝叶斯估计准则可得到阈值门限的计算公式为

$$T = \sigma^2/\sigma_x \qquad (3\text{-}136)$$

这里，σ 是噪声标准差；σ_x 是广义高斯分布的标准方差值。

倘若小波系数服从 Laplace 分布，则由 Moulin 等人提出的基于 MAP 方法的阈值门

限计算公式为

$$T_{\text{map}} = \tau \qquad (3\text{-}137)$$

式中，τ 为 Laplace 分布的参数。

3.6.4 阈值函数

小波阈值化去噪方法的关键是选择阈值函数。阈值函数即为阈值处理方法，是小波变换后对小波系数处理的方法。现有的阈值函数主要有软阈值函数、硬阈值函数，其中心思想是除去小的小波系数，保留或缩放大的小波系数。

软阈值函数是将小于阈值 thr 的小波系数用零替代，将大于阈值 thr 的值减去阈值作为新的小波系数。软阈值函数表示为

$$\hat{w}_{j,k} = \begin{cases} \text{sgn}(w_{j,k}) \cdot (|w_{j,k}| - thr) & |w_{j,k}| \geq \text{thr} \\ 0 & |w_{j,k}| < \text{thr} \end{cases} \qquad (3\text{-}138)$$

其中，$w_{j,k}$ 为含噪图像的小波系数；$\hat{w}_{j,k}$ 为经过软阈值处理后的小波系数；sgn 为符号函数；thr 为固定阈值。

软阈值函数图像如图 3-7（a）所示。

硬阈值函数是直接用零替代小于阈值的小波系数，大于阈值的不进行处理。硬阈值函数表示为

$$\hat{w}_{j,k} = \begin{cases} w_{j,k} & |w_{j,k}| \geq \text{thr} \\ 0 & |w_{j,k}| < \text{thr} \end{cases} \qquad (3\text{-}139)$$

其中，$\hat{w}_{j,k}$ 为经过硬阈值处理后的小波系数；thr 为固定阈值。

硬阈值函数图像如图 3-7（b）所示。

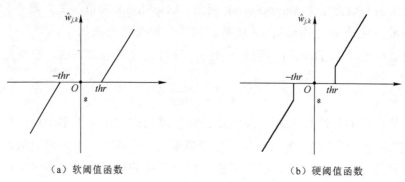

（a）软阈值函数　　　　　　（b）硬阈值函数

图 3-7　阈值函数

3.7　图像变换的 Matlab 实现

前几节已经介绍了在图像处理中较为常见的几种变换。本节将对图像傅里叶变换、

离散余弦变换、哈达玛变换及小波变换的相关 Matlab 函数进行介绍。

3.7.1 傅里叶变换的 Matlab 实现

傅里叶变换有相应的快速算法 FFT，可以极大地提高傅里叶变换的运算速度。在 Matlab 环境中，与二维傅里叶变换相关的函数有 fft2、ifft2 和 fftshift。下面将进行详细介绍。

    Y=fft2(X)
    Y=fft2(X, m, n)

该命令用于执行二维快速傅里叶操作，可直接用于数字图像处理。其中：X 是输入的二维矩阵；Y 是由计算得到的傅里叶频谱矩阵，其元素值一般是复数；m 和 n 规定了矩阵 Y 的行数和列数。默认时，Y 的维数与矩阵 X 一致，当 m 或 n 大于矩阵 X 的对应维数时，首先对矩阵 X 的相应维度补零至与 Y 相同，然后执行傅里叶变换操作；当 m 或 n 小于矩阵 X 的对应维数时，首先对矩阵 X 的相应维度截断至与 Y 相同，然后执行傅里叶变换。在一般情况下，当 m 和 n 均为 2 的整数次幂时，语句的执行速度最快。

另外，利用 Matlab 自带的取模函数 abs( ) 和取辐角函数 angle( ) 对频谱矩阵 Y 进行计算，可以分别得到幅度谱和相位谱。

利用 fft2 函数进行处理是按照原始计算顺序得到的频谱，可造成直流分量分布在输出频谱的四角上。为了把直流分量移动到频谱的中心，还需要使用 fftshift 函数，其语法格式为

    Z=fftshift(Y)

其中，Y 是需要平移的频谱；Z 是返回平移后的频谱；对于一维 fft，fftshift 是将左右元素互换；对于二维 fft，fftshift 是将对角元素互换，如图 3-8 所示。在一般情况下，fft2 函数与 fftshift 命令结合使用。

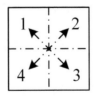

图 3-8 函数 fftshift 移位示意图

    X=ifft2(Y)
    X=ifft2(Y, m, n)

该命令用于执行二维快速傅里叶逆变换：Y 是输入的二维频谱矩阵；X 是由计算得到的傅里叶逆变换矩阵；m 和 n 规定了返回矩阵 X 的行数和列数。默认时，X 的维数与矩阵 Y 一致；当 m 或 n 大于矩阵 Y 的对应维数时，首先对矩阵 Y 的相应维度补零至与 X 相同，然后执行傅里叶逆变换操作；当 m 或 n 小于矩阵 Y 的对应维数时，首先对矩阵

Y 的相应维度截断至与 X 相同，然后执行傅里叶逆变换操作。

示例 3.1：图像的傅里叶变换。

下面的 Matlab 程序实现了图像的二维傅里叶变换。这里采用网络下载的约瑟夫·傅里叶（见图 3-9（a））半身像作为原始图片，对应的灰度图像大小为 300×234 像素。图 3-9（b）、（c）分别展示了幅度谱和相位谱。这里要注意的是，程序通过 fftshift 函数把频谱的零点移动到中心。另外，由于幅度谱对应的值比较大，因此需要进行对数映射以压缩范围后再显示。由图 3-9（b）可知，幅度谱的中心区域比较亮，四周区域比较暗，这是因为图像变换后的主要能量都集中在直流和低频区域。

```
image=imread('e:/Fourier.jpg');
I=rgb2gray(image);                              %把彩色图像转灰度
figure(1),imshow(I)
F=fft2(I);                                       %二维 FFT
F0=fftshift(F);                                  %将零点移到中心
figure(2),imshow(log10(abs(F0)+1), [ ])          %将幅度谱对数映射以压缩范围并显示
figure(3), imshow(angle(F0), [ ])                %将相位谱显示
```

  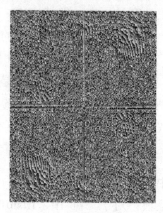

（a）约瑟夫·傅里叶　　　（b）幅度谱　　　（c）相位谱

图 3-9　图像的傅里叶变换示例

通过示例展示的结果，或许大家认为图像的幅度谱更为重要，这是因为幅度谱对应的显示结果至少表现出了一些可辨认的结构，而相位谱对应的显示结果看起来则是完全随机的。真实情况是这样吗？下面将通过另一个示例来验证这个问题。

示例 3.2：相位谱的重要性。

示例采用标准图像测试库中的图片 airplane 和图片 crowd，二者的大小都是 512×512 像素，图片 airplane 整体偏亮，图片 crowd 整体偏暗。交换两幅图片所对应的幅度谱和相位谱。也就是，将图片 airplane 的幅度谱叠加图片 crowd 的相位谱，同时用图片 crowd 的幅度谱叠加图片 airplane 的相位谱，根据傅里叶逆变换对这两个频谱进行还原得到图像。幅度谱与相位谱交换示例如图 3-10 所示。

```
I1=imread('e:/standard-images/airplane.gif');    %读入图像
I2=imread('e:/standard-images/crowd.gif');       %读入图像
```

```
figure(1),imshow(I1), figure(2),imshow(I2),     %显示图像

F1=fft2(I1);F2=fft2(I2);                         %二维傅里叶变换
A1=abs(F1).*exp(j*angle(F2));                    %交换两幅图像的幅度谱和相位谱
A2=abs(F2).*exp(j*angle(F1));                    %交换两幅图像的幅度谱和相位谱
B1=ifft2(A1);B2=ifft2(A2);                       %二维傅里叶逆变换
figure(3),imshow(abs(B1),[ ])                    %显示 airplane 幅度谱叠加 crowd 相位谱的结果
figure(4),imshow(abs(B2),[ ])                    %显示 crowd 幅度谱叠加 airplane 相位谱的结果
```

(a) airplane

(b) crowd

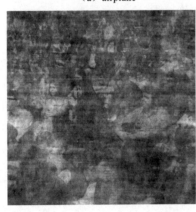
(c) airplane 幅度谱叠加 crowd 相位谱的结果

(d) crowd 幅度谱叠加 airplane 相位谱的结果

图 3-10　幅度谱与相位谱交换示例

通过这个示例可以发现，在交换幅度谱和相位谱之后，由傅里叶逆变换所得到的图像内容与其相位谱所对应的图像一致。这说明相位谱决定了图像的结构内容，图像的相位谱含有比幅度谱更多的信息。另外，我们也发现图 3-10（c）要比对应同样结构内容的图 3-10（b）整体偏亮，图 3-10（d）要比对应同样结构内容的图 3-10（a）整体偏暗，这是因为图像整体的灰度分布特性，例如明暗、灰度变化趋势等在很大程度上取决于对应的幅度谱。

3.7.2　离散余弦变换的 Matlab 实现

离散余弦变换矩阵的基向量很近似于 Toeplitz 矩阵的特征向量，能够很好地描述人

类语音信号和图像信号的相关特性，得到了广泛的应用。

从离散傅里叶变换的定义可以看出，将序列进行延拓后，离散傅里叶变换的实部对应离散余弦变换，因此离散余弦变换的快速算法可以借助 FFT 来实现。在 Matlab 环境中，系统直接提供了离散余弦变换的命令，考虑二维情况，常见的调用命令为

```
B = dct2(A)
B = dct2(A, [M N])
B = dct2(A, M, N)
```

其中，A 是输入二维矩阵；B 是返回的离散余弦变换系数矩阵。在第一条语句中，B 的维数与 A 相同。在后两条语句中，M 和 N 规定了返回离散余弦变换系数矩阵 B 的行数和列数。当 M 或 N 大于矩阵 A 的对应维数时，首先对矩阵 A 的相应维度补零至与 B 相同，然后执行离散余弦变换操作；当 M 或 N 小于矩阵 A 的对应维数时，首先对矩阵 A 的相应维度截断至与 B 相同，然后执行离散余弦变换操作。

Matlab 环境也提供了二维离散余弦逆变换的命令，其调用格式与 dct2 命令相同，即

```
A = idct2(B)
A = idct2(B, [M N])
A = idct2(B, M, N)
```

示例 3.3：图像的离散余弦变换与离散余弦逆变换。

在下面的程序中，首先读取了 Matlab 系统自带的一副 RGB 图像，然后把 RGB 图像转为灰度图像并显示，如图 3-11（a）所示。二维离散余弦变换的结果如图 3-11（b）所示。由于离散余弦变换系数的绝对值比较大，需要进行对数映射以压缩范围后再显示，因此可以看出，图像的能量主要集中在变换矩阵的左上角，其余大部分系数都比较小。将离散余弦变换系数绝对值小于 10 的舍弃，再进行离散余弦逆变换，就可以得到重新恢复的图像，如图 3-11（c）所示。

```
RGB = imread('autumn.tif');                %读入图像
I = rgb2gray(RGB);                         %把彩色图像转灰度
figure, imshow(I)
[m,n]=size(I);                             %求图像行数和列数
J = dct2(I);                               %二维离散余弦变换
figure, imshow(log(abs(J)+1),[ ]),         %将离散余弦变换系数对数映射以压缩范围并显示

J0=J;
J0(abs(J)<10) = 0;                         %把绝对值小于 10 的离散余弦变换系数置 0
K = idct2(J0);                             %二维离散余弦逆变换
figure, imshow(K,[0 255])

ratio=(sum(sum(J0==0))-sum(sum(J==0)))/(m*n)    %统计置 0 的离散余弦系数所占比例
SNR=10*log10(sum(sum(I.^2))/(sum(sum((K-double(I)).^2))))    %求信噪比
```

程序运行结果

```
ratio =0.7655
SNR =12.3071
```

（a）autumn　　　　　　　　　　　（b）离散余弦变换变换结果

（c）舍弃绝对值小于 10 的离散余弦变换系数逆变换结果

图 3-11　图像离散余弦变换和离散余弦逆变换示例

从视觉效果上来看，舍弃小系数离散余弦逆变换后所得的图像与原始图像并无明显差别。另外，从程序运行结果可知，舍弃的离散余弦变换系数占全部系数总数目的 76.55%，也即是利用 23.45%的较大的离散余弦变换系数就可以很好地恢复出原始图像。

从这个示例可以看出，对于一副图像，其能量主要集中在离散余弦变换系数的左上角，图像的大部分信息可以由离散余弦变换的几个系数来表达，因此离散余弦变换可以用于图像压缩。

示例 3.4：利用离散余弦变换压缩图像数据。

下面的程序简要描述了 JPEG 压缩标准中利用离散余弦变换实现图像压缩的一般过程。具体描述如下：首先，对一副图像进行分块操作，每个图像子块为 8×8 像素；然后对每个子块进行二维离散余弦变换；对于各个子块的 64 个离散余弦变换系数，仅仅保留最左上角的 10 个系数，其余的系数均置 0，进行二维离散余弦逆变换；最后把离散余弦逆变换的各个子块进行拼接来对原始图像进行重构。这里所处理的图像是标准图像测试库中的 Lena 灰度图像，图像大小为 512×512 像素。

```
image=imread('e:/standard-images/lena.bmp');
A=im2double(image);
[m,n]=size(A);              %求图像行数和列数
B=zeros(m,n);               %建立与原始图像同维度的零矩阵，用来存储最终结果

mask=[1 1 1 1 0 0 0 0
      1 1 1 0 0 0 0 0
      1 1 0 0 0 0 0 0
      1 0 0 0 0 0 0 0
```

```
                 0 0 0 0 0 0 0 0
                 0 0 0 0 0 0 0 0
                 0 0 0 0 0 0 0 0
                 0 0 0 0 0 0 0 0];          %建立 8x8 的二值矩阵模板,仅左上角 10 个元素为 1
for i=1:8:m-7
    for j=1:8:n-7
        C=A(i:i+7, j:j+7);                  %从原始图像中裁切出 8x8 的子块
        D=dct2(C);                          %对子块进行二维离散余弦变换
        E=D.*mask;                          %仅保留左上角 10 个离散余弦变换系数,其余置 0
        B(i:i+7, j:j+7)=idct2(E);           %二维离散余弦逆变换赋值给矩阵 B 相应位置子块
    end
end

SNR=10*log10(sum(sum(A.^2))/(sum(sum((A-B).^2))))     %计算信噪比
figure(1), imshow(A,[ ]),
figure(2), imshow(B,[ ]),
```

程序运行结果为

SNR =26.4183

利用离散余弦变换压缩图像数据示例如图 3-12 所示。

（a）Lena　　　　　　　　　　　　（b）重构图像

图 3-12　利用离散余弦变换压缩图像数据示例

由图 3-12 可以看出,原始图像与重构图像在视觉上基本相同。程序运行结果显示,SNR 约为 26.41dB,说明重构图像与原始图像在数据内容上也具有高度的一致性。本例中,舍弃了 54／64=84.38% 的离散余弦变换系数,压缩比为 6.4:1。

3.7.3　哈达玛变换的 Matlab 实现

二维的离散哈达玛变换与二维离散傅里叶变换一样,都可以拆解为矩阵相乘的形式。由于哈达玛变换核矩阵元素皆为+1 或-1,因此哈达玛图像变换的特点是主要做加、减法,不需要做乘法。这就避免了费时的乘法运算,使得运算的复杂性大大降低。

Matlab 环境没有像 DFT 或 DCT 那样,直接提供方便的哈达玛变换命令,需要利用

哈达玛核矩阵和图像矩阵相乘来实现。Matlab 可以调用函数 hadamard 来生成哈达玛矩阵,格式为

H=hadamard(n)

该命令可以得到 $n \times n$ 的哈达玛矩阵,这里 $n = 2^k, k = 0,1,2,\cdots$。下面的示例给出了图像二维哈达玛变换和逆变换的 Matlab 代码。

示例 3.5:图像的哈达玛变换。

下面的程序可对如图 3-12(a)所示的 Lena 灰度图像进行哈达玛变换,图 3-13(a)是变换后的显示结果,图 3-13(b)是逆变换后的显示结果。由图可知,哈达玛变换后几乎是全黑的。这是因为变换后绝大部分的系数接近于 0。图 3-13(c)是截取的哈达玛变换结果的部分系数,从中可以看出,只有最左上的系数约为 249,其余系数都接近于 0。可见,与 DCT 相同,二维哈达玛变换也具有能量集中的性质,原始图像数据越是接近均匀分布,哈达玛变换后的数据就越集中在矩阵的左上角,常用于压缩图像信息。

```
image=imread('e:/standard-images/lena.bmp');
I=im2double(image);
H=hadamard(512);                %产生 512x512 大小的哈达玛矩阵
Y=H*I*H/512;                    %对图像进行哈达玛变换
I2=H*Y*H/512;                   %哈达玛逆变换
I2n=255*(I2-min(min(I2)))/(max(max(I2))-min(min(I2)));    %线性拉伸至区间[0,255]
figure, imshow(uint8(Y))        %显示哈达玛变换的结果
figure, imshow(uint8(I2n))      %显示哈达玛逆变换的结果
```

(a)变换后的显示结果　　　　　　　　(b)逆变换后的显示结果

	1	2	3	4	5	6	7	8
1	249.0739	-0.1154	-0.1727	-0.0352	-0.3943	0.1405	0.2491	0.0339
2	0.0331	0.0067	0.0107	0.0019	-0.0048	-0.0099	0.0036	-0.0212
3	0.0680	0.0136	0.0329	0.0061	0.0110	-9.1912e-04	-0.0040
4	0.0152	0.0068	0.0516	-0.0159	0.0045	0.0095	-0.0440	-0.0278
5	0.2318	0.0119	0.0110	0.0396	-0.0634	-0.0810	-0.1931	0.0364
6	-0.0205	0.0095	-0.0117	0.0223	-0.0379	0.0197	0.0193	0.0181
7	-0.0251	-0.0027	-9.1912e-04	0.0337	-0.0946	0.0555	0.0386	0.0417
8	-0.0485	0.0125	0.0061	-0.0224	0.0045	0.0327	0.0763	0.0117

(c)截取的哈达玛变换结果的部分系数

图 3-13 图像的哈达玛变换示例

3.7.4 小波变换的 Matlab 实现

在 Matlab 环境中有自带的小波函数，可以直接调用，下面进行简单说明。

函数 dwt 可实现一维离散小波变换，函数 dwt2 可实现二维离散小波变换，函数 wavedec2 可实现二维信号的多层小波分解，函数 idwt 和 idwt2 可分别实现一维和二维离散小波反变换，函数 waverec2 可实现二维信号的小波重构，函数 wrcoef2 有多层小波分解重构某一层的分解信号，函数 upcoef2 有多层小波分解重构近似分量或细节分量，函数 detcoef2 可提取二维信号小波分解的细节分量，函数 appcoef2 可提取二维信号小波分解的近似分量，函数 upwlev2 可实现二维小波分解的单层重构。关于如何使用函数以及函数所需的参数，可通过执行 help~（查询函数，如 help dwt）指令查看相关函数的使用，或者执行 type~（查询函数，如 type dwt）指令查看函数内部细节和实现过程。

下面将主要介绍用于灰度图像小波分解与重构的 dwt2 函数和 idwt2 函数。其中，dwt2 用于二维离散小波变换，可实现图像的小波分解，句法结构为

[CA,CH,CV,CD] = dwt2(X,'wname')

其中，X 为输入的灰度图像；'wname'为选择的小波基。例如，'haar'为 Haar 小波，'dbN' 为 Daubechies 小波族，'symN'为 Symlets 小波族，'mexh'为 Mexican Hat 小波，'morl'为 Morlet 小波等。在返回值中，CA 为图像分解的低频分量，CH 为图像分解的水平细节分量，CV 为图像分解的垂直细节分量，CD 为图像分解的对角细节分量。一般而言，这四个细节分量所对应的矩阵行数和列数近似等于输入图像 X 行数和列数的一半。

图像小波重构函数 idwt2 的句法结构为

X = idwt2(CA,CH,CV,CD,'wname')

其中，X 为重构图像；'wname'为选择的小波基；CA、CH、CV 和 CD 分别为输入的低频分量、水平细节分量、垂直细节分量和对角细节分量。

示例 3.6：图像的小波分解与重构。

下面的程序可对如图 3-12（a）所示的 Lena 灰度图像进行小波分解与重构，图 3-14 （a）是小波分解的显示结果，图 3-14（b）是小波重构的显示结果。这里选取的是 Haar 小波。需要说明的是，三个高频分量子带的小波系数要远小于低频分量子带。为了便于显示，程序把这四个子带的小波系数通过线性运算映射至 0~255 的区间。

```
clear,
image=imread('e:/standard-images/lena.bmp');
X=im2double(image);
[CA, CH, CV, CD] = dwt2(X, 'haar'); %%图像的小波分解
%%%把四个子带的小波系数线性映射
CA1=uint8(255*(CA-min(min(CA)))/(max(max(CA))-min(min(CA))));
CH1=uint8(255*(CH-min(min(CH)))/(max(max(CH))-min(min(CH))));
CV1=uint8(255*(CV-min(min(CV)))/(max(max(CV))-min(min(CV))));
CD1=uint8(255*(CD-min(min(CD)))/(max(max(CD))-min(min(CD))));
Y=[CA1,CH1;CV1,CD1];%%把分解后的四个分量拼接方便展示
```

```
X0 = idwt2(CA, CH, CV, CD, 'haar');%%图像的小波重构
figure(1),imshow(Y),
figure(2),imshow(X0),
```

（a）小波分解的显示结果　　　　　　　　（b）小波重构的显示结果

图 3-14　图像的小波分解与重构示例

示例 3.7：图像的小波阈值去噪。

下面的程序验证了小波阈值算法的去噪效果：程序首先对标准的 Lena 灰度图像进行了加噪处理，这里的噪声是均值为 0 的高斯白噪声；然后根据式（3-135）的 DJ 阈值，分别采用软阈值和硬阈值算法进行去噪。图 3-15（a）是原始图像，图 3-15（b）是加噪图像，图 3-15（c）是硬阈值去噪结果，图 3-15（d）是软阈值去噪结果。这里选取的是 db3 小波。由图可知，经过小波阈值处理后，图像的噪声明显降低了。另外，从客观指标来看，加噪后的 SNR 为 9.9152dB，硬阈值处理后的 SNR 为 15.5231dB，软阈值处理后的 SNR 为 15.6482dB。硬阈值处理后的 SNR 提升约 5.61dB，软阈值处理后的 SNR 提升约 5.73dB，说明小波阈值算法取得了明显的降噪效果。

这里需要说明的是，在实际处理过程中，噪声标准差被认为由小波分解后的高频子带决定，因为噪声的能量主要分布在高频区域，因此可采用对角细节分量（HH 子带）小波系数绝对值的中值作为噪声标准差的估计。

```
clear,
image=imread('e:/standard-images/lena.bmp');
[m,n]=size(image);
X=imnoise(image,'gaussian',0,0.03);        %%加入高斯噪声
[CA, CH, CV, CD] = dwt2(X, 'db3');          %%小波分解
%%%%%求取阈值
sigma=median(abs(CD(:)));%%HH 子带小波系数绝对值的中值
T=sigma*sqrt(2*log(m*n));                   %%DJ 阈值
%%%%%硬阈值处理
CH_hard=CH.*(abs(CH)>=T);
CV_hard=CV.*(abs(CV)>=T);
CD_hard=CD.*(abs(CD)>=T);
```

```
X0 = idwt2(CA, CH_hard, CV_hard, CD_hard, 'db3');        %%小波重构
%%%%%软阈值处理
CH_soft=sign(CH).*(abs(CH)-T).*(abs(CH)>=T);
CV_soft=sign(CV).*(abs(CV)-T).*(abs(CV)>=T);
CD_soft=sign(CD).*(abs(CD)-T).*(abs(CD)>=T);
X1 = idwt2(CA, CH_soft, CV_soft, CD_soft, 'db3');        %%小波重构
%%%%%显示图像
figure(1),imshow(image),
figure(2),imshow(X),
figure(3),imshow(uint8(X0)),
figure(4),imshow(uint8(X1)),
%%%%%计算信噪比
SNR=10*log10(sum(sum(double(image).^2))/sum(sum((double(X)-double(image)).^2)))
SNR_hard=10*log10(sum(sum(double(image).^2))/sum(sum((X0-double(image)).^2)))
SNR_soft=10*log10(sum(sum(double(image).^2))/sum(sum((X1-double(image)).^2)))
程序运行结果为
SNR =9.9152
SNR_hard =15.5231
SNR_soft =15.6482
```

（a）原始图像

（b）加噪图像

（c）硬阈值去噪结果

（d）软阈值去噪结果

图 3-15　图像小波阈值法去噪示例

3.8 本章小结

本章主要介绍了数字图像处理中常见的几种变换方法,包括离散傅里叶变换(DFT)、离散余弦变换(DCT)、离散沃尔什-哈达玛变换(DWHT)、K-L变换、小波变换等。这些变换给数字图像处理带来了很多便利,是数字图像处理中不可或缺的一部分。

傅里叶变换可以看作数学上的棱镜,可以将函数基于频率分解为不同的成分。在数字图像处理中,频域反映了图像在空间域灰度变化的剧烈程度,也就是图像灰度的变化速度,傅里叶变换提供了一条从空间域到频率自由转换的途径,可以将数字图像从灰度分布转化到频率分布上来以观察图像的特征。

离散余弦变换可以认为是离散傅里叶变换的一种特殊形式,是限定了输入信号为实偶函数的离散傅里叶变换,也是数字图像处理中常用的正交变换。离散余弦变换与离散傅里叶变换之间有着严格的数学对应关系。相比离散傅里叶变换,离散余弦变换具有更好的频域能量聚集度,非常适合图像压缩。静止图像编码的国际标准 JPEG 就采用了离散余弦变换。

离散沃尔什-哈达玛变换是将一个函数变换成由取值为+1 或-1 的基本函数构成的级数。哈达玛变换是一种特殊排序的沃尔什变换。其算法虽然只需要进行实数运算,所需的存储量比 FFT 要少得多,运算速度也快得多,但是却缺乏直观的物理解释。

K-L 变换是一种基于目标统计特性的最佳正交变换,具有最优的去相关性能,其基本原理是用较少数量的特征对样本进行描述以达到降低特征空间维数的目的,在人脸识别、图像压缩和信号传输等领域有着广泛的应用。K-L 变换尽管没有快速算法,但常常作为衡量其他变换性能好坏的标杆。

小波变换是时间(空间)频率局部化分析和多分辨率分析的一种新技术,是继傅里叶变换以来在科学方法上的重大突破,被称为"数学显微镜"。小波变换被广泛应用于图像处理的各个方面,例如图像去噪、图像边缘检测、图像增强、图像压缩及图像特征提取等。

本章 3.7 节介绍了离散傅里叶变换、离散余弦变换、哈达玛变换和小波变换的 Matlab 命令和语句,给出其在数字图像处理中的简单应用。这些具体示例能够让读者更直观地体会变换域处理所具有的优势。

第 4 章 图像空间域增强

图像增强是图像处理的基本内容，其目的是改善图像的视觉效果（包括人和机器的"视觉"），针对给定的应用场合，有目的地强调图像的整体或局部特性，扩大图像中不同物体特征之间的差别，为图像信息的提取和对其他图像分析技术奠定良好的基础。其方法是通过锐化、平滑、去噪、对比度拉伸等手段对图像进行处理，使图像与视觉响应特性匹配，以突出图像中的某些目标特征，抑制另一些特征。

基于空间域的图像增强方法按照所采用的技术不同，可分为灰度变换和空间域滤波两类。灰度变换是基于点操作的增强方法，将每一像素的灰度值按照一定的数学变换公式转换为新的灰度值，如直接灰度变换增强、直方图均衡化等方法。空间域滤波是基于邻域处理的增强方法，应用某一模板对每个像素与其周围邻域的所有像素进行某种数学运算得到该像素的新灰度值（输出值），输出值的大小不仅与该像素的灰度值有关，还与其邻域内的像素灰度值有关。常用的图像平滑与锐化技术就属于空间域滤波范畴。

图像空间域增强的主要内容如图 4-1 所示。

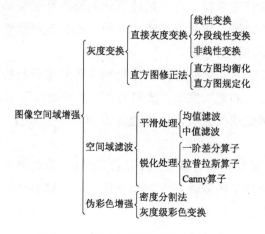

图 4-1　图像空间域增强的主要内容

4.1　直接灰度变换

在扫描过程中，由于扫描系统或光电转换系统等多方面的原因，常出现图像不均匀、对比度不足等弊端,使人眼在观看图像时的视觉效果很差。直接灰度变换就是在图像采集系统中对图像像素进行修正,使整幅图像成像均匀。

直接灰度变换可以分为3种:线性变换、分段线性变换和非线性变换。直接灰度变换可以使图像动态范围加大,图像对比度扩展、清晰、特征明显,是图像增强的重要手段。

4.1.1 线性变换

令原始图像 $f(i,j)$ 的灰度范围为 $[a,b]$,线性变换后,图像 $g(i,j)$ 的灰度范围为 $[a',b']$,如图 4-2 所示。$g(i,j)$ 与 $f(i,j)$ 之间的关系式为

$$g(i,j) = a' + \frac{b'-a'}{b-a}[f(i,j)-a] \tag{4-1}$$

在曝光不足或过度的情况下,图像灰度可能会局限在一个很小的范围内。这时,在显示器上看到的将是一个模糊不清、似乎没有灰度层次的图像。采用线性变换对图像每一个像素的灰度进行线性拉伸,将能有效改善图像的视觉效果。

4.1.2 分段线性变换

为了突出感兴趣的目标或灰度区间,相对抑制那些不感兴趣的灰度区间,可采用分段线性变换。常用的三段线性变换示意图如图 4-3 所示,对应的数学表达式为

$$g(i,j) = \begin{cases} (c/a)f(i,j), & 0 \leqslant f(i,j) < a \\ [(d-c)/(b-a)][f(i,j)-a]+c, & a \leqslant f(i,j) < b \\ [(M_g-d)/(M_f-b)][f(i,j)-b]+d, & b \leqslant f(i,j) < M_f \end{cases} \tag{4-2}$$

图 4-3 中,对灰度区间 $[a,b]$ 进行了线性拉伸,灰度区间 $[0,a]$ 和 $[b,M_f]$ 则被压缩。通过细心调整折线拐点的位置及控制分段直线的斜率,可对任一灰度区间进行拉伸或压缩。

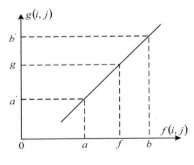

图 4-2 线性变换示意图

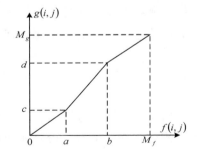

图 4-3 常用的三段线性变换示意图

4.1.3 非线性变换

当用某些非线性函数,如对数函数、指数函数等作为映射函数时,可实现图像灰度的非线性变换。对数变换的一般表达式为

$$g(i,j) = c \cdot \ln[f(i,j)+1] \tag{4-3}$$

这里的 $c>0$ 是为了调整曲线位置和形状而引入的参数，当希望对图像的低灰度区间进行较大的拉伸而对高灰度区间进行压缩时，可采用这种对数变换，能使图像灰度分布与人的视觉特性相匹配，如图 4-4 所示。

指数变换的一般表达式为

$$g(i,j) = a^{f(i,j)} - 1 \tag{4-4}$$

这里的参数 $a>1$ 用来调整曲线的位置和形状。指数变换能对图像的高灰度区间给予较大的拉伸，如图 4-5 所示。

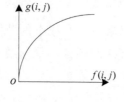
图 4-4　对数变换示意图

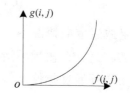
图 4-5　指数变换示意图

4.2　直方图修正法

灰度直方图反映了数字图像中每一灰度级与其出现像素频率间的统计关系。它能描述该图像的概貌，例如图像的灰度范围、每个灰度级出现的频率、灰度级的分布、整幅图像的平均明暗和对比度等，为进一步处理图像提供重要依据。由于大多数自然图像的灰度分布集中在较窄的区间，因此可引起图像细节不够清晰。采用直方图修正后，可使图像的灰度间距拉开或使灰度分布均匀，从而增大反差，使图像细节清晰，达到增强的目的。直方图修正法通常有直方图均衡化和直方图规定化两类。

4.2.1　直方图均衡化

直方图均衡化是通过对原始图像进行某种灰度变换，使原始图像的灰度直方图尽可能地修正为均匀分布。下面先讨论连续图像的均衡化问题，然后推广应用到离散的数字图像上。

为讨论方便起见，用 r 和 s 分别表示归一化了的原始图像灰度和经直方图修正后的图像灰度，即

$$0 \leqslant r, s \leqslant 1 \tag{4-5}$$

一幅原始图像的灰度级经过归一化处理后均分布在[0,1]的范围内，设图像中像素的灰度级用变量 r 表示，在此区间内的任一灰度级对图像进行变换，则

$$s = T(r) \tag{4-6}$$

式（4-6）的使用必须要满足两个条件：
（1） r 在[0,1]内，$T(r)$ 的值单调递增；
（2） 对于 r 在[0,1]内，$0 \leqslant T(r) \leqslant 1$。

条件（1）用于保证灰度级从黑到白的次序不变，条件（2）用于确保映射后的像素灰度在允许的范围内，反变换关系为

$$r = T^{-1}(s) \tag{4-7}$$

$T^{-1}(s)$ 对 s 同样满足上述两个条件。

由概率论理论可知，如果已知随机变量 r 的概率密度为 $p_r(r)$，随机变量 s 是 r 的函数，则 s 的概率密度 $p_s(s)$ 可以由 $p_r(r)$ 求出。假定随机变量 s 的分布函数用 $F_s(s)$ 表示，根据分布函数定义

$$F_s(s) = \int_{-\infty}^{s} p_s(s) \mathrm{d}s = \int_{-\infty}^{r} p_r(r) \mathrm{d}r \tag{4-8}$$

根据密度函数是分布函数导数的关系，将上式两边对 s 求导得

$$p_s(s) = \frac{\mathrm{d}}{\mathrm{d}s}\left[\int_{-\infty}^{r} p_r(r) \mathrm{d}r\right] = p_r(r)\frac{\mathrm{d}r}{\mathrm{d}s} = p_r(r)\frac{\mathrm{d}}{\mathrm{d}s}\left[T^{-1}(s)\right] \tag{4-9}$$

从式（4-9）可以看出，通过变换函数 $T(r)$ 可以控制图像灰度级的概率密度函数，从而改善图像的灰度层次.这就是直方图修正法的基础。

从人眼视觉特性来考虑，一幅图像的灰度直方图如果是均匀分布的，即 $p_s(s) = k$（归一化后 $k = 1$），则感觉上该图像比较协调。因此要求将原始图像进行直方图均衡化，以满足人眼视觉要求的目的。

因为归一化假定

$$p_s(s) = 1 \tag{4-10}$$

则由式（4-9）有 $\mathrm{d}s = p_r(r)\mathrm{d}r$，将两边积分得

$$s = T(r) = \int_0^r p_r(r) \mathrm{d}r \tag{4-11}$$

式（4-11）就是所求得的变换函数，表明当变换函数 $T(r)$ 是原始图像直方图累积分布函数时，能达到直方图均衡化的目的。对于灰度级为离散的数字图像，用频率来代替概率，则变换函数 $T(r_k)$ 的离散形式可表示为，

$$s_k = T(r_k) = \sum_{i=0}^{k} p_r(r_i) = \sum_{i=0}^{k} \frac{n_i}{n}, \quad 0 \leqslant r_k \leqslant 1, k = 0,1,2\cdots,L-1 \tag{4-12}$$

可见，均衡后，各像素的灰度值 s_k 可直接由原始图像的直方图算出。下面举例说明图像直方图均衡化的过程。

示例 4.1：假定有一幅总像素为 64×64 的图像，灰度级数为 8，各灰度级分布列于表 4-1。对其进行直方图均衡化的计算过程如下。

表 4-1 各灰度级分布

r_k	n_k	$p_r(r_k)=\dfrac{n_k}{n}$	$s_{k计}$	$s_{k并}$	s_k	n_{s_k}	$p_s(s_k)$
$r_0=0$	790	0.19	0.19	1/7	$s_0=1/7$	790	0.19
$r_1=1/7$	1023	0.25	0.44	3/7	$s_1=3/7$	1023	0.25
$r_2=2/7$	850	0.21	0.65	5/7	$s_2=5/7$	850	0.21
$r_3=3/7$	656	0.16	0.81	6/7			
$r_4=4/7$	329	0.08	0.89	6/7	$s_3=6/7$	985	0.24
$r_5=5/7$	245	0.06	0.95	1			
$r_6=6/7$	122	0.03	0.98	1			
$r_7=1$	81	0.02	1.00	1	$s_4=1$	448	0.11

（1）按式（4-12）求变换函数 $s_{k计}$，即

$$s_{0计}=T(r_0)=\sum_{j=0}^{0}p_r(r_j)=0.19$$

$$s_{1计}=T(r_1)=\sum_{j=0}^{1}p_r(r_j)=p_r(r_0)+p_r(r_1)=0.19+0.25=0.44$$

类似地计算 $s_{2计}=0.65$，$s_{3计}=0.81$，$s_{4计}=0.89$，$s_{5计}=0.95$，$s_{6计}=0.98$，$s_{7计}=1.00$。

（2）计算 $s_{k并}$

考虑输出图像灰度是等间隔的，且与原始图像灰度范围一样取 8 个等级，即要求 $s_k=i/7$，$i=0,1,2,\cdots,7$，因而需对 $s_{k计}$ 加以修正（采用四舍五入法），得到 $s_{0并}=1/7$，$s_{1并}=3/7$，$s_{2并}=5/7$，$s_{3并}=6/7$，$s_{4并}=6/7$，$s_{5并}=1$，$s_{6并}=1$，$s_{7并}=1$。

（3）s_k 的确定

由 $s_{k并}$ 可知，输出图像的灰度级仅为 5 个级别，它们是

$$s_0=1/7 \qquad s_1=3/7 \qquad s_2=5/7 \qquad s_3=6/7 \qquad s_4=1$$

（4）计算对应每个 s_k 的 n_{s_k}

因为 $r_0=0$ 映射到 $s_0=1/7$，所以有 790 个像素在输出图像上变成 $s_0=1/7$。同样，$r_1=1/7$ 映射到 $s_1=3/7$，所以有 1023 个像素值 $s_1=3/7$。$r_2=2/7$ 映射到 $s_2=5/7$，因此有 850 个像素值 $s_2=5/7$。又因为 r_3 和 r_4 都映射到 $s_3=6/7$，因此有 656+329=985 个像素取值 $s_3=6/7$，同理有 245+122+81=448 个像素变换 $s_4=1$。

（5）计算 $p_s(s_k)=\dfrac{n_{s_k}}{n}$

以上各步的计算结果填在表 4-1 中。图 4-6 给出了原始图像直方图和均衡化的结果。图 4-6（b）就是按公式（4-12）给出的转换函数。由于采用离散公式，因此概率密度函数是近似的，原直方图上频数较小的某些灰度级被合并到一个或几个灰度级中，频率小的部分被压缩，频率大的部分被增强，故图 4-6（c）的结果是一种近似的、非理想的均衡结果。虽然均衡所得图像的灰度直方图不很平坦，灰度级数减少，但从分布来看，比原始图像直方图平坦多了，而且动态范围扩大了。因此，直方图均衡化的实质是以减少图像的灰度等级换取对比度的扩大。

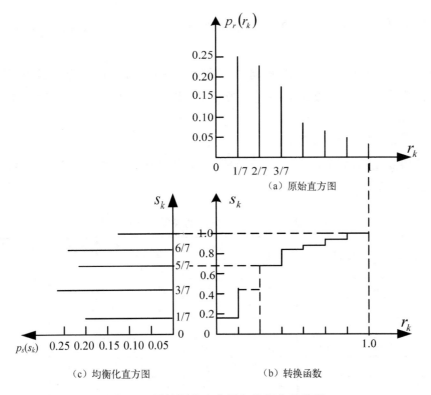

图 4-6　原始图像直方图和均衡化的结果

4.2.2　直方图规定化

直方图规定化就是让最初图像的直方图，经过调整，使其尽可能地符合所要求的直方图。由 4.2.1 节可知，虽然直方图均衡化能使图像灰度之间的对比度得到增加，亮度增加的效果更加明显，但是直方图规定化可以根据实际需求对图像进行一定的调整，通过选择适合自己增强部分的灰度范围，让图像的对比度在灰度范围得到增强，符合某一特定的形状，获得的效果比直方图均衡化更好。

直方图规定化有如下几个步骤。

设原始图像的灰度分布概率密度函数用 $P_r(r)$ 表示，目标图像的灰度分布概率密度函数用 $P_z(z)$ 表示，则

（1）对原始图像进行直方图均衡化处理。

（2）根据目标图像所得到的灰度分布的概率密度函数 $P_z(z)$，求解目标图像均衡化处理的变化函数，即

$$G(z) = \int_0^z P_z(x)\mathrm{d}x \tag{4-13}$$

（3）将式（4-13）进行逆变换后得

$$z = G^{-1}(v) \tag{4-14}$$

式（4-14）表明，原始图像经过直方图均衡化后，灰度级 v 用 s 来代替，即得到

$z = G^{-1}(v)$,因为直方图均衡化处理之后,原始图像与目标图像具有相同的灰度分布概率密度。

示例 4.2:仍采用与示例 4.1 相同的原始图像数据(64×64 像素且具有 8 级灰度)。该图像与规定直方图的灰度级分布列于表 4-2。原始图像直方图与规定直方图如图 4-7(a)、(b)所示。

步骤 1:原始图像直方图均衡化。

直方图均衡化的结果见表 4-1。原始图像灰度与直方图均衡化图像灰度的映射关系列于表 4-2 中的第 1 列。

表 4-2 规定直方图的灰度级分布

$r_j \to s_k$	n_k	$p_s(s_k)$	z_k	$p_z(z_k)$	v_k	$z_{k并}$	$n_{k并}$	$p_z(z_{k并})$
$r_0 \to s_0 = 1/7$	790	0.19	$z_0 = 0$	0.00	0.00	z_0	0	0.00
$r_1 \to s_1 = 3/7$	1023	0.25	$z_1 = 1/7$	0.00	0.00	z_1	0	0.00
$r_2 \to s_2 = 5/7$	850	0.21	$z_2 = 2/7$	0.00	0.00	z_2	0	0.00
$r_3 \to s_3 = 6/7$			$z_3 = 3/7$	0.15	0.15	$z_3 \to s_0 = 1/7$	790	0.19
$r_4 \to s_3 = 6/7$	985	0.24	$z_4 = 4/7$	0.20	0.35	$z_4 \to s_1 = 3/7$	1023	0.25
$r_5 \to s_4 = 1$			$z_5 = 5/7$	0.30	0.65	$z_5 \to s_2 = 5/7$	850	0.21
$r_6 \to s_4 = 1$			$z_6 = 6/7$	0.20	0.85	$z_6 \to s_3 = 6/7$	985	0.24
$r_7 \to s_4 = 1$	448	0.11	1	0.15	1.00	$z_7 \to s_4 = 1$	448	0.11

步骤 2:

(1)确定规定直方图的灰度 z_k 及其分布 $p_z(z_k)$。其值列于表 4-2 的第 4 列和第 5 列,图 4-7(b)是其直方图。

(2)计算离散情况下的变换函数 $G(z_k)$,即

$$v_k = G(z_k) = \sum_{j=0}^{k} p_z(z_j) \tag{4-15}$$

得到以下数值,即

$v_0 = G(z_0) = 0.00$ $v_1 = G(z_1) = 0.00$ $v_2 = G(z_2) = 0.00$ $v_3 = G(z_3) = 0.15$
$v_4 = G(z_4) = 0.35$ $v_5 = G(z_5) = 0.65$ $v_6 = G(z_6) = 0.85$ $v_7 = G(z_7) = 1.00$

这组数值确定了 v_k 与 z_k 之间的对应关系,如图 4-7(c)所示。

步骤 3:

用步骤 1 中直方图均衡化后得到的代替步骤 2 中的 v_j,对 G 逆变换求得与 s_k 的对应关系。

在离散情况下,逆变换常常需要进行近似处理。例如,最接近于 $s_0 = 1/7 \approx 0.14$ 的是 $v_3 = 0.15$。为此用 s_0 代替进行逆变换 $G^{-1}(0.15) = z_3$。这样得到的结果是映射的灰度级。类似的映射关系为

$s_0 = 1/7 \to z_3 = 3/7$ $s_1 = 3/7 \to z_4 = 4/7$ $s_2 = 5/7 \to z_5 = 5/7$
$s_3 = 6/7 \to z_6 = 6/7$ $s_4 = 1 \to z_7 = 1$

由此得到 r_k 与 z_k 的映射关系为

$$r_0 = 0 \to z_3 = 3/7 \qquad r_4 = 4/7 \to z_6 = 6/7$$
$$r_1 = 1/7 \to z_3 = 4/7 \qquad r_5 = 5/7 \to z_7 = 1$$
$$r_2 = 2/7 \to z_5 = 5/7 \qquad r_6 = 6/7 \to z_7 = 1$$
$$r_3 = 3/7 \to z_6 = 6/7 \qquad r_7 = 1 \to z_7 = 1$$

根据这些映射关系重新分配像素，并用去除，即可得到直方图规定化的灰度分布 $p_z(z_{k并})$。其结果见表 4-2 最后一列。图 4-7（d）是规定化图像对应的直方图。由图 4-7（d）可知，规定化图像的直方图较接近所希望直方图的形状。与直方图均衡化的情况一样，这是由于从连续到离散的转换而引入了离散误差，以及采用"只合并不分离"原则处理的原因。只有在连续情况下才能得到理想的结果。尽管规定化只能得到近似的直方图，但仍能产生较明显的增强效果。

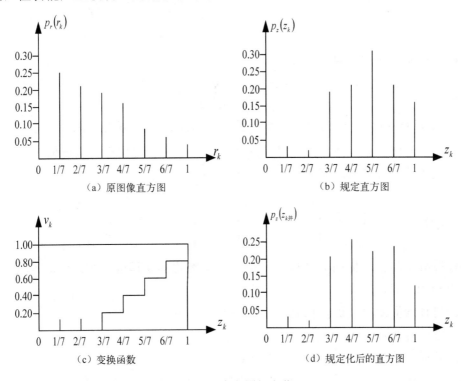

图 4-7 直方图规定化

4.3 平滑滤波

平滑滤波的作用是对图像的高频分量进行削弱或消除，增强图像的低频分量。平滑滤波一般用于消除图像中的随机噪声，起到图像平滑的作用。平滑滤波器的设计比较简单，若模板各系数取不同的值，就可以得到不同的平滑滤波器。

邻域均值滤波法和中值滤波法是常用的平滑滤波方法，其中邻域平均法（均值滤波）是线性运算，中值滤波法是非线性运算。

4.3.1 邻域平均滤波

邻域平均滤波法是将一个像素点及其邻域中所有像素点的平均值赋给输出图像中相应的像素点，从而达到平滑的目的，又称均值滤波法。最简单的领域平均滤波法是将所有模板系数都取相同的值，例如，取模板系数为 1/9，则这种模板被称为 Box 模板。常用 Box 模板有大小为 3×3 和 5×5 的两种模板类型，即

$$\frac{1}{9}\begin{bmatrix}1&1&1\\1&1&1\\1&1&1\end{bmatrix} \qquad \frac{1}{25}\begin{bmatrix}1&1&1&1&1\\1&1&1&1&1\\1&1&1&1&1\\1&1&1&1&1\\1&1&1&1&1\end{bmatrix}$$

邻域平均滤波法的运算公式为

$$g(x,y)=\frac{1}{N}\sum_{(i,j)\in M}f(i,j) \qquad (4\text{-}16)$$

其中，M 是以 (x,y) 为中心的邻域像素点的集合；N 是该领域内的像素点总数，对每个像素点按式（4-16）进行计算，即可得到增强图像中所有像素点的灰度值。

除了上述等权重的 Box 模板以外，还有一些加权模板，即

$$\frac{1}{10}\begin{bmatrix}1&1&1\\1&2&1\\1&1&1\end{bmatrix} \qquad \frac{1}{8}\begin{bmatrix}1&1&1\\1&0&1\\1&1&1\end{bmatrix} \qquad \frac{1}{16}\begin{bmatrix}1&2&1\\2&4&2\\1&2&1\end{bmatrix}$$

加权模板认为在均值滤波处理中各个位置像素的重要程度不同。此时，式（4-16）为加权求和的形式。

无论何种均值滤波模板，都具有如下性质：
（1）维度是奇数；
（2）模板系数是非负的，且对称分布；
（3）归一化，即模板系数代数和为 1，反映了均值滤波积分求和的性质。
在实际中，一般采用模板滑动的方式实现均值滤波处理，步骤如下：
（1）将滤波模板（含有若干个点的滑动窗口）在图像中漫游，并将模板中心与图像中某个像素位置重合，但不能是图像的边界像素点；
（2）将模板中的各个系数与对应的像素灰度值相乘，并求和；
（3）将该值赋给模板中心位置的像素，作为其灰度值；
（4）按以上过程遍历图像其他像素。
例如，图 4-8（a）为原始图像数据，对该图像数据采用 3×3 的 Box 模板进行邻域平均滤波。注意，图像数据的最外围（边界）数据是无法处理的，因为以它们为中心没有

完整的邻域，所以在处理过程中应保持原灰度值或约定的灰度值。另外，在求平均时，如果得到小数，则要进行取整处理。

```
1 4 1 2 3          1 4 1 2 3
1 2 2 3 4          1 2 3 4 4
5 0 6 7 9          5 4 5 6 9
5 9 9 6 8          5 6 7 8 8
5 6 9 8 7          5 6 9 8 7
（a）原始图像数据      （b）滤波结果
```

图 4-8　均值滤波示例

4.3.2　中值滤波

对受到噪声污染退化图像的复原可以采用线性滤波方法来处理，有许多情况下是很有效的。多数线性滤波具有低通特性，在去除噪声的同时也使图像的边缘变得模糊了。中值滤波方法在某些条件下可以做到既去除噪声又较好地保护图像边缘。中值滤波是一种去除噪声的非线性处理方法，是 Turky 于 1971 年提出的。中值滤波原来用于时间序列分析，后来被用于图像处理，在去噪复原中得到了较好的效果。

1. 基本原理

中值滤波的基本原理是把数字图像或数字序列中一点的值用该点的一个邻域中各点值的中值代替。中值的定义如下。

一组数 $x_1, x_2, x_3, \cdots, x_n$，将 n 个数按值的大小顺序排列为

$$x_{i1} \leqslant x_{i2} \leqslant x_{i3} \leqslant \cdots \geqslant x_{in}$$

$$y = \mathrm{Med}\{x_1, x_2, x_3, \cdots, x_n\} = \begin{cases} x_{i\left(\frac{n+1}{2}\right)} & n\text{为奇数} \\ \dfrac{1}{2}\left[x_{i\left(\frac{n}{2}\right)} + x_{i\left(\frac{n}{2}+1\right)}\right] & n\text{为偶数} \end{cases} \quad (4\text{-}17)$$

式中，y 被称为序列 $x_1, x_2, x_3, \cdots, x_n$ 的中值。例如有一序列（80,90,200,110,120），这个序列的中值为 110。

把一个点的特定长度或形状的邻域称作窗口。在一维情形下，中值滤波器是一个含有奇数个像素的滑动窗口。窗口正中间那个像素的值用窗口内各像素的中值代替。设输入序列为 $\{x_i, i \in I\}$，I 为自然数集合或子集，窗口长度为 n，则滤波器输出为

$$y_i = \mathrm{Med}\{x_i\} = \mathrm{Med}\{x_{i-u}, \cdots, x_i, \cdots, x_{i+u}\} \quad (4\text{-}18)$$

其中，$i \in I$；$u = (n-1)/2$。

例如，有一输入序列为

$$\{x_i\} = \{0\ 0\ 0\ 8\ 0\ 0\ 2\ 3\ 2\ 0\ 2\ 3\ 2\ 0\ 3\ 5\ 3\ 0\ 3\ 5\ 3\ 0\ 0\ 2\ 3\ 4\ 5\ 5\ 5\ 5\ 0\ 0\ 0\}$$

在此序列中，前面的 8 是脉冲噪声，中间一段是一种寄生振荡，后面是希望保留的

斜坡和跳变。在此采用长度为 3 的窗口，得到的结果为
$$\{y_i\} = \{0\ 0\ 0\ 0\ 0\ 0\ 2\ 2\ 2\ 2\ 2\ 2\ 2\ 3\ 3\ 3\ 3\ 3\ 3\ 0\ 0\ 2\ 3\ 4\ 5\ 5\ 5\ 5\ 5\ 0\ 0\ 0\}$$

显然，经中值滤波后，脉冲噪声 8 被滤除了，振荡被平滑掉了，斜坡和跳变部分被保存下来。

中值滤波的运算方法可以在有限程度上做些分析。例如，常数 K 与序列 $f(i)$ 相乘的中值有如下关系存在，即

$$\text{Med}\{Kf(i)\} = K\text{Med}\{f(i)\} \tag{4-19}$$

而常数 K 与序列 $f(i)$ 相加的中值有如下关系，即

$$\text{Med}\{K + f(i)\} = K + \text{Med}\{f(i)\} \tag{4-20}$$

中值滤波的概念很容易推广到二维，此时可以利用某种形式的二维窗口。设 $\{x_{ij}, (i,j) \in I^2\}$ 表示数字图像各点的灰度值，滤波窗口为 A 的二维中值滤波可定义为

$$y_{ij} = \underset{A}{\text{Med}}\{x_{ij}\} = \text{Med}\{x_{(i+r),(j+s)}, (r,s) \in A, (i,j) \in I^2\} \tag{4-21}$$

二维中值滤波的窗口可以取方形，也可以取近似圆形或十字形。

虽然中值滤波可有效地去除脉冲型噪声，对图像的边缘有较好的保护，但是它也有固有的缺陷。例如，采用 3×3 窗口对如图 4-9（a）所示的图像数据滤波，滤波结果如图 4-9（b）所示，不但削去了方块的 4 个角，而且把中间的部分也滤掉很多。因此，中值滤波在选择窗口时要考虑其形状及等效带宽，以避免因滤波处理造成的信息流失。图 4-10 是中值滤波的另一示例。图 4-10（a）是一条细线条图像，经 3×3 窗口滤波后，细线条被完全滤掉了，如图 4-10（b）所示。以上两示例可以直观地看到，中值滤波对图像中的细节处理不理想。总之，中值滤波对椒盐噪声（pepper noise）的滤除非常有效，对点、线细节较多的图像不太适用。

```
1 1 1 1  1  1 1 1 1         1 1 1 1  1  1 1 1 1
1 1 8 8  8  8 8 1 1         1 1 8 8  8  8 8 1 1
1 1 8 8 20 20 8 1 1         1 1 8 8  8  8 8 1 1
1 1 8 8 20 20 8 1 1         1 1 8 8 20 20 8 1 1
1 1 8 8 20 20 8 1 1         1 1 8 8  8  8 8 1 1
1 1 8 8  8  8 8 1 1         1 1 8 8  8  8 8 1 1
1 1 1 1  1  1 1 1 1         1 1 1 1  1  1 1 1 1
1 1 1 1  1  1 1 1 1         1 1 1 1  1  1 1 1 1
```

    （a）图像数据   （b）滤波结果

图 4-9　中值滤波示例一

2．中值滤波特性

（1）中值滤波对特定输入信号的不变性

对一些特定的输入信号，例如当被滤波的信号在窗口内单调增加或单调减少的序列，其中值滤波输出信号具有不变性。

0	0	0	0	0	0	0		0	0	0	0	0	0	0
0	0	0	0	0	0	0		0	0	0	0	0	0	0
0	0	0	0	0	0	0		0	0	0	0	0	0	0
0	10	10	10	10	10	0		0	0	0	0	0	0	0
0	0	0	0	0	0	0		0	0	0	0	0	0	0
0	0	0	0	0	0	0		0	0	0	0	0	0	0
0	0	0	0	0	0	0		0	0	0	0	0	0	0

(a) 图像数据　　　　　　　　(b) 滤波结果

图 4-10　中值滤波示例二

(2) 中值滤波的去噪声特性

对于零均值正态分布的噪声输入信号，其中值滤波后的噪声方差 σ_{Med}^2 近似为

$$\sigma_{\text{Med}}^2 = \frac{1}{4nf^2(\bar{n})} \approx \frac{\sigma_i^2}{n+\pi/2-1} \cdot \frac{\pi}{2} \quad (4\text{-}22)$$

其中，σ_i^2 表示输入噪声功率（方差）；n 表示中值滤波窗口长度；$\bar{n}$ 表示输入噪声均值；$f(\bar{n})$ 表示输入信号噪声密度函数。

根据式（4-22）可知，中值滤波的输出与输入噪声的密度分布直接相关。同样可以得出，均值滤波的输出噪声方差 σ_{Ave}^2 为

$$\sigma_{\text{Ave}}^2 = \sigma_i^2 / n \quad (4\text{-}23)$$

比较上述两式可以得出，对于随机噪声的抑制能力，中值滤波比均值滤波略差，而对于脉冲干扰，特别是脉冲宽度小于 $n/2$ 及相距较远的窄脉冲干扰，中值滤波的性能要好于均值滤波。

(3) 中值滤波的频谱特性

在一般情况下，信号经中值滤波后，均值较为平坦，频谱特性起伏不大，可以近似认为，经中值滤波后，信号频谱近似保持不变。

3. 加权中值滤波

以上讨论的中值滤波，其窗口内各点对输出的作用是相同的。如果希望强调中间点或距中间点最近的几个点的作用，则可以采用加权中值滤波法后，再对扩张后的数字集中求值。以窗口为 3 的一维加权中值滤波为例，表示为

$$\begin{aligned} y_i &= \text{Weighted\_Med}\{x_{i-1}, x_i, x_{i+1}\} \\ &= \text{Med}\{x_{i-1}, x_{i-1}, x_i, x_i, x_i, x_{i+1}, x_{i+1}\} \end{aligned} \quad (4\text{-}24)$$

由式（4-23）可知，中间点取奇数，两边点取对称数，也就是位于窗口中间的像素重复两次，位于窗口边缘的两个像素重复一次，形成新的序列后，再对新的序列施以常规中值滤波处理。

二维加权中值滤波与一维情况类似。如果适当地选取窗口内各点的权重，加权中值滤波比简单中值滤波能更好地从受噪声污染的图像中恢复阶跃边缘及其他细节。二维加权中值滤波以 3×3 窗口为例，表示如下：

原始窗口为

$$\begin{bmatrix} x_{i-1,j-1} & x_{i-1,j} & x_{i-1,j+1} \\ x_{i,j-1} & x_{i,j} & x_{i,j+1} \\ x_{i+1,j-1} & x_{i+1,j} & x_{i+1,j+1} \end{bmatrix}$$

加权后的中值滤波为

$$\begin{aligned} y_{ij} &= \text{Weighted\_Med}\{x_{i-1,j-1}, x_{i-1,j}, x_{i-1,j+1}, x_{i,j-1}, x_{i,j}, x_{i,j+1}, x_{i+1,j-1}, x_{i+1,j}, x_{i+1,j+1}\} \\ &= \text{Med}\{x_{i-1,j-1}, x_{i-1,j}, x_{i-1,j}, x_{i-1,j+1}, x_{i,j-1}, x_{i,j-1}, x_{i,j}, x_{i,j}, x_{i,j}, x_{i,j+1}, x_{i,j+1}, x_{i+1,j-1}, \\ &\quad x_{i+1,j}, x_{i+1,j}, x_{i+1,j+1}\} \end{aligned} \quad (4\text{-}25)$$

即中间的点取三个值（重复两次），上、下、左、右的点各取两个值（重复一次），对角线上的点取一个值（不重复）。加权中值滤波与普通中值滤波有时会有不同的效果。例如，对于 3×3 矩阵 $\begin{bmatrix} 1 & 1 & 1 \\ 1 & 8 & 8 \\ 1 & 8 & 8 \end{bmatrix}$，普通中值滤波的结果为 1，加权中值滤波的结果为 8。

4.4 锐化滤波

图像中，灰度值变化剧烈的区域可视为物体的边缘轮廓信息。在灰度值变化比较剧烈之处进行差分运算，就可以得到区别于其他处的较大数值。锐化滤波就是利用各种差分运算进行边缘检测，以达到锐化图像目的。大部分的锐化滤波算子还可以确定边界变化的方向。本节将着重对一阶差分算子、拉普拉斯算子和 Canny 算子进行详细介绍。

4.4.1 一阶差分算子

常用的一阶差分算子有 Roberts 算子、Prewitt 算子、Sobel 算子及 Isotropic Sobel 算子。这里主要介绍前三个算子。

（1）Roberts 算子

对于离散图像来说，边缘检测算子就是用图像的垂直和水平差分来逼近梯度算子的，即

$$\nabla f = \left(f(x,y) - f(x-1,y) - f(x,y-1) \right) \quad (4\text{-}26)$$

当需要检测图像边缘时，最简单的方法就是先对每个像素计算 ∇f，然后求绝对值，最后进行阈值操作就可以实现。Roberts 算子就是基于这种思想，即

$$R(i,j) = \sqrt{\left(f(i,j) - f(i+1,j+1) \right)^2 + \left(f(i,j+1) - f(i+1,j) \right)^2} \quad (4\text{-}27)$$

式（4-27）可以由以下两个 2×2 的模板共同实现，即

$$\begin{pmatrix} 1 & 0 \\ 0 & -1 \end{pmatrix} \quad \begin{pmatrix} 0 & 1 \\ -1 & 0 \end{pmatrix}$$

（2）Prewitt 算子和 Sobel 算子

在比较复杂的图像中，仅用 2×2 的 Roberts 算子得不到较好的边缘检测，相对较复杂的 3×3 Prewitt 算子和 Sobel 算子检测效果较好。

与 Roberts 算子类似，Prewitt 算子也可以通过以下两个模板实现，即

$$\begin{pmatrix} -1 & -1 & -1 \\ 0 & 0 & 0 \\ 1 & 1 & 1 \end{pmatrix} \quad \begin{pmatrix} -1 & 0 & 1 \\ -1 & 0 & 1 \\ -1 & 0 & 1 \end{pmatrix}$$

以上两矩阵分别代表图像的水平梯度和垂直梯度。如果用 Prewitt 算子检测图像 M 的边缘，则一般先用水平算子和垂直算子对图像进行卷积，得到两个矩阵 M_1、M_2。在不考虑边界因素时，它们与原始图像有相同的大小，分别表示图像中相同位置对 P_V 和 P_H 的偏导数后，再求 M_1 和 M_2 对应位置两个数的平方和，得到一个新的矩阵 G。G 是 M 中像素灰度梯度平方的近似值，经过阈值操作后得到边缘，即

$$G = \left((M \otimes P_V)^2 + (M \otimes P_H)^2 \right) > \text{Thresh}^2 \tag{4-28}$$

Sobel 算子与 Prewitt 算子的区别仅在于选用的模板不同。Sobel 算子选用的模板为

$$\begin{pmatrix} -1 & -2 & -1 \\ 0 & 0 & 0 \\ 1 & 2 & 1 \end{pmatrix} \quad \begin{pmatrix} -1 & 0 & 1 \\ -2 & 0 & 2 \\ -1 & 0 & 1 \end{pmatrix}$$

不同的算子选取不同的模板，这是由以下原理决定的。

假定图像 M 的灰度满足以下关系式，即

$$M_{x,y} = \alpha x + \beta y + \gamma \tag{4-29}$$

即梯度为 (α, β)，则每一像素 8 邻域的像素值为

$$\begin{pmatrix} -\alpha - \beta + \gamma & -\alpha + \gamma & -\alpha + \beta + \gamma \\ -\beta + \gamma & \gamma & \beta + \gamma \\ \alpha - \beta + \gamma & \alpha + \gamma & \alpha + \beta + \gamma \end{pmatrix} \tag{4-30}$$

定义水平算子和垂直算子为

$$\begin{pmatrix} -a & 0 & a \\ -b & 0 & b \\ -a & 0 & a \end{pmatrix} \quad \begin{pmatrix} -a & -b & -a \\ 0 & 0 & 0 \\ a & b & a \end{pmatrix} \tag{4-31}$$

将这两个模板的原始图像像素进行卷积，可得到的方向导数为

$$\begin{aligned} g_x &= 2\beta(2a+b) \\ g_y &= 2\alpha(2a+b) \end{aligned} \tag{4-32}$$

所以得到像素的梯度大小为

$$g = \sqrt{g_x^2 + g_y^2} = 2(2a+b)\sqrt{\alpha^2 + \beta^2} \tag{4-33}$$

显然，如果要使得梯度为常量，则应该使得 $2(2a+b)=1$。如果 $a=b=1/6$，则得到 1/6 乘以 Prewitt 算子；如果 $a=1/8$，$b=1/4$，则得到 1/8 乘以 Sobel 算子。差分算子模板一

般具有以下特点：模板系数有正有负，代数和为 0，反映了锐化滤波微分求差的性质。

4.4.2 拉普拉斯算子

前面都是利用边缘的梯度最大（正的或负的）这一性质来进行边缘检测的，即利用灰度图像的拐点位置是边缘的性质。除了这一点，边缘还有另外一个性质，即在拐点位置的二阶导数为 0。

也可以通过寻找二阶导数的零点交叉点来寻找边缘，拉普拉斯算子是最常用的二阶导数算子。

二元函数 $f(x,y)$ 的拉普拉斯变换定义为

$$\nabla^2 f = \frac{\partial^2 f}{\partial x^2} + \frac{\partial^2 f}{\partial y^2} \tag{4-34}$$

实际上就是二阶偏导数的和。将式（4-34）以差分方式表示，得到

$$\nabla^2 f = 4f(x,y) - f(x+1,y) - f(x-1,y) - f(x,y+1) - f(x,y-1) \tag{4-35}$$

以模板形式表示，就得到了常用的拉普拉斯算子，即

$$\nabla^2 f = \begin{pmatrix} 0 & -1 & 0 \\ -1 & 4 & -1 \\ 0 & -1 & 0 \end{pmatrix} \tag{4-36}$$

拉普拉斯算子能突出反映图像中的角线和孤立点，如对图 4-11（a）所示的图像数据进行拉普拉斯算子运算，可以得到如图 4-11（b）所示的结果，在边缘和孤立点的幅值都比较大。要说明的是，这里最外围的像素保持不变，没有进行处理，因为以它们为中心没有邻域存在。

```
0 0 0 0 0 0            0 0 0 0 0 0
0 0 0 0 0 0            0 0 1 0 0 0 0
0 0 1 0 0 0 1          0 1 4 1 0 2 1
0 0 0 0 0 1 1          0 0 1 0 2 2 1
0 0 0 0 1 1 1          0 0 0 2 2 0 1
0 0 0 1 1 1 1          0 0 2 2 0 0 1
0 0 1 1 1 1 1          0 0 1 1 1 1 1
```

    （a）图像数据   （b）运算结果

图 4-11 拉普拉斯算子滤波实例

需要注意的是，一阶导数对噪声敏感，因而不稳定，而二阶导数对噪声就会更加敏感，因而更不稳定，在进行拉普拉斯变换之前需要进行平滑，同时又因为卷积是可变换、可结合的，所以先进行高斯卷积，再用拉普拉斯算子进行卷积，等价于对原始图像用高斯函数的拉普拉斯变换后的滤波器进行卷积。这样就得到一个新的滤波器——LOG（Laplacian Of Gaussian）滤波器，即

$$g(x,y) = \nabla^2\big(G(x,y) \cdot f(x,y)\big) = \nabla^2\big(G(x,y)\big) * f(x,y) \tag{4-37}$$

式中，$f(x,y)$ 是原始图像；$g(x,y)$ 是滤波后的结果，其中

$$G(x,y) = \frac{1}{2\pi\sigma^2}\exp\left(-\frac{x^2+y^2}{2\sigma^2}\right) \tag{4-38}$$

$$\begin{aligned} \mathrm{LOG}(x,y) &= \nabla^2\big(G(x,y)\big) = \frac{\partial^2 G}{\partial x^2} + \frac{\partial^2 G}{\partial y^2} \\ &= -\frac{1}{2\pi\sigma^4}\left(2 - \frac{x^2+y^2}{\sigma^2}\right)\exp\left(-\frac{x^2+y^2}{2\sigma^2}\right) \end{aligned} \tag{4-39}$$

常用 5×5 大小的 LOG 算子模板如图 4-12 所示。其模板系数代数和为 0，且分布对称。

$$\begin{bmatrix} -2 & -4 & -4 & -4 & -2 \\ -4 & 0 & 8 & 0 & -4 \\ -4 & 8 & 24 & 8 & -4 \\ -4 & 0 & 8 & 0 & -4 \\ -2 & -4 & -4 & -4 & -2 \end{bmatrix}$$

图 4-12　LOG 算子模板

4.4.3　Canny 算子

还有一个很重要的边缘检测算子，即 Canny 算子，它是最优的阶梯型边缘（Step Edge）检测算子。从以下 3 个标准意义来说，Canny 边缘检测算子对受到白噪声影响的阶跃型边缘是最优的。

（1）检测标准，不丢失重要的边缘，不应有虚假的边缘。
（2）定位标准，实际边缘与检测到边缘位置之间的偏差最小。
（3）单响应标准，将多个响应降低为单个边缘响应。

Canny 算子的实现步骤如下：

（1）用 2D 高斯滤波模板与原始图像进行卷积，以消除噪声。
（2）利用导数算子（如 Sobel 算子等）找到图像灰度沿着两个方向的导数 G_x、G_y，并求出梯度的大小，即 $|G| = \sqrt{G_x^2 + G_y^2}$。
（3）利用（2）的结果计算处梯度的方向 $\theta = \arctan(G_y/G_x)$，求出边缘的方向，就可以把边缘的梯度方向大致分为 4 种（0°、45°、90°和 135°），并可以找到这个像素梯度方向的邻接像素。
（4）遍历图像。若某个像素的灰度值与其梯度方向上前后两个像素的灰度值相比不是最大的，那么将这个像素值置为 0，即不是边缘。
（5）使用累计直方图计算两个阈值。凡是大于高阈值的一定是边缘，凡是小于低阈值的一定不是边缘。如果检测结果在两个阈值之间，则根据这个像素的邻接像素中有没有超过高阈值的边缘像素即可判断，如果有，则是边缘，否则不是。

此外，还有利用边缘方向性的检测算子，其算法描述如下。

设置如图 4-13 所示的四个模板。显而易见，四个模板分别针对 0°、45°、90°和 135°这 4 个方向的梯度设置，并以点 (x,y) 为中心将 3×3 的区域分成两个部分。按照这 4 个模板分别对图像中的每一个像素点进行卷积求和操作。对图像中每一像素点求出的 4 个卷积和求绝对值，并将每个结果分别与一个阈值比较，只要其中任意一个结果

大于或等于阈值 T，则该模板的中心点所对应的像素点即是边缘，否则不是。

$$\begin{bmatrix} 1 & 1 & 1 \\ 0 & 0 & 0 \\ -1 & -1 & -1 \end{bmatrix} \quad \begin{bmatrix} 1 & 1 & 0 \\ 1 & 0 & -1 \\ 0 & -1 & -1 \end{bmatrix} \quad \begin{bmatrix} -1 & 0 & 1 \\ -1 & 0 & 1 \\ -1 & 0 & 1 \end{bmatrix} \quad \begin{bmatrix} 0 & 1 & 1 \\ -1 & 0 & 1 \\ -1 & -1 & 0 \end{bmatrix}$$
$$\quad\ 0° \qquad\qquad\quad 45° \qquad\qquad\quad 90° \qquad\qquad\quad 135°$$

图 4-13　各个方向的检测模板

4.5　伪彩色增强

　　伪彩色增强是把灰度图像的各个不同灰度级按照线性或非线性的映射函数变换成不同的彩色，从而得到一幅彩色图像的技术。通过人为添加的色彩，使原来灰度图像的细节更易辨认，目标更容易识别。伪彩色增强的方法主要有密度分割法、灰度级彩色变换和频域伪彩色增强三种。其中前两种方法属于在图像空间域进行处理。本节将着重介绍。

　　人眼的彩色敏感细胞虽然能分辨出几千种彩色色调和亮度，但对黑白灰度级却不敏感。例如，由热成像测温系统所产生的红外图像为灰度图像，灰度值动态范围不大，人眼很难从这些灰度级中获得丰富的信息。为了更直观地增强显示图像的层次，提高人眼的分辨能力，对系统所摄取的图像进行基于伪彩色变换的灰度增强处理，能够使图像信息更加丰富，人眼更容易识别。

　　在实际应用中，往往需要伪彩色图像符合人们的视觉习惯。例如对受热物体所成的像进行伪彩色处理时，将灰度低的区域设置在蓝色附近（或蓝灰、黑等），灰度级高的区域设置在红色附近（或棕红、白等），以方便人们对物体的观察。

4.5.1　密度分割法

　　密度分割法是伪彩色增强中最简单的一种。密度分割法的原理是对图像灰度范围进行分割，使一定灰度间隔对应于某一类物体或几类物体，从而有利于图像的增强和分类，如图 4-14 所示。把灰度图像看成一个二维的强度函数，用一个平行于图像坐标平面的平面（称之为密度切割平面）去切割图像的强度函数，则强度函数在分割处被分成上下两部分，即两个灰度区间，如果对每一个区间赋予某种颜色，则原来的图像就变成有两种颜色的图像，更进一步，将连续灰度等分成若干层，将每一层赋予不同的彩色，所分配的彩色统一，就可以将图像灰度值的动态范围切割成多个区间，原来的灰度图像就变成了彩色图像。

　　特别是，若将每个灰度值单独划分为一个区间，给每个区间赋予一种颜色，则此时的密度分割就得到了索引图像。从这个意义上，索引图像可以认为是由灰度图像经密度分割生成的。

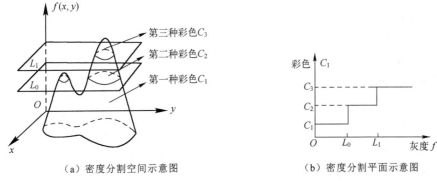

(a）密度分割空间示意图　　　　　　（b）密度分割平面示意图

图 4-14　密度分割法原理示意图 [10]

4.5.2　灰度级彩色变换

空间域灰度级彩色变换是一种更为常用的、比密度分割更有效的伪彩色增强法。它是根据色度学的原理，首先将原始图像的灰度分段经过红、绿、蓝三种不同的变换，变成三基色分量，然后用它们分别去控制彩色显示器的红、绿、蓝电子枪，便可以在彩色显示器的屏幕上合成一幅彩色图像。彩色的含量由变换函数的形状确定。灰度级彩色变换典型的变换函数如图 4-15 所示，其中前三幅分别为红、绿、蓝三种变换函数，而最右图是把三种变换画在同一张图上以便看清相互间的关系。由图中可以看出，只有在灰度为零时呈蓝色，灰度为 L/2 时呈绿色，灰度为 L 时呈红色，灰度为其它值时将由三基色混合成不同的色调。

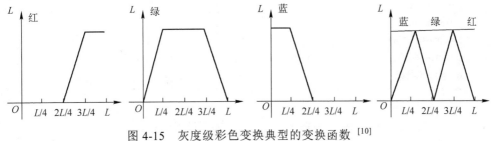

图 4-15　灰度级彩色变换典型的变换函数 [10]

4.6　图像空间域增强的 Matlab 实现

空间域增强是图像增强的一种重要方式，本章前几节已经介绍了对比度增强、直方图修正法增强、图像平滑增强、图像锐化增强、伪彩色增强等。本节将对这些增强技术进行 Matlab 编程实现。

4.6.1　直方图修正法的 Matlab 实现

imhist 是 Matlab 图像处理模块中的一个函数，用以提取图像中的直方图信息。在图像增强技术中，图像灰度级直方图有着重要的意义，是直方图修改技术、直方图均衡化等一些图像处理技术的基础。

```
imhist(I,n)
imhist(X,map)
[counts,x] = imhist(...)
```

说明：imhist(I,n)中的 I 为灰度输入图像，n 为指定的灰度级数目，默认值为 256；imhist(X,map)用于计算和显示索引色图像 X 的直方图，map 为调色板。用 stem(x,counts)同样可以显示直方图，counts 和 x 分别为返回直方图数据向量和相应的彩色向量。

1. 直方图均衡化

直方图均衡化是图像增强的一种基本方法，可以提高图像的对比度，即将较窄的图像灰度范围以一定规则的拉伸至较大（整个灰度级范围内）的范围。其目的是在得到整个灰度级范围内具有均匀分布的图像。

示例 4.3：图像直方图均衡化。

下面的 Matlab 程序可实现图像的直方图均衡化。这里采用 cameraman 作为原始图像，对应灰度图像的大小为 256×256 像素，图 4-16（a）是原始图像，图 4-16（c）是均衡化图像，图 4-16（b）、（d）分别是原始图像直方图和均衡化之后的直方图。经直方图对比可知，原始图像的灰度值均衡化后，可增强局部的对比度，不影响整体的对比度。

```
clear all;
close all;
s=imread('cameraman.tif');
[m,n]=size(s);
num=m*n;
r=zeros(1,256);
e=zeros(1,256);
d=zeros(size(s));
for i=1:m
    for j=1:n
        r(s(i,j)+1)=r(s(i,j)+1)+1;          %原始图像概率密度
    end
end
r=r./num;
for i=1:m
    for j=1:i
        e(i)=e(i)+r(j);                      %累积分布
    end
end
for i=1:256
    e(i)=floor(e(i)*255+0.5);                %映射关系
end
for i=1:m
    for j=1:n
        d(i,j)=e(s(i,j)+1);
```

```
            end
        end
        s=uint8(s);
        d=uint8(d);
        subplot(2,2,1);
        imshow(s);
        title('原始图像');
        subplot(2,2,2);
        imhist(s);
        title('原始图像直方图');
        subplot(2,2,3);
        imshow(d);
        title('均衡化图像');
        subplot(2,2,4);
        imhist(d);
        title('均衡化图像直方图');
```

(a) 原始图像

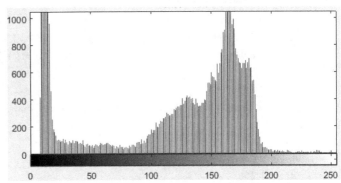

(b) 原始图像直方图

(c) 均衡化图像

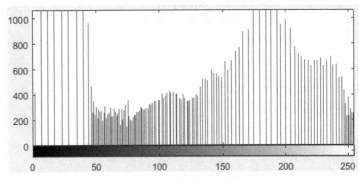

(d) 均衡化后的直方图

图 4-16 直方图均衡化示例

2. 直方图规定化

直方图规定化也叫直方图匹配，用于将图像变换为某一特定的灰度分布，也就是其目标灰度直方图是已知的。这其实与均衡化很类似，均衡化后的灰度直方图也是已知的，是一个均匀分布的直方图。规定化后的直方图可以随意指定，也就是在执行规定化操作时，首先要知道变换后的灰度直方图才能确定变换函数。规定化操作能够有目的的增强某个灰度区间，相比均衡化操作，规定化多了一个输入，其变换后的结果也更灵活。

在理解了均衡化过程后，直方图的规定化也就较为简单了，可以利用均衡化后的直方图作为一个中间过程，求取规定化的变换函数。

示例 4.4：图像直方图规定化。

下面的 Matlab 程序实现了图像的直方图规定化。这里采用 cameraman 作为原始图像，对应灰度图像的大小为 256×256 像素，图 4-17（a）是原始图像，图 4-17（c）、（e）分别是标准图和规定化图像，图 4-17（b）、（d）、（f）分别是原始图像直方图、标准图直方图和规定化图像直方图。

```matlab
clear all;
orgin=imread('cameraman.tif');           % 读入原始图像
[m_o,n_o]=size(orgin);
orgin_hist=imhist(orgin)/(m_o*n_o);
standard = imread('rice.png');           % 读入标准图
[m_s,n_s]=size(standard);
standard_hist=imhist(standard)/(m_s*n_s);
startdard_value=[];                      % 标准图累积直方图
orgin_value=[];                          % 原始图像累积直方图

for i=1:256
    startdard_value=[startdard_value sum(standard_hist(1:i))];
    orgin_value=[orgin_value sum(orgin_hist(1:i))];
end

for i=1:256
    value{i}=startdard_value-orgin_value(i);
    value{i}=abs(value{i});
    [temp index(i)]=min(value{i});
end
newimg=zeros(m_o,n_o);

for i=1:m_o
    for j=1:n_o
        newimg(i,j)=index(orgin(i,j)+1)-1;
    end
end
newimg=uint8(newimg);
subplot(2,3,1);imshow(orgin);title('原始图像');
subplot(2,3,2);imshow(standard);title('标准图');
subplot(2,3,3);imshow(newimg);title('规定化图像');
subplot(2,3,4);imhist(orgin);
title('原始图像直方图');
subplot(2,3,5);imhist(standard);
title('标准图直方图');
subplot(2,3,6);imhist(newimg);
title('规定化图像直方图');
```

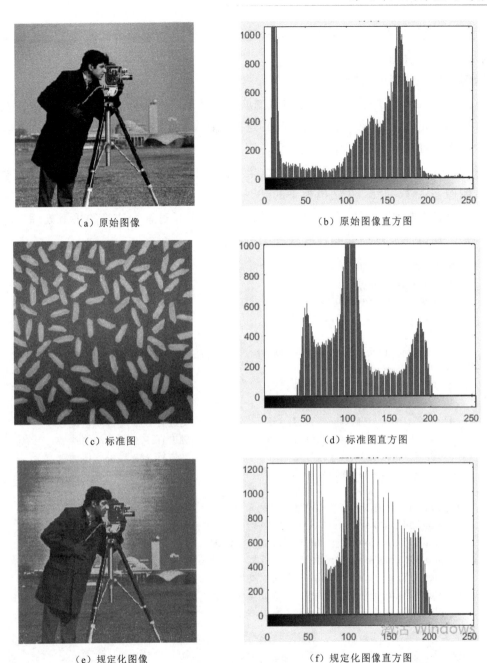

图 4-17 直方图规定化示例

4.6.2 平滑滤波的 Matlab 实现

平滑滤波能够增强图像的低频分量,降低图像中的随机噪声。邻域均值滤波法和中值滤波法是常用的平滑滤波方法。本节将分别验证这两种算法对高斯噪声和椒盐噪声的降噪效果。

1. 邻域平均滤波

邻域平均滤波又称均值滤波,是典型的线性平滑滤波算法。它是在图像上对目标像素提供一个模板,该模板包括其周围的临近像素,并用模板中全体像素的平均值来代替原目标像素的灰度值。

示例 4.5:图像均值滤波。

下面的 Matlab 程序实现了图像均值滤波。这里采用 rice 作为原始图像,对应灰度图像的大小为 256×256 像素,图 4-18(a)是原始图像,图 4-18(b)、(c)分别是在原始图像中加入高斯噪声和椒盐噪声的结果,图 4-18(d)、(e)、(f)分别是受高斯噪声污染后图像在 3*3、5*5、7*7 模板下的滤波结果,图 4-18(g)、(h)、(i)分别是受椒盐噪声污染后图像在 3*3、5*5、7*7 模板下的滤波结果。均值滤波虽然能有效抑制加性噪声,但容易引起图像模糊,可以对其进行改进,主要是避开对景物边缘的平滑处理。经实验对比可知,均值滤波对高斯噪声有较好的去噪作用。

```
clear all;
f=imread('rice.png');                              %读取图像
f1=imnoise(f,'gaussian',0.02);                     %加入均值为 0、方差为 0.02 的高斯噪声
f2 = imnoise(f, 'salt & pepper',0.02);             %加入密度为 0.02 的椒盐噪声
%创建预定义的滤波算子
%h = fspecial(type,parameters)  参数 type 制定算子类型,parameters 指定相应的参数;
k1=filter2(fspecial('average',3),f1)/255;          %进行 3*3 模板均值滤波
k2=filter2(fspecial('average',5),f1)/255;          %进行 5*5 模板均值滤波
k3=filter2(fspecial('average',7),f1)/255;          %进行 7*7 模板均值滤波
k4=filter2(fspecial('average',3),f2)/255;          %进行 3*3 模板均值滤波
k5=filter2(fspecial('average',5),f2)/255;          %进行 5*5 模板均值滤波
k6=filter2(fspecial('average',7),f2)/255;          %进行 7*7 模板均值滤波
subplot(331),imshow(f);title('原始图像');
subplot(332),imshow(f1);title('加入高斯噪声');
subplot(333),imshow(f2);title('加入椒盐噪声');
subplot(334),imshow(k1);title('3*3 模板均值滤波');
subplot(335),imshow(k2);title('5*5 模板均值滤波');
subplot(336),imshow(k3);title('7*7 模板均值滤波');
subplot(337),imshow(k4);title('3*3 模板均值滤波');
subplot(338),imshow(k5);title('5*5 模板均值滤波');
subplot(339),imshow(k6);title('7*7 模板均值滤波');
```

 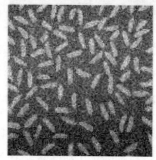 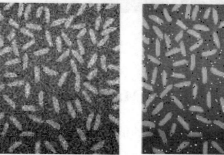

(a)原始图像　　　　　　　(b)加入高斯噪声　　　　　　　(c)加入椒盐噪声

图 4-18　均值滤波示例

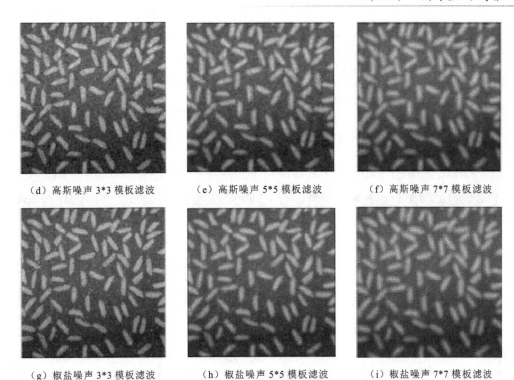

（d）高斯噪声 3*3 模板滤波　　（e）高斯噪声 5*5 模板滤波　　（f）高斯噪声 7*7 模板滤波

（g）椒盐噪声 3*3 模板滤波　　（h）椒盐噪声 5*5 模板滤波　　（i）椒盐噪声 7*7 模板滤波

图 4-18　均值滤波示例（续）

2．中值滤波

中值滤波法是一种非线性平滑技术，它把数字图像或数字序列中一点的值用该点的一个邻域中各点值的中值代替，让周围的像素值接近真实值，从而消除孤立的噪声点。

示例 4.6：图像中值滤波

下面的 Matlab 程序可实现图像中值滤波。这里采用 rice 作为原始图像，对应灰度图像的大小为 256×256 像素，图 4-19（a）是原始图像，图 4-19（b）、（c）分别是在原始图像中加入高斯噪声和椒盐噪声的结果，图 4-19（d）、（e）、（f）分别是受高斯噪声污染后图像在 3*3、5*5、7*7 模板下的滤波结果，图 4-19（g）、（h）、（i）分别是受椒盐噪声污染后图像在 3*3、5*5、7*7 模板下的滤波结果。中值滤波不仅能有效去除孤点噪声，还能保持图像的边缘特性，不会使图像产生显著的模糊。经实验对比可知，中值滤波对椒盐噪声有很好的去噪作用。

```
clear all;
f=imread('rice.png');                          %读取图像
f1=imnoise(f,'gaussian',0.02);                 %加入均值为 0、方差为 0.02 的高斯噪声
f2 = imnoise(f, 'salt & pepper',0.02);         %加入密度为 0.02 的椒盐噪声
k1=medfilt2(f1);                               %进行 3*3 模板中值滤波
k2=medfilt2(f1,[5,5]);                         %进行 5*5 模板中值滤波
k3=medfilt2(f1,[7,7]);                         %进行 7*7 模板中值滤波
k4=medfilt2(f2);                               %进行 3*3 模板中值滤波
k5=medfilt2(f2,[5,5]);                         %进行 5*5 模板中值滤波
k6=medfilt2(f2,[7,7]);                         %进行 7*7 模板中值滤波
```

```
subplot(331),imshow(f);title('原始图像');
subplot(332),imshow(f1);title('加入高斯噪声');
subplot(333),imshow(f2);title('加入椒盐噪声');
subplot(334),imshow(k1);title('3*3 模板中值滤波');
subplot(335),imshow(k2);title('5*5 模板中值滤波');
subplot(336),imshow(k3);title('7*7 模板中值滤波');
subplot(337),imshow(k4);title('3*3 模板中值滤波');
subplot(338),imshow(k5);title('5*5 模板中值滤波');
subplot(339),imshow(k6);title('7*7 模板中值滤波');
```

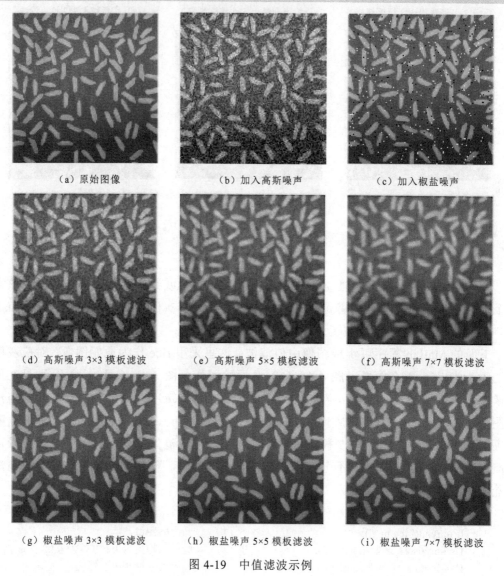

(a)原始图像　　　　(b)加入高斯噪声　　　　(c)加入椒盐噪声

(d)高斯噪声 3×3 模板滤波　　(e)高斯噪声 5×5 模板滤波　　(f)高斯噪声 7×7 模板滤波

(g)椒盐噪声 3×3 模板滤波　　(h)椒盐噪声 5×5 模板滤波　　(i)椒盐噪声 7×7 模板滤波

图 4-19　中值滤波示例

4.6.3　锐化滤波的 Matlab 实现

锐化滤波能够增强图像的高频分量,突出图像的边缘信息。物体边缘的灰度值变化较大,锐化滤波能够得到较大的响应。锐化滤波通过检查每个像素点的邻域,并对其灰度变化进行量化来达到边界提取的目的。

示例 4.7：灰度图像的边缘检测。

下面的 Matlab 程序可实现灰度图像的边缘检测。这里采用 cameraman 作为原始图像，对应灰度图像的大小为 256×256 像素。程序中分别采用 Robert 算子、Sobel 算子、Prewitt 算子、LOG 算子和 Canny 算子实现图像的边缘检测，运行结果如图 4-20 所示。

```
clear;
clear all;
I=imread('cameraman.tif');
subplot(231);
imshow(I);

BW1=edge(I,'Roberts',0.16);
subplot(232);
imshow(BW1);
title('Robert 算子边缘检测')
BW2=edge(I,'Sobel',0.16);
subplot(233);
imshow(BW2);
title('Sobel 算子边缘检测')
BW3=edge(I,'Prewitt',0.16);
subplot(234);
imshow(BW3);
title('Prewitt 算子边缘检测');
BW4=edge(I,'LOG',0.012);
subplot(235);
imshow(BW4);
title('LOG 算子边缘检测')
BW5=edge(I,'Canny',0.2);
subplot(236);
imshow(BW5);
title('Canny 算子边缘检测')
```

（a）原始图像　　　　　　　　　（b）Robert 算子

图 4-20　灰度图像边缘检测示例

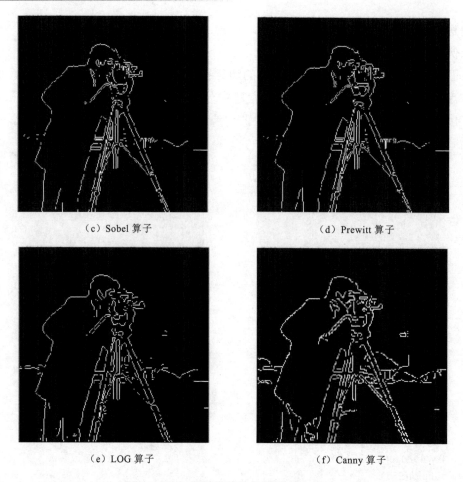

图 4-20 灰度图像边缘检测示例（续）

4.6.4 伪彩色增强的 Matlab 实现

伪彩色增强技术是利用人的肉眼对色彩的敏感性，把灰度图像的各个不同灰度级按照线性或非线性的映射函数变换成不同的彩色，通过人为添加色彩，使原来灰度图像的细节更易辨认，目标更易识别。本节将给出密度分割法和灰度级彩色变换的 Matlab 程序。

示例 4.8：密度分割法。

实验所处理的图像为 airplane，对应灰度图像的大小为 512×512 像素。这里把灰度区间进行 6 等分，灰度级从低到高分别映射为蓝色、绿色、品红色、青色、黄色和红色。其实验结果如图 4-21 所示。

```
clear all;
im=imread('E:\standard-images\airplane.gif');
I=double(im);
[m,n]=size(I);
L=255;
for i=1:m
    for j=1:n
```

```
            if    I(i,j)<=L/6
                R(i,j)=0; G(i,j)=0; B(i,j)=L;          %蓝色
            elseif    I(i,j)<=L/3
                R(i,j)=0; G(i,j)=L; B(i,j)=0;          %绿色
            elseif    I(i,j)<=L/2
                R(i,j)=L; G(i,j)=0; B(i,j)=L;          %品红色
            elseif    I(i,j)<=2*L/3
                R(i,j)=0; G(i,j)=L; B(i,j)=L;          %青色
            elseif    I(i,j)<=5*L/6
                R(i,j)=L; G(i,j)=L; B(i,j)=0;          %黄色
            else    I(i,j)<=L
                R(i,j)=L; G(i,j)=0; B(i,j)=0;          %红色
            end
        end
end

for i=1:m
    for j=1:n
            rgbim(i,j,1)=R(i,j); rgbim(i,j,2)=G(i,j); rgbim(i,j,3)=B(i,j);
        end
end
rgbim=rgbim/255;
figure;
subplot(1,2,1); imshow(im); title('原始图像');
subplot(1,2,2);imshow(rgbim); title('密度分割法增强')
```

（a）原始图像　　　　　　　　　　　　（b）增强效果

图 4-21　密度分割法示例

示例 4.9： 灰度级彩色变换。

实验也对图像 airplane 进行伪彩色增强处理，对应灰度图像的大小为 512×512 像素。这里采用如图 4-15 所示的典型变换函数。其实验结果如图 4-22 所示。对比图 4-21（b）和图 4-22（b）可以看出，灰度级彩色变换所生成的图像要比密度分割法具有更多的颜色种类，而且空间相邻区域的颜色变化也较为平缓。

```matlab
im=imread('E:\standard-images\airplane.gif');
I=double(im);
[m,n]=size(I);
L=255;
for i=1:m
   for j=1:n
      if   I(i,j)<=L/4
         R(i,j)=0; G(i,j)=4*I(i,j); B(i,j)=L;
      elseif   I(i,j)<=L/2
              R(i,j)=0; G(i,j)=L; B(i,j)=-4*I(i,j)+2*L;
      elseif   I(i,j)<=3*L/4
              R(i,j)=4*I(i,j)-2*L; G(i,j)=L; B(i,j)=0;
      else
              R(i,j)=L; G(i,j)=-4*I(i,j)+4*L; B(i,j)=0;
      end
   end
end

for i=1:m
   for j=1:n
           rgbim(i,j,1)=R(i,j); rgbim(i,j,2)=G(i,j); rgbim(i,j,3)=B(i,j);
      end
end
rgbim=rgbim/255;
figure;
subplot(1,2,1); imshow(im); title('原始图像');
subplot(1,2,2);imshow(rgbim); title('灰度级彩色变换增强')
```

（a）原始图像　　　　　　　　　　　　（b）增强效果

图 4-22　灰度级彩色变换示例

4.7　本章小结

图像增强的目的是改善图像的视觉效果,提高图像的清晰度和工艺的适应性,以便于人和计算机的分析处理。本章主要介绍了空间域的增强技术，总结如下。

直接灰度变换是基于点操作的增强方法。该方法将每个像素的灰度值按照一定的数学变换公式转换为新的灰度值。直接灰度变换可以使图像动态范围加大，图像的对比度扩展，是图像增强的重要手段。直接灰度变换可以分为3种：线性变换、分段线性变换和非线性变换。

灰度直方图反映了数字图像中各灰度级与其出现像素频率间的统计关系。它能描述该图像的概貌，为对图像进一步处理提供了重要依据。采用直方图修正后可使图像的灰度间距拉开或使灰度分布均匀，从而增大反差，使图像细节清晰，达到增强的目的。直方图修正法包括直方图均衡化和直方图规定化两种。

空间域滤波是基于邻域处理的增强方法。它应用某一模板对每个像素与其周围邻域的所有像素进行某种数学运算得到该像素的新灰度值（输出值）。空间域滤波包括平滑处理和锐化处理。其中，平滑处理能够增强图像的低频分量，降低图像中的随机噪声；锐化处理正好相反，能够增强图像的高频分量，突出图像中物体的边缘轮廓信息。常见的平滑滤波技术有均值滤波和中值滤波两种；常见的锐化滤波技术包括一阶差分算子、拉普拉斯算子和Canny算子等。

伪彩色增强是把灰度图像的各个不同灰度级按照线性或非线性的映射函数变换成不同的彩色，得到一幅彩色图像的技术。通过人为添加的色彩，使原来灰度图像的细节更易辨认，目标更易识别。在伪彩色增强方法中，密度分割法和灰度级彩色变换两种方法属于空间域的增强技术。

第 5 章
图像频域增强

第 4 章介绍了图像空间域增强,主要是在原始的空间域对图像中各个像素点进行操作。其方法是通过锐化、平滑、去噪、对比度拉伸等手段对图像附加信息或变换数据,使图像与视觉响应特性匹配,用以突出图像中某些感兴趣的特征,抑制另一些特征。本章将介绍图像频域增强。它是利用傅里叶变换首先将原来的空间域图像转换到频域,然后利用图像数据在频域的特有分布性质方便地进行处理,最后转换回原来的空间域,从而实现图像增强的目的。

5.1 频域滤波基础

频域滤波增强方法是将图像从空间域变换到频域,在频域中对图像进行滤波处理。根据信号分析理论,傅里叶变换和卷积定理是频域滤波技术的基础。

假定 $g(x,y)$ 表示函数 $f(x,y)$ 与线性移不变算子 $h(x,y)$ 进行卷积运算的结果,即

$$g(x,y) = f(x,y) \otimes h(x,y) \tag{5-1}$$

由卷积定理可得

$$G(u,v) = F(u,v)H(u,v) \tag{5-2}$$

式中,$G(u,v)$、$F(u,v)$、$H(u,v)$ 分别是函数 $g(x,y)$、$f(x,y)$、$h(x,y)$ 的傅里叶变换。$H(u,v)$ 被称为滤波器函数,也称为传递函数。在图像增强中,由于待增强的图像函数 $f(x,y)$ 是已知的,因此 $F(u,v)$ 可由图像的傅里叶变换得到。

在实际应用中,首先需要确定 $H(u,v)$,然后就可以求得 $G(u,v)$,再对 $G(u,v)$ 进行傅里叶逆变换,即可得到增强的图像 $g(x,y)$。$g(x,y)$ 可以突出 $f(x,y)$ 某一方面的特征信息。若通过 $H(u,v)$ 增强 $F(u,v)$ 的高频信息,如增强图像的边缘信息等,则为高通滤波;如果增强 $F(u,v)$ 的低频信息,如对图像进行平滑操作等,则为低通滤波。频域滤波方法的流程如图 5-1 所示。

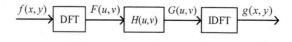

图 5-1 频域滤波方法的流程

5.2 低通滤波器

图像的平滑处理除了在空间域中进行外,也可以在频域中进行。采用低通滤波器抑制图像的高频部分后,再进行傅里叶逆变换获得滤波图像,就可以达到平滑图像、抑制噪声的目的,同时也会使边缘变得模糊。本节只讨论径向对称的零相移滤波器函数。几种常用的低通滤波器介绍如下。

5.2.1 理想低通滤波器

二维理想低通滤波器的传递函数为

$$H(u,v) = \begin{cases} 1 & D(u,v) \leqslant D_o \\ 0 & D(u,v) > D_o \end{cases} \tag{5-3}$$

式中,D_o是一个非负整数,即理想低通滤波器的截止频率;$D(u,v)$是从点(u,v)到频域原点的距离,即

$$D(u,v) = \sqrt{u^2 + v^2} \tag{5-4}$$

因此,$H(u,v)$、u、v组成了理想低通滤波器的三维图形。图5-2为理想低通滤波器的二维剖面图。实际上,滤波器的形状应该是该剖面图绕纵轴旋转一周所形成的立体图形。理想低通滤波器的作用是将小于等于D_o的频率,即以D_o为半径圆内的所有频率成分可以无衰减地通过,大于D_o的频率被完全截止,不能通过。

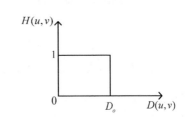

图 5-2 理想低通滤波器的二维剖面图

理论上给出的滤波器函数(包括高通滤波)形式都是以坐标原点径向对称的。对于一个数字图像所对应的$N \times N$频域矩阵,坐标原点是该矩形的中心。理想低通滤波器的数学定义形式虽然非常简洁,其平滑作用的物理意义非常明显,但在图像处理过程中会产生比较严重的模糊与振铃现象。因为根据傅里叶变换的性质,若$H(u,v)$为理想矩形,那么其逆变换$h(x,y)$为二维sinc函数,会产生无限的振铃特性。因此,$h(x,y)$与$f(x,y)$经卷积运算后将给目标图像$g(x,y)$造成模糊与振铃现象。D_o越小,振铃现象越明显。这是理想低通滤波器的缺点。

此外,在截止频率D_o处,垂直截止的理想低通滤波器只能通过计算机模拟实现,无法采用电子元器件实现。

5.2.2 巴特沃斯低通滤波器

巴特沃斯(Butterworth)低通滤波器的传递函数为

$$H(u,v)=\frac{1}{1+\left[D(u,v)/D_o\right]^{2n}} \tag{5-5}$$

式中，D_o 为截止频率；n 为滤波器的阶次。与理想低通滤波器一样，巴特沃斯低通滤波器的特性曲线同样为三维图形，其剖面图如图 5-3 所示。在一般情况下，当 $H(u,v)$ 下降到最大值的 1/2 时，$D(u,v)$ 为截止频率 D_o。在实际应用中，有时也取 $H(u,v)$ 下降至最大值 $\sqrt{2}/2$ 时的 $D(u,v)$ 作为截止频率 D_o。这时，其传递函数为

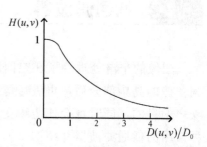

图 5-3　巴特沃斯低通滤波器的剖面图

$$H(u,v)=\frac{1}{1+(\sqrt{2}-1)\left[D(u,v)/D_o\right]^{2n}} \tag{5-6}$$

巴特沃斯低通滤波器又称最大平坦滤波器，其通带与阻带之间的过渡比较平坦。巴特沃斯低通滤波器的特点：在通带频率与截止频率之间没有明显的不连续性，不会出现振铃效应，滤波效果好于理想低通滤波器。

5.2.3　指数低通滤波器

指数低通滤波器是图像处理中常用的另一种平滑滤波器，传递函数为

$$H(u,v)=\exp[-(D(u,v)/D_o)^n] \tag{5-7}$$

式中，D_o 为截止频率；n 为滤波器的阶次，决定了衰减的快慢。截至频率 D_0 为 $H(u,v)$ 降到 $1/e$ 时的值。如果把截止频率定义在 $H(u,v)$ 下降至最大值的 $\sqrt{2}/2$ 时，则式（5-7）可修改为

$$H(u,v)=\exp[-\ln\sqrt{2}(D(u,v)/D_o)^n] \tag{5-8}$$

指数低通滤波器的剖面图如图 5-4 所示。与巴特沃斯低通滤波器相比较，指数低通滤波器具有更快的衰减率，在采用指数低通滤波器抑制噪声的同时，图像边缘的模糊程度较用巴特沃斯低通滤波器稍大些。指数低通滤波器的传递函数也有较平滑的过渡带，没有振铃效应。

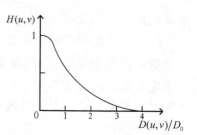

图 5-4　指数低通滤波器的剖面图

5.2.4　梯形低通滤波器

梯形低通滤波器的传递函数为

$$H(u,v)=\begin{cases} 1 & D(u,v)<D_o \\ \dfrac{D(u,v)-D_1}{D_o-D_1} & D_o \leqslant D(u,v) \leqslant D_1 \\ 0 & D(u,v)>D_1 \end{cases} \tag{5-9}$$

梯形低通滤波器的剖面图如图 5-5 所示。梯形低通滤波器的传递函数特性介于理想低通滤波器和有平滑过渡带的低通滤波器之间。从图中可以看出，在 D_0 的尾部包含有一部分高频分量。因而，滤波图像的清晰度较理想低通滤波器有所改善，振铃效应也有所减弱。应用时可调整 D_1 的值，即能达到平滑图像的目的，又可以使图像保持足够的清晰度。

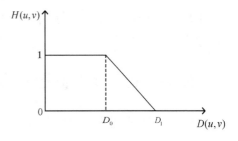

图 5-5 梯形低通滤波器的剖面图

在设计和应用梯形低通滤波器时，一定要注意图像二维傅里叶变换的频谱特点。图像的二维傅里叶变换频谱能量主要集中在低频。对于理想的梯形低通滤波器，当截止频率与原点的距离 $D_0=5$ 时，可以保存图像能量的 90%；当 $D_0=11$ 时，通过的能量迅速增加，能够达到图像能量的 95%；当 $D_0=20$ 时，可以保存总能量的 98%。因此，合理的选用截止频率是应用梯形低通滤波器平滑图像的关键。

5.3 高通滤波器

图像的高频信息是指图像中物体的边缘轮廓以及其他灰度变化较快的区域，利用高通滤波器衰减图像中的低频信息就会相对地强调高频信息，从而对图像的边缘轮廓进行增强，达到锐化图像的效果。如果图像中存在噪声，则高通滤波处理在锐化图像的同时，通常也伴随着放大图像噪声的效果。类似低通滤波器，高通滤波器包括理想高通滤波器、巴特沃斯高通滤波器、指数高通滤波器和梯形高通滤波器等。本节只讨论径向对称的零相移滤波器函数。常用的高通滤波器形式如下。

5.3.1 理想高通滤波器

二维理想高通滤波器的传递函数为

$$H(u,v) = \begin{cases} 0 & D(u,v) \leqslant D_0 \\ 1 & D(u,v) > D_0 \end{cases} \quad (5\text{-}10)$$

式中，D_0 是一个非负整数，即理想高通滤波器的截止频率；$D(u,v)$ 是从点 (u,v) 到频域原点的距离，即 $D(u,v)=\sqrt{u^2+v^2}$。

图 5-6 为理想高通滤波器的剖面图。其作用与理想低通滤波器恰好相反，即将小于等于 D_0 频率（半径为 D_0 的圆内）的所有频率完全截止，大于 D_0 的频率（半径为 D_0 的圆外）可以全部无衰减地通过。与理想低通滤波器一样，

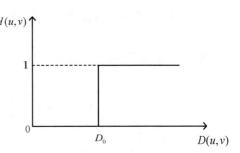

图 5-6 理想高通滤波器的剖面图

由于理想高通滤波器的传递函数存在着陡峭的跳变,因而在滤波处理时也会有振铃现象。理想高通滤波器不能通过电子元器件实现。

5.3.2 巴特沃斯高通滤波器

巴特沃斯高通滤波器的传递函数为

$$H(u,v) = \frac{1}{1+[D_0/D(u,v)]^{2n}} \quad (5\text{-}11)$$

式中,D_0 为滤波器的截止频率;n 为滤波器的阶次。截止频率 D_0 为 $H(u,v)$ 下降到 $1/2$ 的值。如果把截止频率定义在 $H(u,v)$ 下降至最大值的 $\sqrt{2}/2$ 时,则传递函数的形式为

$$H(u,v) = \frac{1}{1+(\sqrt{2}-1)[D_0/D(u,v)]^{2n}} \quad (5\text{-}12)$$

巴特沃斯高通滤波器的剖面图如图 5-7 所示。与巴特沃斯低通滤波器相似,巴特沃斯高通滤波器在通过频率与截止频率之间没有明显的不连续性。

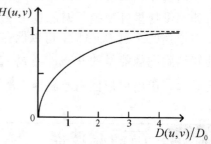

图 5-7 巴特沃斯高通滤波器的剖面图

5.3.3 指数高通滤波器

指数高通滤波器的传递函数为

$$H(u,v) = \exp[-(D_0/D(u,v))^n] \quad (5\text{-}13)$$

式中,D_o 为截止频率;n 为滤波器的阶次,决定了衰减的快慢。截至频率 D_0 为 $H(u,v)$ 降到 $1/e$ 时的值。如果把截止频率定义在 $H(u,v)$ 下降至最大值的 $\sqrt{2}/2$ 时,则传递函数的形式为

$$H(u,v) = \exp[-\ln\sqrt{2}(D_0/D(u,v))^n] \quad (5\text{-}14)$$

指数高通滤波器的剖面图如图 5-8 所示。

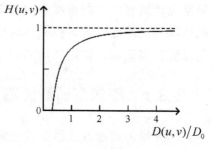

图 5-8 指数高通滤波器的剖面图

5.3.4 梯形高通滤波器

梯形高通滤波器的传递函数为

$$H(u,v) = \begin{cases} 1 & D(u,v) > D_o \\ \dfrac{D(u,v)-D_1}{D_o - D_1} & D_1 \leqslant D(u,v) \leqslant D_0 \\ 0 & D(u,v) < D_1 \end{cases} \quad (5\text{-}15)$$

图 5-9 为梯形高通滤波器滤波的剖面图。梯形高通滤波器的传递函数特性介于理想

高通滤波器和有平滑过渡带的高通滤波器之间。

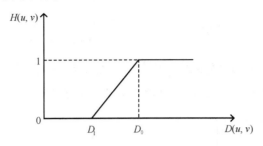

图 5-9　梯形高通滤波器的剖面图

5.4　带通或带阻滤波器

在图像处理中，有时需要增强的信息或抑制的信息既不是图像中的高频成分也不是低频成分，而是在一个有限的频带范围内。这时，无论是低通滤波器还是高通滤波器都不能完全满足使用需求，因而需要采用带通或带阻滤波器。

5.4.1　带通滤波器

所谓带通滤波器，是指允许一定频率范围内的信号通过，阻止其他频率范围内信号通过的滤波器。理想带通滤波器的传递函数为

$$H(u,v) = \begin{cases} 1 & |D(u,v) - D_0| \leqslant \omega/2 \\ 0 & |D(u,v) - D_0| > \omega/2 \end{cases} \quad (5\text{-}16)$$

式中，ω 为通带宽度；D_0 为通带中心频率。理想带通滤波器的剖面图如图 5-10 所示。由于理想带通滤波器的传递函数也有陡峭的跳变，因此在滤波处理时也会有振铃现象。

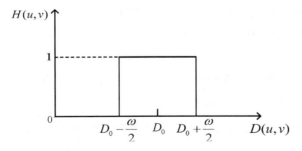

图 5-10　理想带通滤波器的剖面图

5.4.2　带阻滤波器

带阻滤波器是指可以对一定频率范围内的信号进行完全衰减，而容许其他频率范围内

信号通过的滤波器。其作用恰好与理想带通滤波器相反。理想带阻滤波器的传递函数为

$$H(u,v) = \begin{cases} 1 & |D(u,v) - D_0| \geqslant \omega/2 \\ 0 & |D(u,v) - D_0| < \omega/2 \end{cases} \quad (5\text{-}17)$$

式中，ω 为阻带宽度；D_0 为阻带中心频率。理想带阻滤波器的剖面图如图 5-11 所示。由于理想带阻滤波器的传递函数也有陡峭的跳变，因此在滤波处理时会有振铃现象。

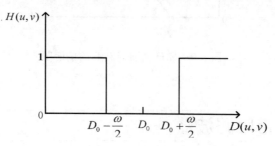

图 5-11　理想带阻滤波器的剖面图

5.5　其他频域增强方式

在图像处理中，除了上述的低通滤波、高通滤波和带通或带阻滤波，还存在其他频域增强方式。下面将介绍同态滤波技术和频域伪彩色增强技术。

5.5.1　同态滤波

同态滤波是一种在频域中进行的图像对比度增强和压缩图像亮度范围的特殊方法。

若照明不均匀，则图像内各个部分的平均亮度会有起伏，由于图像暗区的细节较难分辨，因此需要消除这种不均匀性。同态滤波方法是通过压缩照明函数的灰度范围，即在频域削弱照明函数的成分，同时增强反射函数的频谱成分，从而增加反映图像对比度反射函数的比重，使图像暗区的细节信息得到增强，并尽可能保持了亮区的图像细节。其具体分析如下。

图像 $f(x,y)$ 是由光源产生的照度场 $i(x,y)$ 和目标（景物或照片）的反射系数场 $r(x,y)$ 共同作用下产生的。三者之间的关系为

$$f(x,y) = i(x,y)r(x,y) \qquad 0 < i(x,y) < \infty, \quad 0 < r(x,y) < 1 \quad (5\text{-}18)$$

式（5-18）不能用来直接对照度和反射的频率部分分别操作，其原因是两个函数乘积的傅里叶变换并不等于各自傅里叶变换的乘积，而是各自傅里叶变换的卷积。

为了把照度函数和反射函数分开，这里采取对数运算，即

$$z(x,y) = \ln f(x,y) = \ln i(x,y) + \ln r(x,y) \quad (5\text{-}19)$$

将式（5-19）进行傅里叶变换，有

$$Z(u,v) = F_i(u,v) + F_r(u,v) \tag{5-20}$$

其中，$z(x,y)$ 和 $Z(u,v)$、$\ln i(x,y)$ 和 $F_i(u,v)$、$\ln r(x,y)$ 和 $F_r(u,v)$ 是三组傅里叶变换对。

照度分量在空间的变化缓慢，其频谱特性集中在低频段。由于景物本身含有较多的细节和边缘，因此反射分量的频谱集中在高频段。这些特性导致图像对数的傅里叶变换的低频成分与照度相联系，高频成分与反射相联系。虽然这些联系只是大体上近似，但在用于图像增强时是有益的。

如果借助于一个滤波函数 $H(u,v)$ 处理 $Z(u,v)$，可得

$$S(u,v) = H(u,v)Z(u,v) = H(u,v)F_i(u,v) + H(u,v)F_r(u,v) \tag{5-21}$$

将上式进行傅里叶逆变换回到空间域，得

$$s(x,y) = h_i(x,y) + h_r(x,y) \tag{5-22}$$

这里，$s(x,y)$ 和 $S(u,v)$、$h_i(x,y)$ 和 $H(u,v)F_i(u,v)$、$h_r(x,y)$ 和 $H(u,v)F_r(u,v)$ 是三组傅里叶变换对。这样就得到了滤波后的照度分量 $h_i(x,y)$ 和反射分量 $h_r(x,y)$。

由于 $z(x,y)$ 是原始图像 $f(x,y)$ 取对数后得到的，因此对 $s(x,y)$ 取相反的操作（指数）就能产生符合要求的增强图像 $g(x,y)$，即

$$g(x,y) = \exp\{h_i(x,y)\} \cdot \exp\{h_r(x,y)\} = i_0(x,y)r_0(x,y) \tag{5-23}$$

其中，$i_0(x,y)$ 是同态滤波后的照度场；$r_0(x,y)$ 是同态滤波后的反射系数场。

同态滤波处理的流程如图 5-12 所示。

图 5-12　同态滤波处理的流程

同态滤波器对照度分量和反射分量的操作需要一个滤波器函数 $H(u,v)$ 来规范。它能以不同的方法影响傅里叶变换的高、低频成分。在一般情况下，其传递函数可以用前面章节所述的任何一种高通滤波器的基本形式近似。例如，采用巴特沃斯高斯型高通滤波器稍微修改过的形式，同态滤波器的传递函数为

$$H(u,v) = r_1 + \frac{r_2}{1 + (\sqrt{2}-1)[D_0/D(u,v)]^{2n}} \tag{5-24}$$

其中，r_1 和 r_2 是调节参数；r_1 是低频成分的调节参数；r_2 是高频成分的调节参数。在一般情况下，$r_1 < 0.5$ 且 $r_1 + r_2 = 1$。

图 5-13 给出了同态滤波器传递函数的剖面图。

5.5.2　频域伪彩色增强

在第 4 章，我们介绍了伪彩色增强。该技术是利用人的肉眼对色彩的敏感性，通过人为添加的色彩，使原来灰度图像的细节更易辨认，目标更易识

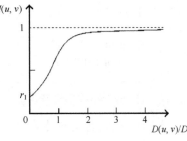

图 5-13　同态滤波器传递函数的剖面图

别。在 4.6 节，我们介绍的密度分割法和灰度级彩色变换属于空间域的伪彩色增强方式。实际上，伪彩色增强也可以在频域实现，即频域伪彩色增强。

频域伪彩色增强的基本原理是利用傅里叶变换和各种频域滤波器，将灰度图像的不同频率成分分开，并对各频率成分进行人为着色和必要的相关处理以形成伪彩色图像，通过频域滤波将不同的频率成分和某一颜色建立函数映射关系。

频域伪彩色增强的具体过程描述如下：首先，利用傅里叶变换将灰度图像从空间域变到频域，采用三个不同传递特性的滤波器，将图像信息分离为三个独立的分量；然后，对各个频率分量分别进行傅里叶逆变换转换到空间域，并进行一定的后处理形成三幅子图像；最后，把三幅空间域子图像分别作为 R、G、B 分量，合成一幅伪彩色图像。在一般情况下，想要突出的频率成分，其所对应的子图像可以作为伪彩色图像的红色分量。

需要说明的是，三个不同传递特性滤波器的通带并集最好要能涵盖图像的全部频率成分，如可采用低通滤波器、带通滤波器和高通滤波器三者的组合。

5.6 图像频域增强的 Matlab 实现

频域滤波处理是图像增强的一种重要方式。本章前几节已经介绍了低通滤波器、高通滤波器、带通或带阻滤波器、同态滤波处理及频域伪彩色增强等，本节将对这些滤波处理技术进行 Matlab 编程实现。

5.6.1 低通滤波处理的 Matlab 实现

理想低通滤波器是一种假想的低通滤波器。其对于高于截止频率的信号完全截止，对于低于截止频率的信号可完全无失真地传输。下面的程序可实现理想低通滤波，将程序存为文件 ideal_lowfilter.m 就可以被直接调用了。这里的输入变量 I 为灰度图像，D0 为理想低通滤波器的截止频率，输出 Y 为滤波后的结果。

```
function Y=ideal_lowfilter(I,D0)
[M,N]=size(I);                %读取图像的行和列
u=-N/2:N/2-1;
v=-M/2:M/2-1;
[U,V]=meshgrid(u,v);          %生成网格，直流分量处于中心
D=sqrt(U.^2+V.^2);
H=double(D<=D0);              %理想低通滤波器的传递函数
J=fftshift(fft2(I));          %把图像从空间域转到频域，并把直流分量移动到频谱的中心
K=J.*H;                       %频域滤波处理，频域乘积等价于空间域的卷积
Y=abs(ifft2(ifftshift(K)));   %傅里叶逆变换，提取幅度谱
```

巴特沃斯低通滤波器通带与阻带之间的过渡比较平坦，其滤波处理不会出现振铃效应，效果好于理想低通滤波器。下面的程序可实现巴特沃斯低通滤波，将程序存为文件 butterworth_lowfilter.m 就可以被直接调用了。这里的输入变量 I 为灰度图像，D0 为巴特

沃斯低通滤波器的截止频率，n 为滤波器的阶数，输出 Y 为滤波后的结果。

```
function Y=butterworth_lowfilter(I,D0,n)
[M,N]=size(I);                    %读取图像的行和列
u=-N/2:N/2-1;
v=-M/2:M/2-1;
[U,V]=meshgrid(u,v);              %生成网格，直流分量处于中心
D=sqrt(U.^2+V.^2);
H=1./(1+0.414*(D/D0).^(2*n));     %巴特沃斯低通滤波器的传递函数
J=fftshift(fft2(I));              %把图像从空间域转到频域，并把直流分量移动到频谱的中心
K=J.*H;                           %频域滤波处理，频域乘积等价于空间域的卷积
Y=abs(ifft2(ifftshift(K)));       %傅里叶逆变换，提取幅度谱
```

下面的程序可实现指数低通滤波，将程序存为文件 exp_lowfilter.m 就可以被直接调用了。其中的输入变量 I 为二维灰度图像，D0 为指数低通滤波器的截止频率，n 为滤波器阶数，输出 Y 为滤波后的结果。

```
function Y=exp_lowfilter(I,D0,n)
[M,N]=size(I);                    %读取图像的行和列
u=-N/2:N/2-1;
v=-M/2:M/2-1;
[U,V]=meshgrid(u,v);              %生成网格，直流分量处于中心
D=sqrt(U.^2+V.^2);
H=exp(-(D/D0).^n);                %指数低通滤波器的传递函数
J=fftshift(fft2(I));              %把图像从空间域转到频域，并把直流分量移动到频谱的中心
K=J.*H;                           %频域滤波处理，频域乘积等价于空间域的卷积
Y=abs(ifft2(ifftshift(K)));       %傅里叶逆变换，提取幅度谱
```

梯形滤波器的传递函数特性介于理想低通滤波器和具有平滑过渡带滤波器之间，其处理结果有一定的振铃现象。下面的程序可实现梯形低通滤波处理，将程序存为文件 trapezoid_lowfilter.m 就可以被直接调用了。其中的输入变量 I 为二维灰度图像，D0 和 D1 为梯形低通滤波器的截止频率，D0 小于 D1，输出 Y 为滤波后的结果。

```
function Y=trapezoid_lowfilter(I,D0,D1)
[M,N]=size(I);                    %读取图像的行和列
u=-N/2:N/2-1;
v=-M/2:M/2-1;
[U,V]=meshgrid(u,v);              %生成网格，直流分量处于中心
D=sqrt(U.^2+V.^2);                %利用循环语句生成梯形滤波器的传递函数
H=zeros(size(D));
for i=1:M
    for j=1:N
        if (D(i,j)>=D0)&(D(i,j)<=D1)
            H(i,j)=(D(i,j)-D1)/(D0-D1);
        elseif D(i,j)<D0
            H(i,j)=1;
        else
            H(i,j)=0;
        end
```

```
        end
    end
J=fftshift(fft2(I));              %把图像从空间域转到频域,并把直流分量移动到频谱的中心
K=J.*H;                           %频域滤波处理,频域乘积等价于空间域的卷积
Y=abs(ifft2(ifftshift(K)));       %傅里叶逆变换,提取幅度谱
```

示例 5.1：四种低通滤波器的降噪处理。

本示例调用上述子函数,对四种低通滤波器的处理效果进行比较：首先,将原始图像加入均值为 0 的高斯白噪声；然后,在统一条件下进行滤波降噪处理。这里,前三种滤波器的截止频率选取 D0=30,巴特沃斯滤波和指数滤波选取阶数 n=1,梯形滤波器截止频率选取 D0=25、D1=35。图 5-14 是低通降噪处理示例。总体来看,经过低通滤波后,虽然噪声得到了抑制,但图像也变得模糊了。从清晰程度来看,理想低通滤波处理图像最模糊,其次是梯形低通滤波,再次是指数低通滤波,巴特沃斯低通滤波最清晰。另外,理想低通滤波的振铃效应明显,梯形低通滤波次之,巴特沃斯和指数低通滤波没有明显的振铃效应。

```
clear all,
I=imread('cameraman.tif');
figure(1),imshow(I)
sigma=0.1;                              %噪声均方差
I= imnoise(I,'gaussian',0,sigma.^2);    %加入高斯噪声
figure(2),imshow(I)
Y1=ideal_lowfilter(I,30);               %理想低通滤波
figure(3),imshow(Y1,[ ])
Y2=butterworth_lowfilter(I,30,1);       %巴特沃斯低通滤波
figure(4),imshow(Y2,[ ])
Y3=exp_lowfilter(I,30,1);               %指数低通滤波
figure(5),imshow(Y3,[ ])
Y4=trapezoid_lowfilter(I,25,35);        %梯形低通滤波
figure(6),imshow(Y4,[ ])
```

（a）cameraman　　　　　　　　　　　（b）加入高斯噪声的图像

图 5-14　低通降噪处理示例

（c）理想低通滤波　　　　　　　　　　（d）巴特沃斯低通滤波

（e）指数低通滤波　　　　　　　　　　（f）梯形低通滤波

图 5-14　低通降噪处理示例（续）

示例 5.2：截止频率的影响。

本示例针对加入高斯白噪声的 cameraman 图像（见图 5-14（b）），讨论在采用不同截止频率时，理想低通滤波的降噪效果。这里选取截止频率分别为 20、30、40 和 50，其处理结果如图 5-15 所示。由图可知，截止频率越小，降噪效果越好，图像越模糊。这是因为，截止频率越低，去除的高频信息成分就越多，图像的细节损失也就越大。截止频率对巴特沃斯滤波和指数滤波的影响与本示例基本一致，这里不再赘述。

```
clear all,
I=imread('cameraman.tif');
sigma=0.1;                              %噪声均方差
I= imnoise(I,'gaussian',0,sigma.^2);    %加入高斯噪声

for i=1:4
    D0=10+10*i;                         %截止频率分别为 20,30,40,50
```

```
        Y=ideal_lowfilter(I,D0);           %理想低通滤波
        figure(i);
        imshow(Y,[ ])
end
```

（a）D0=20　　　　　　　　　　（b）D0=30

（c）D0=40　　　　　　　　　　（d）D0=50

图 5-15　不同截止频率的处理结果（理想低通滤波器）

示例 5.3：滤波器阶数的影响。

本示例针对加入高斯白噪声的 cameraman 图像（见图 5-14（b）），讨论在采用不同滤波器阶数时，巴特沃斯低通滤波的降噪效果。这里截止频率固定为 30，滤波器阶数分别选取为 1、2、3 和 5，处理结果如图 5-16 所示。由图可知，随着阶数的增大，滤波后图像的模糊程度也略有提高，当阶数为 3 以上时，滤波结果变化不明显。滤波器阶数对指数低通滤波器降噪效果的影响情况与本示例基本一致。

```
clear all;
I=imread('cameraman.tif');
sigma=0.1;                    %噪声均方差
```

```
I= imnoise(I,'gaussian',0,sigma.^2);        %加入高斯噪声
n=[1,2,3,5];                                 %滤波器阶数

for i=1:4
    D0=30;                                   %截止频率
    Y=butterworth_lowfilter(I,D0,n(i));      %巴特沃斯低通滤波
    figure(i),
    imshow(Y,[ ])
end
```

（a）*n*=1

（b）*n*=2

（c）*n*=3

（d）*n*=5

图 5-16 不同滤波器阶数的处理结果（巴特沃斯低通滤波器）

示例 5.4：梯形低通滤波器的截止频率。

不同于其他三种滤波器，梯形低通滤波器具有两个截止频率，低于 D0 的频率成分完全通过，相当于理想低通滤波器，D0 与 D1 是线性过渡带。因此，D0 对梯形滤波器的影响与其他滤波器的情况一致。本示例将 D0 固定为 20，探讨 D1 取值分别为 30、40、50 和 60 时对滤波效果的影响。这里仍然针对加入高斯白噪声的 cameraman 图像

（见图 5-14（b））进行处理，处理结果如图 5-17 所示。

```
clear all,
I=imread('cameraman.tif');
sigma=0.1;                              %噪声均方差
I= imnoise(I,'gaussian',0,sigma.^2);    %加入高斯噪声

for i=1:4
    D0=20;                              %D0 固定为 20
    D1=20+10*i;                         %D1 分别选取 30、40、50、60
    Y=trapezoid_lowfilter(I,D0,D1);     %梯形低通滤波
    figure(i),
    imshow(Y,[ ])
end
```

（a）D1=30　　　　　　　　　　（b）D1=40

（c）D1=50　　　　　　　　　　（d）D1=60

图 5-17 不同截止频率的处理结果（梯形低通滤波器）

由于 D0 固定，所以梯形低通滤波器保留的低频主体成分基本一致。由图 5-17 可知：

D1 越高,高频成分保留的相对越多,图像越清晰;D1 越低,图像除了越模糊,振铃现象也越明显。这是因为,较低的 D1 意味着陡峭的过渡带。在极限情况下,D1 与 D0 相等时,梯形低通滤波器就退化为理想低通滤波器。

5.6.2 高通滤波处理的 Matlab 实现

理想高通滤波器的作用与理想低通滤波器相反。下面的程序可实现理想低通滤波,将程序保存为文件 ideal_highfilter.m 就可以被直接调用了。这里的变量 I 为输入灰度图像,D0 为理想高通滤波器的截止频率,Y 为滤波后的输出结果。

```
function Y=ideal_highfilter(I,D0)
[M,N]=size(I);                    %读取图像的行和列
u=-N/2:N/2-1;
v=-M/2:M/2-1;
[U,V]=meshgrid(u,v);              %生成网格,直流分量处于中心
D=sqrt(U.^2+V.^2);
H=double(D>=D0);                  %理想高通滤波器的传递函数
J=fftshift(fft2(I));              %把图像从空间域转到频域,并把直流分量移动到频谱的中心
K=J.*H;                           %频域滤波处理,频域乘积等价于空间域的卷积
Y=abs(ifft2(ifftshift(K)));       %傅里叶逆变换,提取幅度谱
```

巴特沃斯高通滤波器在通过通带和阻带之间没有明显的不连续性,其滤波效果好于理想高通滤波器。下面的程序实现了巴特沃斯高通滤波,将程序保存为文件 butterworth_highfilter.m 就可以被直接调用了。其中的变量 I 为输入灰度图像,D0 为巴特沃斯高通滤波器的截止频率,n 为滤波器阶数,Y 为滤波后的输出结果。

```
function Y=butterworth_highfilter(I,D0,n)
[M,N]=size(I);                    %读取图像的行和列
u=-N/2:N/2-1;
v=-M/2:M/2-1;
[U,V]=meshgrid(u,v);              %生成网格,直流分量处于中心
D=sqrt(U.^2+V.^2);
H=1./(1+0.414*(D0./D).^(2*n));    %巴特沃斯高通滤波器的传递函数
J=fftshift(fft2(I));              %把图像从空间域转到频域,并把直流分量移动到频谱的中心
K=J.*H;                           %频域滤波处理,频域乘积等价于空间域的卷积
Y=abs(ifft2(ifftshift(K)));       %傅里叶逆变换,提取幅度谱
```

指数高通滤波器的传递函数也有较平滑的过渡带。下面的程序可实现指数高通滤波,将程序保存为文件 exp_highfilter.m 就可以被直接调用了。其中的变量 I 为输入的二维灰度图像,D0 为指数高通滤波器的截止频率,n 为滤波器阶数,Y 为滤波后的输出结果。

```
function Y=exp_highfilter(I,D0,n)
[M,N]=size(I);                    %读取图像的行和列
u=-N/2:N/2-1;
v=-M/2:M/2-1;
[U,V]=meshgrid(u,v);              %生成网格,直流分量处于中心
D=sqrt(U.^2+V.^2);
```

```
H=exp(-(D0./D).^n);              %指数高通滤波器的传递函数
J=fftshift(fft2(I));             %把图像从空间域转到频域,并把直流分量移动到频谱的中心
K=J.*H;                          %频域滤波处理,频域乘积等价于空间域的卷积
Y=abs(ifft2(ifftshift(K)));      %傅里叶逆变换,提取幅度谱
```

梯形高通滤波器有两个截止频率,其传递函数特性介于理想高通滤波器和具有平滑过渡带滤波器之间。下面的程序可实现梯形高通滤波处理,将程序保存为文件 trapezoid_highfilter.m 就可以被直接调用了。其中的输入变量 I 为二维灰度图像,D0 和 D1 为梯形高通滤波器的截止频率,D0 大于 D1,输出 Y 为滤波后的结果。

```
function Y=trapezoid_highfilter(I,D1,D0)
[M,N]=size(I);                   %读取图像的行和列
u=-N/2:N/2-1;
v=-M/2:M/2-1;
[U,V]=meshgrid(u,v);             %生成网格,直流分量处于中心
D=sqrt(U.^2+V.^2);               %利用循环语句生成梯形高通滤波器的传递函数
H=zeros(size(D));
for i=1:M
    for j=1:N
        if (D(i,j)>=D1)&(D(i,j)<=D0)
            H(i,j)=(D(i,j)-D1)/(D0-D1);
        elseif D(i,j)>D0
            H(i,j)=1;
        else
            H(i,j)=0;
        end
    end
end

J=fftshift(fft2(I));             %把图像从空间域转到频域,并把直流分量移动到频谱的中心
K=J.*H;                          %频域滤波处理,频域乘积等价于空间域的卷积
Y=abs(ifft2(ifftshift(K)));      %傅里叶逆变换,提取幅度谱
```

示例 5.5:四种高通滤波器的锐化效果。

本示例调用上述子函数,针对如图 5-14(a)所示的 cameraman 灰度图像,对四种高通滤波器的处理效果进行比较。为保证条件一致,将前三种滤波器的截止频率选取为 D0=30,巴特沃斯滤波器和指数滤波器的阶数选取 n=1,梯形滤波器的截止频率选取 D0=35、D1=25。

图 5-18 是高通锐化处理示例。由图可知,高通滤波能够提取边界,图像得到了锐化。

```
clear all,
I=imread('cameraman.tif');
Y1=ideal_highfilter(I,30);              %理想高通滤波
figure(1),imshow(Y1,[ ])
Y2=butterworth_highfilter(I,30,1);      %巴特沃斯高通滤波
figure(2),imshow(Y2,[ ])
Y3=exp_highfilter(I,30,1);              %指数高通滤波
```

```
figure(3),imshow(Y3,[ ])
Y4=trapezoid_highfilter(I,25,35);      %梯形高通滤波
figure(4),imshow(Y4,[ ])
```

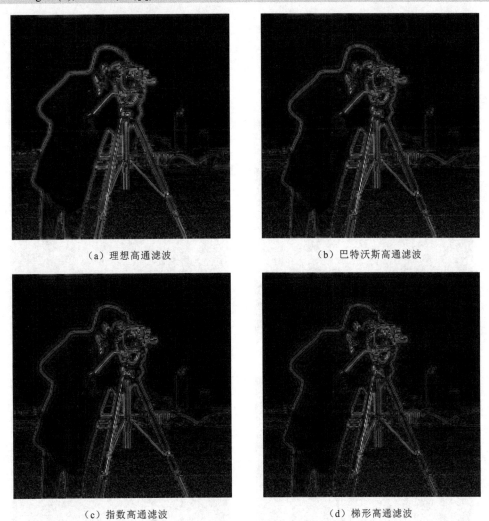

(a)理想高通滤波　　　　　　　　　　(b)巴特沃斯高通滤波

(c)指数高通滤波　　　　　　　　　　(d)梯形高通滤波

图 5-18　高通锐化处理示例

示例 5.6：截止频率的影响。

本示例针对如图 5-14（a）所示的 cameraman 灰度图像，讨论在采用不同截止频率时，理想高通滤波器的锐化效果。这里选取截止频率分别为 5、20、30 和 70；当截止频率过低时，部分低频信息被保留下来，如图 5-19（a）所示；随着截止频率的增大，图像的锐化效果越明显，边缘和轮廓也就越突出，如图 5-19（b）、（c）所示；当截止频率过高时，不仅仅所有低频信息被滤除，而且部分高频信息也被滤掉，图像中不够明显的轮廓细节等也一并丢失，如图 5-19（d）所示。截止频率对巴特沃斯高通滤波器和指数高通滤波器锐化效果的影响与本示例基本一致。可见，在频域进行高通滤波时，选择合适的截止频率是关键，过高或过低的截止频率都不利于图像的锐化。

```
clear all,
I=imread('cameraman.tif');
D=[5,20,30,70];                    %截止频率分别为 5、20、30、70

for i=1:4
    Y=ideal_highfilter(I,D(i));    %理想高通滤波
    figure(i),
    imshow(Y,[ ])
end
```

（a）D0=5　　　　　　　　　　　　（b）D0=20

（c）D0=30　　　　　　　　　　　　（d）D0=70

图 5-19　不同截止频率的锐化结果(理想高通滤波器)

示例 5.7：滤波器阶数的影响。

本示例针对如图 5-14（a）所示的 cameraman 灰度图像，讨论在采用不同的滤波器阶数时，巴特沃斯高通滤波的锐化效果。这里截止频率固定为 30，阶数分别选取为 1、2、3 和 5，处理结果如图 5-20 所示。由图可知，不同的滤波器阶数，其锐化效果变化不大。结合图 5-19，在频域的锐化处理中，截止频率的选取要比滤波器阶数的选取更为重要。

滤波器阶数对指数高通滤波器锐化效果的影响情况与本示例基本一致。

```
clear all,
I=imread('cameraman.tif');
n=[1,2,3,5];                    %滤波器阶数
for i=1:4
    D0=30;                      %截止频率
    Y=butterworth_highfilter(I,D0,n(i));   %巴特沃斯高通滤波
    figure(i),
    imshow(Y,[ ])
end
```

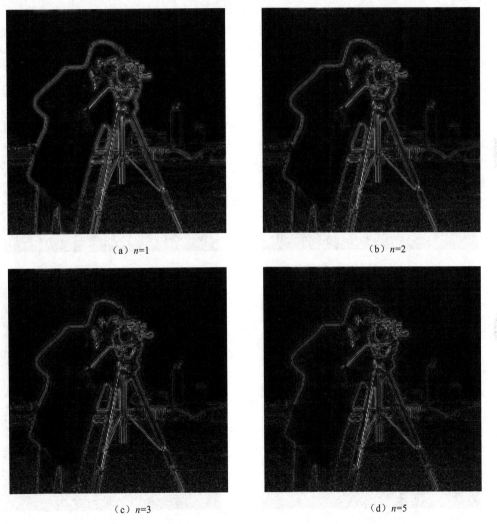

图 5-20 不同滤波器阶数的锐化结果（巴特沃斯高通滤波器）

示例 5.8：梯形高通滤波器的截止频率。

梯形高通滤波器具有两个截止频率，高于 D0 的频率成分完全通过，相当于理想高通滤波，低于 D1 的频率成分被完全截止，D0 与 D1 是线性的过渡带。本示例将 D0 固定为 40，探讨 D1 分别取值为 5、15、25 和 35 时对滤波效果的影响。处理结果如图 5-21

所示。由图可知,由于 D0 固定,所以梯形高通滤波器保留的高频主体成分基本一致。

```
clear all,
I=imread('cameraman.tif');

for i=1:4
    D0=40;                              %D0 固定为 40
    D1=10*i-5;                          %D1 分别选取 5、15、25、35
    Y=trapezoid_highfilter(I,D1,D0);    %梯形高通滤波
    figure(i),
    imshow(Y,[ ])
end
```

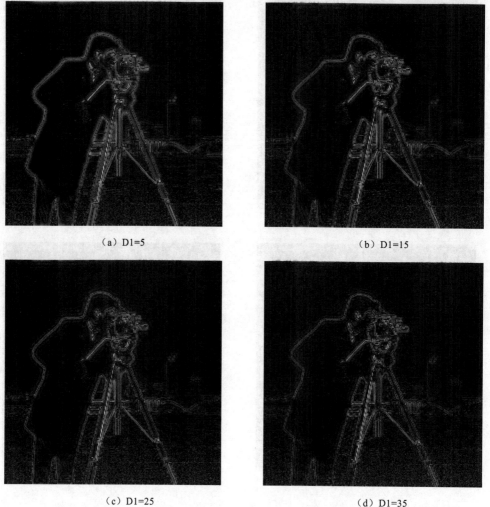

图 5-21　不同截止频率的锐化结果(梯形高通滤波器)

5.6.3　带通或带阻滤波处理的 Matlab 实现

不同于高、低通滤波,带通滤波器和带阻滤波器仅允许某一范围的频率成分通过。

下面的两个子函数分别是带通滤波器和带阻滤波器的 Matlab 实现,可以在主程序中调用带通滤波器和带阻滤波器实现相应的滤波处理。其中的 I 是输入灰度图像,D0 为通带(或阻带)中心频率,w 为通带(或阻带)宽度。

```
function Y=bandpass_filter(I,D0,w)
[M,N]=size(I);                  %读取图像的行和列
u=-N/2:N/2-1;
v=-M/2:M/2-1;
[U,V]=meshgrid(u,v);            %生成网格,直流分量处于中心
D=sqrt(U.^2+V.^2);
H=double(abs(D-D0)<=w/2);       %带通滤波器的传递函数
J=fftshift(fft2(I));            %把图像从空间域转到频域,并把直流分量移动到频谱的中心
K=J.*H;                         %频域滤波处理,频域乘积等价于空间域的卷积
Y=abs(ifft2(ifftshift(K)));     %傅里叶逆变换,提取幅度谱

function Y= bandrejection_filter(I,D0,w)
[M,N]=size(I);                  %读取图像的行和列
u=-N/2:N/2-1;
v=-M/2:M/2-1;
[U,V]=meshgrid(u,v);            %生成网格,直流分量处于中心
D=sqrt(U.^2+V.^2);
H=double(abs(D-D0)>=w/2);       %带阻滤波器的传递函数
J=fftshift(fft2(I));            %把图像从空间域转到频域,并把直流分量移动到频谱的中心
K=J.*H;                         %频域滤波处理,频域乘积等价于空间域的卷积
Y=abs(ifft2(ifftshift(K)));     %傅里叶逆变换,提取幅度谱
```

示例 5.9:带通或带阻滤波处理。

本示例调用上述两个子函数,可实现对如图 5-14(a)所示的 cameraman 灰度图像的带通或带阻滤波处理。选取中心频率 D0=40,通带或阻带宽度 w=20,也即是带通滤波时,介于 30 和 50 之间的频率成分完全通过,带阻滤波时,介于 30 和 50 之间的频率成分被完全截止。其运行结果如图 5-22 所示。

```
clear all,
I=imread('cameraman.tif');
D0=40;w=20;                         %设定中心频率、带通带阻宽度
Y1=bandpass_filter(I,D0,w);         %带通滤波处理
Y2=bandrejection_filter(I,D0,w);    %带阻滤波处理
figure,imshow(Y1,[ ])
figure,imshow(Y2,[ ])
```

由图 5-22(a)可知,带通滤波的效果更接近于高通滤波处理,都能够提取边缘。与相同截止频率的理想高通滤波比较(见图 5-19(c)),其边缘很"模糊",因此带通滤波的处理结果是一种带"模糊"的边缘。这是因为高于 50 的频率成分被滤掉,也就是较为突出和明显的边缘被去除,而介于 30 和 50 之间的频率成分被保留,也就是仅仅那些不是十分突出的细节被保留了下来。

　　　　　　（a）带通滤波　　　　　　　　　　　（b）带阻滤波

图 5-22　带通或带阻滤波处理示例

如图 5-22（b）所示，带阻滤波的效果更接近于低通滤波处理。相比理想低通滤波，其处理结果同时保留了突出的高频信息，仅仅那些不是十分突出的细节信息被滤除，处理效果是一种带边缘的平滑。同时可以看到，带阻滤波结果的振铃效应明显。这是因为程序所实现函数的通带和阻带之间没有平滑的过度带。

5.6.4　同态滤波处理和频域伪彩色增强的 Matlab 实现

同态滤波属于一种非线性滤波技术，能够对图像的灰度范围进行调整，可很好地解决图像上照明不均匀的问题。应用同态滤波进行处理，先利用对数运算，通过频率滤波处理后，再进行指数运算，最终得到滤波图像。本节将讨论同态滤波器的 Matlab 程序实现。

示例 5.10：同态滤波处理。

下面的程序针对 Matlab 自带的灰度图像 rice 进行同态滤波处理，实验结果如图 5-23 所示。这里的频域滤波部分采用式（5-24）所示的带调节参数的巴特沃斯高通滤波函数。另外要注意，在图像取对数运算时，真数不能为 0，所以要加上 1。由实验结果可知，原始图像 rice 的背景光照程度不一致，图像的右下方背景偏暗，经过同态滤波处理后，整幅图像背景的光照程度基本一致，图像的亮度变得比较均匀，细节得到进一步的增强。

```
I = imread('rice.png');
figure(1),imshow(I)
I_log=log(double(I)+1);           %对数处理
J=fftshift(fft2(I_log));   %把对数图像从空间域转到频域，并把直流分量移动到频谱的中心

[M,N]=size(I);                    %读取图像的行和列
u=-N/2:N/2-1;
v=-M/2:M/2-1;
[U,V]=meshgrid(u,v);              %生成网格，直流分量处于中心
```

```
D=sqrt(U.^2+V.^2);

n=2;                                    %滤波器阶数设定
r1=0.3; r2=0.7;                         %调节参数设定
H=r1+r2./(1+0.414*(D0./D).^(2*n));      %带调节参数的巴特沃斯高通滤波函数

K=J.*H;                                 %频域滤波处理
Y=ifft2(ifftshift(K));
Z=real(exp(Y)-1);                       %指数处理
figure(2),imshow(Z,[ ])
```

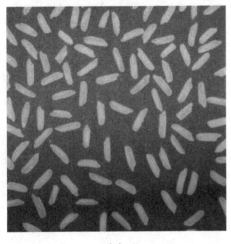
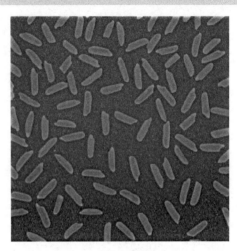

（a）rice　　　　　　　　　　　　　　（b）同态滤波

图 5-23　同态滤波处理示例

　　伪彩色技术是利用人的肉眼对色彩的敏感性，通过人为添加的色彩，使原来灰度图像的细节更易辨认。频域伪彩色增强是伪彩色技术的频域实现方式，通过频域滤波将灰度图像的不同频率成分与某一颜色建立函数映射关系。其 Matlab 程序实现如下。

　　示例 5.11：频域伪彩色增强。

　　示例所处理的灰度图像为 airplane，对应的大小为 512×512 像素，采用如下三个滤波器进行不同频率成分的分离：截止频率为 30 的 2 阶巴特沃斯低通滤波器，通带中心为 45、通带宽度为 30 的理想带通滤波器，以及截止频率为 60 的 2 阶巴特沃斯高通滤波器。三者的通带组合恰好包括图像的全部频率范围。为了突出高频信息，这里把高通滤波对应的子图像作为红色分量，低通滤波和带通滤波对应的子图像分别作为绿色分量和蓝色分量。其程序的实现可调用前几节编写的 butterworth_lowfilter、butterworth_highfilter 和 bandpass_filter 三个子函数。其运行结果如图 5-24 所示。由图可知，图中大面积的平坦区域（低频成分）显示为绿色系，飞机的边缘、机体的文字和图形部分（高频成分）显示为红色系。

```
clear all;
im=imread('E:\standard-images\airplane.gif');
I=double(im);
```

```
Y=butterworth_highfilter(I,60,2);                              %高通滤波分离高频成分
R=uint8(255*(Y-min(min(Y)))/(max(max(Y))-min(min(Y))));  %线性映射至区间[0,255]
Y=butterworth_lowfilter(I,30,2);                               %低通滤波分离低频成分
G=uint8(255*(Y-min(min(Y)))/(max(max(Y))-min(min(Y))));  %线性映射至区间[0,255]
Y=bandpass_filter(I,45,30);                                    %带通滤波分离中频成分
B=uint8(255*(Y-min(min(Y)))/(max(max(Y))-min(min(Y))));  %线性映射至区间[0,255]

rgbim(:,:,1)=R;          %高频成分对应红色分量
rgbim(:,:,2)=G;          %低频成分对应绿色分量
rgbim(:,:,3)=B;          %中频成分对应蓝色分量

figure(1), imshow(im); title('原始图像');
figure(2),imshow(rgbim); title('频域伪彩色增强');
```

（a）原始图像　　　　　　　　　　　　　　（b）增强效果

图 5-24　频域伪彩色增强示例

5.7　本章小结

本章介绍了图像频域增强处理。

低通滤波器通过截止高频分量、保留低频分量达到对图像进行平滑的效果。高通滤波器正好相反，它的目的是对图像进行锐化。在高、低通滤波器的介绍中，我们主要分析理想高、低通滤波器，巴特沃斯高、低通滤波器，指数高、低通滤波器和梯形高、低通滤波器。一般而言，存在陡峭跳变的传递函数在滤波处理时会产生振铃现象，具有平滑过渡带的传递函数不会产生振铃现象。

另外，在图像处理中，有时需要增强的信息或抑制的信息在一个特定的频带范围内，这时需要采用带通或带阻滤波器。带通滤波器允许一定频率范围内的信号通过，阻止其他频率范围内的信号通过。带阻滤波器的作用恰好相反。

同态滤波技术能有效解决图像照明不均匀的问题，在频域削弱照明函数的成分，同时增强反射函数的频谱成分，从而可增加反映图像对比度反射函数的比重，使图像暗区的细节信息得到增强，并尽可能保持了亮区的图像细节。

频域伪彩色增强是伪彩色技术的频域实现方式，其原理是利用傅里叶变换和各种频域滤波器，将灰度图像的不同频率成分分开，并对各频率成分进行人为着色和必要的相关处理形成伪彩色图像。该技术是通过频域滤波将不同的频率成分与某一颜色建立函数映射关系。

5.6 节对上述频域滤波技术进行了 Matlab 仿真，并进行了详实的对比分析。这些仿真实验能够让读者对这些滤波器的特点和处理效果可有更为深刻的认识。

第 6 章 图像编码

图像编码主要用于解决图像数据传输占用宽带宽的问题，在存储方面也具有非常重要的作用。在大数据时代，由于每天都有大量的数据产生，而图像数据占据了相当大的比重，因此在传输或存储时，都需要对数据进行有效的压缩。图像编码就是对图像数据按照一定的规则进行变换和组合，用更少的数据量表示图像。

6.1 图像冗余信息及图像质量评价

6.1.1 图像冗余信息

一张 A4（210mm×297mm）幅面的照片，若用中等分辨率（300dpi）的扫描仪按真彩色扫描，其数据量为多少？简单计算如下：A4 幅面共有(300×210/25.4)×(300×297/25.4)个像素，每个像素用 24bit 表示，即占 3 个字节，则整幅图像约为 26.1MB，其数据量之大可见一斑。

图像编码能够极大地减少表示图像所需的数据量。图像能够被压缩是因为图像有冗余信息。这些冗余信息如下。

（1）编码冗余是指图像中平均每个像素使用的比特数大于该图像的信息熵，此时图像中存在编码冗余，编码冗余也称为信息熵冗余；

（2）空间冗余是指图像内部相邻像素之间存在较强的相关性而造成的冗余；

（3）心理视觉冗余是指人眼不能感知或不敏感的那部分图像信息；

（4）时间冗余指的是视频图像序列中不同帧之间的相关性所造成的冗余；

（5）结构冗余是指图像中存在很强的纹理结构或自相似性；

（6）知识冗余是指在有些图像中还包含与某些验证知识有关的信息。

6.1.2 图像编码效率的定义

图像编码效率 η 的定义为

$$H = -\sum_{i=1}^{q} p_i \log_2 p_i \quad (6\text{-}1)$$

$$L = \sum_{i=1}^{q} l_i p_i \quad (6\text{-}2)$$

$$\eta = \frac{H}{L} \times 100\% \quad (6\text{-}3)$$

其中，式（6-1）中的 H 代表图像的信息熵，图像有 q 个灰度级，出现的概率分别为 p_1、$p_2,\cdots,p_q$；式（6-2）中的 L 表示平均码长，l_i 表示灰度级 i 分配的二进制位数。在信息论中，香农的信源编码定理给出了数据压缩的极限。信源编码定理表明，在任何情况下，不可能把数据的码率（符号的平均比特数）压缩得比信源的信息熵还小且不丢失信息，但是有可能使码率任意接近信息熵，且损失的概率极小。

6.1.3 图像质量评价

图像质量评价是图像编码方法最为重要的标准之一，包括两方面的含义：一方面是图像的逼真度，即恢复图像与原始图像的偏离程度；另一方面是图像的可懂度，即图像能向人或机器提供特征信息的能力。对于限失真编码，原始图像与重建图像之间存在着差异，差异的大小意味着恢复图像的质量不相同。由于人的视觉冗余度的原因，因此对有些差异的灵敏度较低，这就产生了两种判别标准：一种是客观判别标准，它建立在原始图像与重建图像之间的误差上；另一种是主观评价标准，通过用人的肉眼对图像打分得到。

1. 客观评价

对图像质量进行定量描述是一个比较复杂的问题，进展比较缓慢。目前，应用得较多的是对灰度级图像逼真度的定量表示。一个合理的尺度应该与图像的主观测试结果相吻合或密切相关，便于计算分析且简单易行。

设原始的二维灰度图像 $A = f(i,j)$。其中，$i = 1,2,\cdots,N$，$j = 1,2,\cdots,M$，经压缩重建的图像 $A' = f'(i,j)$，可以用以下几种指标来评价图像的质量。

（1）均方误差：

$$\text{MSE} = \frac{1}{MN} \sum_{i=1}^{N} \sum_{j=1}^{M} (f'(i,j) - f(i,j))^2 \quad (6\text{-}4)$$

（2）规范化均方误差：

$$\text{NMSE} = \frac{\text{MSE}}{\sigma_f^2}$$

$$\sigma_f^2 = \frac{1}{MN} \sum_{i=1}^{N} \sum_{j=1}^{M} f^2(i,j) \quad (6\text{-}5)$$

（3）对数信噪比：

$$\text{SNR} = 10\lg \frac{\sigma_f^2}{\text{MSE}} = -10\lg \text{NMSE}\,(\text{dB}) \quad (6\text{-}6)$$

（4）峰值对数信噪比：

$$PSNR = 10\lg\frac{255^2}{MSE}(\text{dB}) \quad (6\text{-}7)$$

（5）压缩比：

$$压缩比 = 压缩前的比特数/压缩后的比特数 \quad (6\text{-}8)$$

可以看出，以上的评价完全取决于原始图像与重建图像每个像素上灰度值的误差。这种评价在主观感觉上也有一定的参考意义。常用的客观评价指标为 PSNR。在一般情况下，当 PSNR 值超过 30dB 时，人的主观感觉很难分辨出差异。

2．主观评价

主观评价采用平均判分 MOS（Mean Option Score）或多维计分等方法进行测试，所评价出的图像质量不仅与图像本身特征有关，也与观察者特性和观察者的环境条件有关。组织一群足够多（至少应有 20 名）的观察者（包括一般观众及专业人员），通过观察来评定图像的质量。观察者将重建图像与原始图像进行对比，比较损伤程度，可参照表 6-1 给评定的图像进行质量等级评价，最后用平均的方法得到重建图像的分数。这样的评分方式虽然会耗费较长的时间，但是比较符合实际情况。

表 6-1 图像质量主观评价 5 级评分

分值	评价	说明
5	优秀	丝毫看不出图像质量的好坏
4	良好	能看出图像质量变坏，但不影响观看
3	一般	能清楚地看出图像质量变坏，对观看稍有妨碍
2	差	对观看有妨碍
1	很差	非常严重地妨碍观看

主观评价与客观评价之间有一定的联系，不能完全等同。客观评价比较方便，很具有说服力。由于主观评价很直观，比较符合视觉效果及实际，因此在制定国际标准时经常被采用。

6.2 统计编码

图像编码的理论依据是由香农创建的信息理论。图像压缩就是从时间域和空间域两个方面去除冗余信息的。图像编码方法大致可分为三类：统计编码、预测编码和变换域编码。其中，统计编码即变长编码，是一种无失真编码方法，依据香农的信息理论，对概率大的信息符号用短码表示，对概率小的信息符号用长码表示，则编码后的平均码长趋近于信息熵，可以提高编码效率。常用的统计编码方法有霍夫曼编码、算术编码和行程长度编码等。这类方法主要用于对相互独立的无记忆信源进行压缩编码。预测编码和变换编码是对有相关性的有记忆信源进行压缩编码。

6.2.1 霍夫曼编码

1952 年，霍夫曼提出了一种构造变长码的方法。它是一种逐个符号的编码方法，对概率大的信息符号用短码表示，对概率小的信息符号用长码表示。其平均码长最短，是最佳变长码，被称为霍夫曼编码。霍夫曼编码由如下编码步骤实现：

（1）将 n 个信源 U 的每个符号 u_i 按概率大小递减排序；

（2）将两个概率最小的信源符号合并在一起，形成一个新的符号，新符号的概率值为两个信源符号概率值的和，从而得到一个包含 n-1 个符号的新信源，被称为信源 U 的缩减信源 U_1；

（3）把缩减信源 U_1 的符号按概率大小递减排序后，再将其中两个概率最小的符号合并成一个新的符号，这样又得到了包含 n-2 个符号的缩减信源 U_2；

（4）依次继续下去，直至最后只剩下 1 个信源符号为止；

（5）将每次合并的两个信源符号分别用 0 和 1 标记，从最后一级缩减信源开始，向前返回读取 0 和 1 标记，就得到各信源符号所对应的码序列，即各信源符号对应的码字，完成了霍夫曼编码。

例如，考查一个离散无记忆信源，其概率空间为

$$\begin{bmatrix} U \\ P \end{bmatrix} = \begin{bmatrix} u_1 & u_2 & u_3 & u_4 \\ 0.5 & 0.25 & 0.125 & 0.125 \end{bmatrix}$$

对其进行霍夫曼编码，则其霍夫曼码树图如图 6-1 所示。

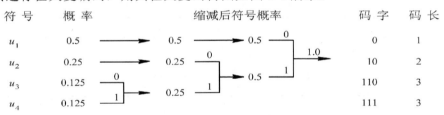

图 6-1 霍夫曼码树图

由式（6-1）至式（6-3）可以算出信源熵为 1.75bit，平均码长为 1.75bit，编码效率为 100%（霍夫曼编码的 Matlab 代码实现见 6.6.1 节）。

霍夫曼编码有以下特点：第一，编码值不是唯一的；第二，图像灰度值分布很不均匀时，编码效率就高，分布均匀时，编码效率就低；第三，先要计算出概率形成编码表，才能对图像进行编码，不能用数学公式建立相应的联系，必须查表，影响速度和效率。

作为一种无损高效编码算法，霍夫曼编码也有一些缺点。其一是其码字不是等长的，在使用中需要用数据缓存单元收集可变比特率的代码，并以较慢的平均速率传输，这对使用来说不太方便。其次是缺乏构造性，也就是说，它们都不能用数学方法建立一一对应关系，只能通过查表的方法来实现对应关系。如果消息数目太多，编码表就会很大，所需要的存储器也越多，相对的设备也就越复杂。再有一个难题，就是在编码过程中应知道每种消息可能出现的概率。在图像编码中就是要知道每种图像信息出现的概率。实际上，这种概率很难估计或测量，如果不能恰当地利用这种概率，便会使编码性能明显下降，另外，

用霍夫曼编码压缩图像，必须读取数据两次：第一次是计算每个数据时出现的概率，并进行先后排序；第二次是利用转换表格中的代码取代图像数据存入图像文件。

6.2.2 算术编码

用霍夫曼编码方法对小消息信源进行编码，要实现统计匹配，必须扩展信源，才能使平均码长接近信源熵。二元序列用二元码编码，等于没有编码，也无压缩效果。扩展信源，合并的信源符号越多，编码效率越高。扩展阶次越高，系统延时越长，存储量越大，设备也越复杂。针对小消息信源，尤其是二元信源，采用算术编码对信源序列进行编码，可以达到良好的压缩效果。算术编码的基本思想是，把信源序列的累积概率映射到[0,1)区间，使每个序列对应该区间内的一个点。这些点把区间[0,1)分成许多不同的小区间。这些小区间的长度等于对应序列的概率。通过在小区间内取一个浮点小数，使其长度与该序列的概率相匹配，从而实现对信源序列的编码。算术编码的过程可由下面的示例给出。

例如，考查如下信源，即

$$\begin{bmatrix} U \\ P \end{bmatrix} = \begin{bmatrix} a & b & c & d \\ 0.5 & 0.25 & 0.125 & 0.125 \end{bmatrix}$$

求信源序列 $S=abda$ 对应的小区间。各个信源序列符号对应的小区间端点值见表6-2。

表 6-2　各个信源序列符号对应的小区间端点值

信源序列	左端点的值（low）	右端点的值（high）
a	0	0.500
ab	0.25	0.375
abd	0.359 375	0.375
$abda$	0.359 375	0.367 187 5

信源序列 $S=abda$ 对应区间的划分如图6-2所示。

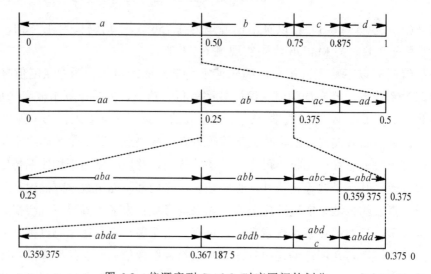

图 6-2　信源序列 $S=abda$ 对应区间的划分

由图 6-2 可知，不同的信源序列分别对应互不重叠的小区间，取小区间内的一个点作为对应序列的编码，可以获得即时码。例如，可取 0.359 375 作为信源序列 $S=abda$ 的编码。相应的译码就是根据接收到的码字翻译出相应的信源序列，是编码的逆过程。译码可以按如下步骤实现。

（1）判断码字落在哪个符号区间，翻译出 1 个符号；

（2）将码字减去刚翻译出符号的左端点值；

（3）用刚翻译出符号对应区间的长度去除步骤（2）的结果，判断此值落在哪个符号区间，翻译出一个新符号；

（4）重复步骤（2）、（3），直至全部信源序列被翻译完为止。

算术编码的概念虽然是在 20 世纪 60 年代初期被提出来的，但是在之后相当长的一段时间内没有得到实际应用。其原因主要在于运算需要精确的实数加法和乘法，而这些运算在有限精度的计算机上实现是非常困难的。正是这个原因，使得算术编码从提出到实际应用相隔近二十年，直到 20 世纪 80 年代，才出现了算术编码的具体实现方法。为了解决算术编码在实际应用中遇到的问题，人们利用有限精度处理技术逼近算术编码，设计实用的算术编码器。围绕着如何降低算术编码的复杂度，人们提出了许多算术编码器的设计方法。随着算术编码器逐渐走向实际应用，一些压缩标准开始使用算术编码提高编码效率，如 JPEG2000 和 MPEG-4 等。

6.2.3 行程长度编码

通过分析各类图像的统计特性，人们发现，在各类图像中，像素空间域的相关性都很强，主要体现在相邻像素亮度取值变化不大。在一些待编码的信源序列中，有一些符号经常连续出现。例如，对于一幅灰度图像来说，按行扫描整幅图像的每个像素，发现在光滑的区域会连续出现同一个灰度值。通常，在背景区域将会出现若干个连续的 0 或 255。另外，在基于变换图像有损压缩方法中，经过变换和量化后的系数也会经常出现连续的 0。行程长度编码（Run Length Encoder，RLE）便是受此启发而产生的。

用 RLE 方法压缩图像是基于这样一个事实：在图像中随机选择一个像素，其相邻像素的灰度值与该像素灰度值相同的可能性很大。压缩编码的思想可以描述为，如果数据项 d 在输入流中连续出现 n 次，则以单个字符 nd 替换 n 次出现的字符。

例如，对于一幅 8 位灰度图像中像素值为

…，12，12，12，12，12，12，12，12，12，35，76，112，67，87，87，87，5，5，5，5，5，5，1，…

用 RLE 压缩后的数据流为

…，9̲，12，35，76，112，67，3̲，87，6̲，5，1，…

这里加框的数字表明行程计数值。在实际使用中，可以通过多种方法来区别像素的灰度值与行程的计数值。对于 8 位的灰度图像，可将 256 个灰度级降低为 255 级，保留一个值作为标记，且置于每个行程计数字节之前。

比如，对于上面的编码结果，如果定义标记值为255，则编码后的压缩流可以变为
…，255，9，12，35，76，112，67，255，3，87，255，6，5，1，…

经过分析可以发现，采用RLE方法来压缩图像，图像中的细节越多，压缩效果越差；反之，图像中光滑的区域越多或光滑区域的面积越大，压缩效果越好。可以想象，一幅有很多垂直线的灰度图像，如果水平扫描编码，就会产生一些很短的行程，压缩效果会很差。RLE的输出有可能比逐像素存储的图像还要大。另外，编码压缩还存在一个缺点，如果图像变动，则通常不得不重算全部行程。

值得一提的是，RLE也不是只能用作无损压缩，稍加变形，则可以变为有损压缩。例如，如果忽略一些短行程，则有可能取得更好的压缩比。一个有损的行程编码压缩算法必须先询问用户可以忽略的最长行程，或者根据实际的应用需求确定好可以忽略的最长行程，如果确定为3，则程序将所有行程为1、2或3的相同像素与其相邻点合并。这样，对于高分辨率的大图像是很有意义的，因为人眼对某些细节是不敏感的。

6.3　预测编码

预测编码是通过同一帧内的空间相关性和相邻帧间的时间相关性，用已传输的像素内容预测当前正在编码的像素，并对预测值与真实值之间的差值进行编码。作为最早被研究的图像压缩技术，预测编码目前依然是应用最广泛的方法之一。它具有性能好、算法简单和易于硬件实现等优点。编码的预测过程包括两种可选的方法：一种是利用空间相关性的帧内预测，因为同一幅图像的邻近像素之间有着很强的相关性，所以邻近像素值之差很小；另一种是利用时间相关性的帧间预测。帧间预测编码技术主要应用于视频信号的处理，能有效降低视频信号的时间和空间冗余信息。预测编码可分为线性预测编码和非线性预测编码。

预测编码原理图如图6-3所示。

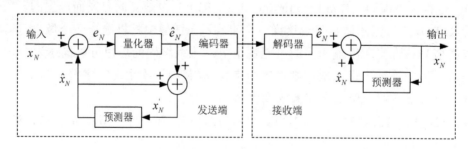

图6-3　预测编码原理图

预测编码首先根据以前已知的几个像素值进行预测，通过已经扫描过的像素来预测当前的像素值，然后以当前像素值和预测差值作为样本进行传输和存储。图6-3中：x_N为t_N时刻的亮度取样值；$\hat{x}_N$为预测器根据t_N时刻之前的样本值$x_1,x_2,x_3,\cdots,x_{N-1}$对$x_N$所做的预测值；$e_N$为差值信号，即

$$e_N = x_N - \hat{x}_N \tag{6-9}$$

量化器对 e_N 进行量化得到 $\hat{e}_N$，编码器对 $\hat{e}_N$ 进行编码。接收端解码时的预测过程与发送端相同，所采用的预测器也相同，接收端恢复的输出信号 x'_N 是 x_N 的近似值，两者的误差为

$$\Delta x_N = x_N - (\hat{x}_N + \hat{e}_N) = x_N - x'_N = e_N - \hat{e}_N \tag{6-10}$$

当 Δx_N 足够小时，输入信号 x_N 和输出信号 x'_N 接近一致。

6.3.1 线性预测编码

在图像信源数据序列中，由 $x_1, x_2, x_3, \cdots, x_{N-1}$ 对 x_N 进行预测。由于是对 x_N 进行线性预测，因此令 x_N 的预测值（估计值）为 $\hat{x}_N$，则 $\hat{x}_N$ 是 $x_1, x_2, x_3, \cdots, x_{N-1}$ 的线性组合。

设二维图像信号 $x(t)$ 是均值为零、方差为 σ^2 的平稳随机过程，$x(t)$ 在 $t_1, t_2, t_3, \cdots, t_{N-1}$ 时刻的抽样值分别为 $x_1, x_2, x_3, \cdots, x_{N-1}$，那么 t_N 时刻抽样的线性预测值为

$$\hat{x}_N = \sum_{i=1}^{N-1} a_i x_i = a_1 x_1 + a_2 x_2 + a_3 x_3 + \cdots + a_{N-1} x_{N-1} \tag{6-11}$$

式中，a_i 为预测系数，即待定常数。

若 a_i 被确定，则可以根据式（6-11）构成线性预测器，根据线性预测定义，$\hat{x}_N$ 应非常逼近 x_N，这就要求 a_i 为最佳系数，采用均方误差最小的准则，可求得各最佳系数。

现定义 x_N 的均方误差为

$$E\{[e_N]^2\} = E\{[x_N - \hat{x}_N]^2\} \tag{6-12}$$

为使 $E\{[e_N]\}$ 最小，将式（6-12）微分可得

$$\begin{aligned}
\frac{\partial}{\partial a_i} E\{[e_N]^2\} &= \frac{\partial}{\partial a_i} E\{[x_N - \hat{x}_N]^2\} \\
&= \frac{\partial}{\partial a_i} E\{[x_N - (a_1 x_1 + a_2 x_2 + a_3 x_3 + \cdots + a_{N-1} x_{N-1})]^2\} \\
&= -2E\{[x_N - (a_1 x_1 + a_2 x_2 + a_3 x_3 + \cdots + a_{N-1} x_{N-1}) x_i]\}
\end{aligned} \tag{6-13}$$

式中，$i = 1, 2, 3, \cdots, N-1$。

根据极值条件，可得如下 $N-1$ 个线性方程，即

$$\begin{cases} E\{[x_N - (a_1 x_1 + a_2 x_2 + a_3 x_3 + \cdots + a_{N-1} x_{N-1}) x_1]\} = 0 \\ E\{[x_N - (a_1 x_1 + a_2 x_2 + a_3 x_3 + \cdots + a_{N-1} x_{N-1}) x_2]\} = 0 \\ E\{[x_N - (a_1 x_1 + a_2 x_2 + a_3 x_3 + \cdots + a_{N-1} x_{N-1}) x_3]\} = 0 \\ \vdots \\ E\{[x_N - (a_1 x_1 + a_2 x_2 + a_3 x_3 + \cdots + a_{N-1} x_{N-1}) x_{N-1}]\} = 0 \end{cases} \tag{6-14}$$

该方程组可表示为

$$E\{[x_N - (a_1 x_1 + a_2 x_2 + a_3 x_3 + \cdots + a_{N-1} x_{N-1}) x_i]\} = 0 \tag{6-15}$$

式中，$i = 1, 2, 3, \cdots, N-1$。

令 x_i 和 y_i 的协方差为

$$R_{ij} = E(x_i, y_i) \quad i, j = 1, 2, 3, \cdots, N-1 \tag{6-16}$$

则式（6-16）可以表示为

$$R_{Ni} = \sum_{k=0}^{N-1} a_{ki} R_{ki} = a_{1i} R_{1i} + a_{2i} R_{2i} + a_{3i} R_{3i} + \cdots + a_{(N-1)i} R_{(N-1)i} \tag{6-17}$$

若所有的协方差 R_{ij} 已知或可以测出，则通过式（6-17）可计算出 $N-1$ 个预测系数 a_i。

线性预测编码可以得出以下结论：

（1）预测模型的复杂程度取决于线性预测中使用以前样本的数目，样本点越多，预测器越复杂，最简单的预测仅使用前一个样本点，被称为前值预测；

（2）若采用 x 的同一行中 x_N 的若干已知像素样本值，如 $x_1, x_2, x_3, \cdots, x_{N-1}$ 来对 x_N 进行预测，则称为一维预测；

（3）若采用同一行及前几行内的已知像素样本值来预测 x_N，则称为二维预测；

（4）若采用的已知像素不仅是前几行的，而且还包括前几帧的，那么称为三维预测。

6.3.2 非线性预测编码

线性预测编码的基础是假设图像全域为平稳的随机过程。自相关系数与像素在域中的位置无关。实际上，图像的灰度起伏始终是存在的。被描述像素和周围像素之间含有多种多样的关系。线性预测系数 a_i 是一种近似条件下的常数，忽略了像素的个性，影响图像质量，存在以下缺点：

（1）对灰度突变的地方，会有较大的预测误差，致使重建图像的边缘模糊，分辨率降低；

（2）对灰度变化缓慢的区域，其差值信号接近于零，但因其预测值偏大，而使重构图像有颗粒噪声。

为了改善图像质量，克服上述预测编码所带来的缺点，非线性预测充分考虑了图像的统计特性和个别变化，尽量使预测系数与图像所处的局部特性相匹配，即预测系数随预测环境而变，故称为自适应预测编码。

将式（6-11）改写成

$$\hat{x}_N = k \sum_{i=1}^{N-1} a_i x_i = k(a_1 x_1 + a_2 x_2 + a_3 x_3 + \cdots + a_{N-1} x_{N-1}) \tag{6-18}$$

这里的 k 为自适应系数，在一般情况下，令 $k=1$。对灰度变化大的局部，由于预测值偏小，可令 $k=1.125$，以避免局部边缘被平滑。对灰度变化缓慢的区域，预测值可能偏大，可令 $k=0.875$，以消除颗粒噪声的影响。

6.4 变换编码

变换编码的基本思想是将原始的在空间域描述的图像信号进行正交变换，从而变换到另一个正交矢量空间中进行描述。图像的统计特性表明，经过正交变换后，变换系数之间的相关性会显著下降，数据冗余量减少，并且能量往往集中在一些低频信号中。因此，可以对幅值小的变换系数分配较少的比特位，甚至可以舍去，从而实现图像的压缩编码。

变换编码系统中压缩数据有变换、变换域采样和量化三个步骤。变换本身并不进行数据压缩，它只把信号映射到另一个域，使信号在变换域里容易进行压缩，变换后的样值更加独立和有序。这样，量化操作通过比特分配可以有效地压缩数据。在变换编码系统中，用于量化一组变换样值的比特总数是固定的，它总是小于对所有变换样值用固定长度均匀量化进行编码所需的比特总数。所以，通过量化使数据得到压缩是变换编码中不可缺少的一步。在对量化后的变换样值进行比特分配时，要考虑使整个量化失真最小。

变换编码是一种间接编码方法。它将原始信号经过数学正交变换后，得到一系列变换系数，再对这些系数进行量化、编码和传输。图6-4是变换编码、解码原理框图。

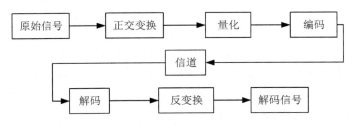

图6-4 变换编码、解码原理框图

接收端输出信号与输入信号的误差是因为输入端采用量化器的量化误差所致。当经过正交变换后的协方差矩阵为一对角矩阵，且具有最小均方误差时，该变换被称为最佳变换，也称Karhunen-Loeve变换（K-L变换）。如果变换后的协方差矩阵接近对角矩阵，则该变换被称为准最佳变换。典型的准最佳变换有离散余弦变换（DCT）、离散傅里叶变换（DFT）和哈达玛变换等。

变换后的图像，编码方法有两种，即区域编码法和阈值编码法。

（1）区域编码

图像从空间域变换到变换域后，幅值较大的系数往往集中在低频区。若集中在频域的左上角，则可对该区域的变换系数进行量化编码；若集中在频域的右下角，则可以不编码，从而达到数据压缩的目的。这种基于二维图像变换频谱的分布特点，对能量集中区域内的变换系数进行编码，被称为区域编码法。区域编码法通常需要考虑两个因素：一个是使量化误差的均方误差最小；另一个是需要考虑人的视觉特点。

（2）阈值编码

变换区域编码的高频分量被舍弃会使图像分辨率下降。为避免这一问题，可以采用阈值编码。阈值编码的方法是首先设定一个阈值，对于大于此阈值的所有变换系数进行编码，对于小于此阈值的变换系数不进行编码。这样不仅保留了低频成分，而且部分高频成分也被选择性地保留了，从而重建图像的质量会得到提高。由于这种编码需要对变换系数所处的位置进行编码，因此阈值编码通常比区域编码复杂。

6.5 图像编码的主要国际标准

随着互联网技术的发展以及多媒体技术的广泛应用,图像编码技术获得了迅速的发展,并且逐渐成熟。ITU、ISO 等标准化组织融合各种高性能的图像编码算法,制定了诸多图像编码的国际标准。这些图像编码的国际标准代表了目前图像编码的发展水平。这些标准在码率、图像质量、实现复杂度和延时特性等方面均有不同,可适应不同图像应用的需要。这些图像编码的国际标准包括静止图像编码国际标准(JPEG)和运动图像编码国际标准(MPEG)。

6.5.1 静止图像编码国际标准(JPEG)

JPEG 是以实现图像数据库、彩色传真和印刷等方面的彩色静止图像编码标准方式为目标而制定的,是一个适用范围广泛的通用标准。JPEG 适用于彩色、单色和多灰度连续色调的静态数字图像压缩和编码。JPEG 与具有相同图像质量的其他常用图片格式(如 GIF、TIFF、PCX)相比,图像压缩后的质量都差不多(JPEG 处理的颜色只有真彩和灰度图),是目前静态图像压缩算法中压缩比最高的。正是由于高压缩比的特性,因此 JPEG 被广泛应用于多媒体和网络程序中。因为网络的带宽是非常宝贵的,所以选用一种高压缩比的文件格式是必要的。例如,HTML 语法中选用的图像格式之一就是 JPEG(另一种是 GIF)。

JPEG 编解码流程图如图 6-5 所示。

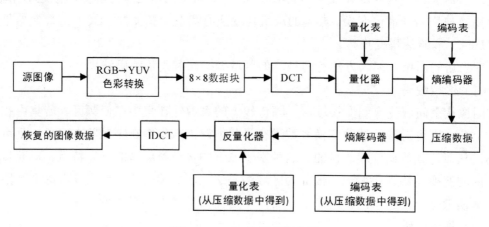

图 6-5 JPEG 编解码流程图

JPEG 压缩算法只支持 YCbCr 颜色模式。其中:Y 是指亮度分量;Cb 是指蓝色色度分量;Cr 是指红色色度分量。Cb 和 Cr 反映了蓝色和红色的浓度偏移成分,在图像进行 JPEG 压缩之前必须对颜色进行转换,RGB 颜色模式到 YCbCr 颜色模式的转换见式(6-19)。颜色转换后,对数据进行采样,采样比例为 4∶1∶1 或 4∶2∶2。经过采样的数据，色度比原来减少了一半或四分之三，因为人的视觉对亮度比色度更敏感，重建后的图像差异是人的视觉不易察觉的。

$$\begin{cases} Y = 0.299R + 0.587G + 0.114B \\ Cb = -0.169R - 0.3313G + 0.5B \\ Cr = 0.5R - 0.4187G - 0.0813B \end{cases} \quad (6\text{-}19)$$

在 JPEG 压缩标准中，其变换编码采用了离散余弦变换（DCT）。每一个 8×8 的图像子块经过 DCT 变换后，低频分量均集中在左上角，其中第一行、第一列元素代表直流（DC）系数，即 8×8 图像子块的平均值，要对它进行单独编码。由于两个相邻的 8×8 图像子块的 DC 系数相差很小，所以对它们采用差分编码 DPCM 可以提高压缩比，也就是说，对相邻的图像子块 DC 系数的差值进行编码。对于 8×8 图像子块的其他 63 个元素是交流（AC）系数，采用行程编码，那么这 63 个 AC 系数应该按照怎么样的顺序排列呢？为了保证低频分量先出现，高频分量后出现，以增加行程中连续 0 的个数，这 63 个元素采用 Z 字形（Zig-Zag）的排列方法。Z 字形编码的另一个目的是将低频系数置于高频系数之前。

Z 字形排列方式示意图如图 6-6 所示。

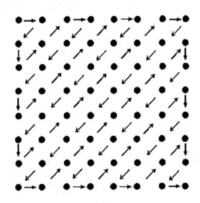

图 6-6　Z 字形排列方式示意图 [12]

JPEG 是适用范围非常广泛，通用性很强的技术。根据不同场合对图像压缩的要求，JPEG 定义了三个层次的系统：

（1）基本系统；

（2）扩展系统；

（3）无损压缩系统。

其中，前两种系统是基于 DCT 的有失真压缩算法，第三种是基于 DPCM 的无失真压缩算法，又称 Spatial 方式。DCT 算法可以实现较高的压缩，较为复杂；DPCM 算法可以实现低到中等程度的压缩。选择使用哪种算法取决于特定的应用要求和价格性能。

为了实现上述三个层次的系统，JPEG 应具有以下四种操作模式：

（1）基本顺序模式编码：由 8×8 像素组成的子块，按照从左到右、从上到下对图像进行扫描和编码，顺序运行需要的缓冲条件最小，实现的费用最低。

（2）DCT 累进模式编码：处理的顺序及编码处理的基本构成是与基本 DCT 顺序相同的，有多次处理扫描，对图像按照由粗到细进行编码，图像重现时由粗糙到清晰，适用于传输时间长、低速率通信频道上的人机交互。

（3）无损预测编码：不使用 DCT，使用二维差分脉冲编码调制技术，对接近像素间的差别进行编码，以处理较大范围的输入像素精度，并可以保证重建图像与原始图像完全相同，没有失真。

（4）分层模式编码：以多种分辨率对图像进行编码，按照不同的要求，可以获得不同分辨率的图像。

6.5.2 运动图像编码国际标准（MPEG）

MPEG 是运动图像专家组（Moving Picture Experts Group）的缩写，是国际标准化组织 ISO 为制定数字视频和音频压缩标准而建立的一个工作小组。该专家组建于 1988 年，起初专门负责为 CD 建立视频和音频标准，成员均为视频、音频及系统领域的技术专家。之后，他们使声音和影像的记录方式摆脱了传统的模拟方式，并建立了 ISO/IEC11172 压缩编码标准，制定出 MPEG 格式，令视听传播进入了数字时代。MPEG 标准的视频压缩编码技术主要利用了具有运动补偿的帧间压缩编码技术以减小时间冗余度，利用 DCT 技术以减小图像的空间冗余度，利用熵编码在信息表示方面减小了统计冗余度。以上几种技术的综合运用，大大增强了 MPEG 标准的压缩性能。

自 1988 年成立以来，MPEG 已经制定出 MPEG-1、MPEG-2、MPEG-4 和 MPEG-7 等不同应用目的的运动图像编码国际标准。MPEG-1 是针对 1.5Mbit/s 以下数据传输速率的数字存储媒质运动图像及其伴音编码的国际标准，具有随机存取、快速正向/逆向搜索、逆向重播、视听同步、容错性和编码/解码延迟等功能，主要用于家用 VCD，使 VCD 取代了录像带。MPEG-2 是在 MPEG-1 基础上的扩展和改进，克服并解决了 MPEG-1 不能满足多媒体技术、数字电视技术领域对分辨率和传输率等技术要求的缺陷，在保留并兼容 MPEG-1 标准的情况下支持固定比特率传送、可变比特率传送、随机访问、信道跨越、分级编码和比特流编辑等功能。MPEG-2 将使数字电视完全取代现有的模拟电视，并将使高画质和音质的 DVD 取代 VCD。MPEG-4 采用基于对象的视频编码方法，不仅能够实现对视频图像的高效压缩，还能够提供基于内容的交互功能。此外，为了使压缩编码的码流具有对信道传输的鲁棒性，MPEG-4 还具有误码检测和误码恢复功能。这样，采用 MPEG-4 标准压缩的视频数据就可以应用于带宽受限、易发生误码的网络环境中。MPEG-7 于 2001 年 9 月成为国际标准，名为多媒体内容描述接口，目的是对日渐庞大的图像、声音信息进行管理和迅速搜索。

随着多媒体应用技术的不断发展，有关多媒体的标准层出不穷。这就出现了一个问题，即现有标准是否能真正做到配套衔接，以及各个标准之间是否存在缺漏。这需要通过一个综合性的标准来加以协调，需要建立一个开放性的多媒体传输和消费框架，即 MPEG-21 标准。虽然 MPEG-21 要想实现这一切还存在一定的困难，但将是未来多媒体标准的发展方向。

MPEG 标准具有 3 个方面的优势：首先，它是作为一个国际化的标准来研究制定的，具有很好的兼容性；其次，能够比其他算法提供更好的压缩比（最高可达 200:1）；最后，在实现高压缩比时造成的数据损失很小。可以说，MPEG-1、MPEG-2、MPEG-4 能够满足今后很长一段时间内人们对多媒体数据进行压缩的需要。

6.6 图像编码的 Matlab 实现

本章介绍了霍夫曼编码、算术编码和行程长度编码。这三种编码都属于基于统计特性的无损熵编码。本节将对这三种编码方式基于 Matlab 软件进行编程实现。

6.6.1 霍夫曼编码的 Matlab 实现

霍夫曼编码是根据信源中各字符出现的概率来构造平均长度最短的一种编码方式，是一种无失真的变长编码方式。

示例 6.1：霍夫曼编码。

下面的程序可实现霍夫曼编码，程序文件名为 huffman.m，且该文件可以被其他程序调用。其中，输入 p 是由信源各符号概率所组成的概率向量，输出编码结果是可变长度的二进制字符串。本程序包括两个内部子函数：子函数 reduce 用于实现符号缩减；子函数 makecode 用于实现码字产生。

```
function CODE = huffman(p)

%%%检查输入参数是否合理
error(nargchk(1, 1, nargin));
if (ndims(p) ~= 2) | (min(size(p)) > 1) | ~isreal(p) | ~isnumeric(p)
    error('P must be a real numeric vector.');
end

%%%全局变量声明，在内部子函数 makecode 中也有效
global CODE
CODE = cell(length(p), 1);      % 初始化 CODE，使之与 p 的长度一致

If length(p) > 1                %当符号多于 1 个时的情况
    p = p / sum(p);             % 对信源中各符号的概率归一化
    s = reduce(p);              % 对符号进行合并，
    makecode(s, []);            % 递归得到 s 的编码
else
    CODE = {'1'};               % 若符号只有 1 个，则直接编码为 1
end;

%%%%%%内部子函数 reduce，用于符号缩减%%%%%%%
```

```matlab
function s = reduce(p);
s = cell(length(p), 1);              % 初始化 s 与 p 一样大小

%%%创建索引数组来访问 p 中的元素,并初始化为 1,2,3,...
for i = 1:length(p)
    s{i} = i;
end

%%%对 p 中符号进行缩减,直到只剩 2 个符号
while numel(s) > 2
    [p, i] = sort(p);                % 依据概率对 p 进行升序排列,i 是排序后的索引
    p(2) = p(1) + p(2);              % 将概率最小的两个相加
    p(1) = [];                       % 删除第一个元素

    s = s(i);                        % 重新排列 s
    s{2} = {s{1}, s{2}};             % 对前两个元素进行合并
    s(1) = [];                       %删除第一个元素
end

%%%%%%内部子函数 makecode,用于生成码字%%%%%%%
function makecode(sc, codeword)
% 全局变量声明
global CODE
if isa(sc, 'cell') %  判断 sc 是否 cell 数组
    makecode(sc{1}, [codeword 0]);   % 若是树节点左边元素,添加编码 0
    makecode(sc{2}, [codeword 1]);   % 若是树节点右边元素,添加编码 1
else
    CODE{sc} = char('0' + codeword); % 若是叶子节点,则创建字符串
end
```

以下程序通过调用 huffman.m 文件中的函数,来实现霍夫曼编码和编码效率等参数的计算。

```matlab
clear,                               %清除 workspace 的变量
p =[0.15,0.25, 0.20, 0.25, 0.05, 0.10]; %信源概率向量
c = huffman(p)                       %调用 huffman 函数
entropy = sum(-1*p.*log2(p));        %计算信源熵

%%%计算平均码长
L=0;
k=length(p);
for i=1:k
    L=L+p(i)*length(c{i});
end

efficiency=entropy/L;                %计算编码效率
disp(['The entropy of source is ' num2str(entropy) ' bits'])
disp(['The average length of codewords is ' num2str(L) ' bits'])
disp(['The efficiency of Huffman coding is ' num2str(efficiency)])
```

程序运行结果为

```
c =
    '011'
    '11'
    '10'
    '00'
    '0100'
    '0101'
The entropy of source is 2.4232 bits
The average length of codewords is 2.45 bits
The efficiency of Huffman coding is 0.98907
```

如果输入信源概率向量 p= [0.5,0.25, 0.125, 0.0625, 0.0625]，则运行结果为

```
c =
    '1'
    '01'
    '001'
    '0000'
    '0001'
The entropy of source is 1.875 bits
The average length of codewords is 1.875 bits
The efficiency of Huffman coding is 1
```

可见，当信源中各符号概率以 2 的负整数次幂且非均匀分布的情况出现时，编码的效率达到最大值 100%。此时，平均码长等于信源熵，达到无损编码的平均码长极限值。

6.6.2 算术编码的 Matlab 实现

不同于霍夫曼编码，算术编码给信源发出的整个符号序列（消息）分配一个单一的算术码字，无需为信源中的每一个符号单独设定码字。这个码字本身定义了一个介于 0 和 1 之间的实数间隔，当消息中的符号数量增加时，用于表示消息的间隔会变小，而表示该间隔所需要信息单位的数量就会变大。

示例 6.2：算术编码。

下面的 matlab 程序可实现算术编码和相应的解码。注意，为了提高编码的显示精度，程序中利用了 format long 命令，其作用是显示 16 位有效数字。在计算信源中各字符所处概率子区间的范围时，利用了累加函数命令 cumsum。例如，当输入向量为[1, 2, 3, 4, 5]时，cumsum 处理的结果为[1, 3, 6, 10, 15]。从程序运行结果可以看出，解码的字符串和发出消息是一致的。

```
clear all
format long;                       %有效数字 16 位
source = ['abcd'];                 %定义信源所发出的字符
p = [0.3,0.2,0.2,0.3];             %定义每种字符的产生概率
```

```matlab
message = ['dacbb'];                    %发出的消息
len=length(message);                    %消息的长度

%%%%%%%%%%%%%%%以下程序实现算术编码
p_high=cumsum(p);                       %各字符所处概率子区间范围的上限
p_low=[0 p_high(1:end-1)];              %各字符所处概率子区间范围的下限
low=0;                                  %初始下限
high=1;                                 %初始上限

for k=1:length(source)
    n=find(source==message(k));         %寻找消息中第k个字符对应信源字符的位置
    range=high-low;                     %当前概率子区间范围
    high=low+p_high(n)*range;           %更新概率子区间上限
    low=low+p_low(n)*range;             %更新概率子区间下限
end

code=(high+low)/2                       %编码显示

%%%%%%%%%%%%%以下程序实现解码
decode=[];
for i=1:len
    n=min(find(code<p_high));           %寻找编码位于概率子区间的编号
    decode=[decode source(n)];          %按照子区间编号添加字符
    range=p_high(n)-p_low(n);           %当前概率子区间范围
    code=(code-p_low(n))/range;         %重新映射到[0,1]区间的概率范围
end

decode                                  %解码字符显示
```

程序运行结果为

```
code =
    0.752200000000000
decode =
    dacbb
```

6.6.3 行程长度编码的 Matlab 实现

行程长度编码常用于消除图像的空间冗余，其原理比较简单。在被压缩的文件中，寻找连续重复的数值，以重复次数和重复数值自身两个值取代文件中的连续值，重复次数被称为行程长度。

示例 6.3：行程长度编码。

下面的 Matlab 程序可实现灰度图像或二值图像的行程长度编码和相应的解码。这里对编码变量 code 作如下说明。

变量 code 是一个包含两列数据的矩阵，其中第一行存储原始图像的行数和列数，第二行存储第一个像素的位置和对应的灰度值，其他各行存储发生灰度变化时所对应的像

素位置和灰度值。这里把二维图像按照行扫描方式拉伸为一维向量。所谓的位置是指像素在这个向量中的位置。结合 code 中第一行数据中的原始图像大小，不难推导出当前像素的二维坐标。除第一行数据之外，相邻两行存储的位置数据之差为当前灰度值的重复次数，即行程长度。

```
clear all
I=imread('……');                    %输入图像

%%%%%%%%%%%%%%以下程序实现 RLE 编码
I=double(I);
[m,n]=size(I);                      %提取图像维数
Y=I.';Y=Y(:);                       %按照行的方向把二维图像拉伸为一维向量
code(1,1:2)=[m,n];                  %码字的第一行存储图像的行数和列数
c=I(1,1);
code(2,1:2)=[1,c];                  %码字的第二行存储第一个像素的灰度值
t=3;

for k=2:m*n
    if (Y(k)~=c)
        code(t,1:2)=[k,Y(k)];       %拓展码字一行，存储当前像素位置和相应灰度值
        c=Y(k);                     %更新当前灰度值
        t=t+1;                      %更新码字行数
    end
end

[mc,nc]=size(code);
ratio=(m*n)/(mc*nc);                %计算压缩比

%%%%%%%%%%%%%%以下程序实现 RLE 解码
m=code(1,1);n=code(1,2);            %从码字的第一行数据提取图像的维数
Y=code(mc,2)*ones(1,m*n);           %按最后一次出现的灰度值初始化解码图像所对应的向量

if mc==2
    X=ones(m,n)*code(2,2);          %若码字只有两行，则解码图像只有一个灰度值
else
    for k=2:mc-1
        Y(code(k,1):code(k+1,1)-1)=code(k,2);   %按码字中指示像素位置更新灰度值
    end
    X=reshape(Y,[n,m]);
    X=X.';                          %把解码向量重新排列恢复为解码图像
end

%%%%%%%%%%%%%%判断解码图像与原始图像是否一致
if (X==I)
    disp(['OK! The compression rate is ' num2str(ratio) ])   %提示解码成功并显示压缩比
else
    disp('Failed!')                 %提示解码失败
```

```
end
```

如果输入图像为二值图像 circles，则运行结果为

```
OK! The compression rate is 46.9064
```

如果输入图像为灰度图像 cameraman，则运行结果为

```
OK! The compression rate is 0.59161
```

从运行结果可以看出，解码图像和原始图像是完全一致的。当输入对象为二值图像时，由于像素取值仅有 0 和 1 两种情况，该图像包含大量重复的灰度值，因此可以获得很高的压缩效率。当输入对象为灰度图像时，由于像素灰度值连续重复次数较少，所以其压缩比小于 1，说明行程长度编码压缩后的编码字节数大于处理前的图像码字。

6.7 本章小结

图像在传输或存储时都需要对数据进行有效的编码和压缩。图像编码就是对图像数据按照一定的规则进行变换和组合，用更少的数据量表示图像。本章首先介绍了图像冗余信息的类型，详细介绍了霍夫曼编码、算术编码和行程长度编码等三种统计编码方法。其中，霍夫曼编码和算术编码用于消除编码冗余信息，行程长度编码用于消除图像的空间冗余信息。另外，本章也初步分析了预测编码和变换编码，并简要介绍了图像编码的主要国际标准 JPEG 和 MPEG。6.6 节给出了三种统计编码的 Matlab 编程实现，有助于读者更深刻地理解这些压缩编码算法的原理和细节。

第 7 章 图像恢复

获取数字图像会发生各种情况导致图像质量下降（退化），这时就需要对其进行图像恢复。所谓图像恢复，就是针对图像的退化原因，建立相应的数学模型，沿着图像降质的逆过程做出有针对性的补偿，使恢复后的图像尽可能接近原始图像。

图像退化大致有以下原因：（1）由成像系统的像差、畸变、有限带宽等造成的图像失真；（2）由射线辐射、大气湍流等造成的照片畸变；（3）由携带成像设备的飞行器运动不稳定及地球自转等因素造成的照片几何失真；（4）模拟图像数字化过程中图像质量下降；（5）由拍摄时相机与景物之间的相对运动产生的运动模糊；（6）由镜头焦距不准产生的散焦模糊；（7）由底片感光、图像显示时造成记录显示失真；（8）成像系统存在噪声干扰。这些退化原因对图像质量造成的影响大致可以描述为如图 7-1 所示的四种情况。图 7-1 中：（a）、（b）、（c）可以看成空间移不变系统；（b）、（c）、（d）可以看成线性系统；（b）、（c）两种情况经常遇到，为线性移不变系统。

与图像增强类似，图像恢复的目的也是改善图像质量。二者的区别：图像增强通过某些技术来突出图像中感兴趣的特征，在处理图像时不考虑图像退化的真实物理过程，增强后的图像往往与原图像有差异；图像恢复需要考虑退化的物理过程并建立数学模型，采用与退化相反的过程使图像尽可能恢复本来面貌。

图像恢复既可以用连续数学分析，也可以用离散数学分析，既可以在空间域进行，也可以在频域中进行。

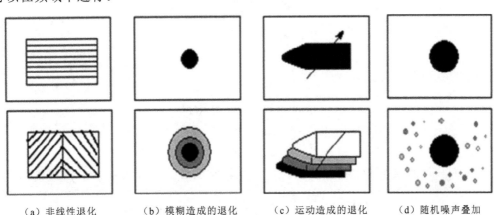

(a) 非线性退化　　(b) 模糊造成的退化　　(c) 运动造成的退化　　(d) 随机噪声叠加

图 7-1　四种图像退化情况[1]

7.1 退化模型

图像恢复的关键是建立退化模型。假定成像系统是线性移不变系统（退化性质与图像的位置无关），则其点扩散函数用 $h(x,y)$ 表示，获取的图像 $g(x,y)$ 表示为

$$g(x,y) = f(x,y) * h(x,y) \tag{7-1}$$

若考虑加性噪声 $n(x,y)$ 的干扰，则退化图像可表示为

$$g(x,y) = f(x,y) * h(x,y) + n(x,y) \tag{7-2}$$

或者

$$g(x,y) = H[f(x,y)] + n(x,y) \tag{7-3}$$

这就是线性移不变系统的退化模型。式中，$f(x,y)$ 表示理想的没有退化的图像；$g(x,y)$ 是退化（被观察到）的图像。由此可知，退化模型可表示为原图像 $f(x,y)$ 通过一个系统 H 和加入一个外来加性噪声 $n(x,y)$ 而退化成一幅图像 $g(x,y)$，如图 7-2 所示。

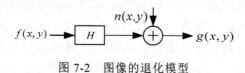

图 7-2 图像的退化模型

7.1.1 连续退化模型

下面首先用连续数学分析退化过程，即分析连续退化模型。

单位冲激函数 $\delta(t)$ 是一个振幅在除原点之外所有时刻为零，在原点处振幅为无穷大、宽度为无限小、面积为 1 的窄脉冲，表达式为

$$\delta(t) = \begin{cases} \infty & t = 0 \\ 0 & t \neq 0 \end{cases}$$
$$\int_{-\infty}^{+\infty} \delta(t) \mathrm{d}t = 1 \tag{7-4}$$

$\delta(t)$ 的卷积取样公式为

$$f(x) = \int_{-\infty}^{+\infty} f(x-t)\delta(t) \mathrm{d}t \tag{7-5}$$

$$f(x) = \int_{-\infty}^{+\infty} f(t)\delta(x-t) \mathrm{d}t \tag{7-6}$$

上述的一维时域冲激函数 $\delta(t)$ 可推广到二维空间域，从而可把 $f(x,y)$ 写成

$$f(x,y) = \int_{-\infty}^{+\infty} \int_{-\infty}^{+\infty} f(\alpha,\beta)\delta(x-\alpha, y-\beta) \mathrm{d}\alpha \mathrm{d}\beta \tag{7-7}$$

由于 $g(x,y) = H[f(x,y)] + n(x,y)$，如果令 $n(x,y) = 0$，同时考虑到 H 为线性算子，则有

$$g(x,y) = H[f(x,y)] = H\left[\int_{-\infty}^{+\infty}\int_{-\infty}^{+\infty} f(\alpha,\beta)\delta(x-\alpha,y-\beta)\mathrm{d}\alpha\mathrm{d}\beta\right]$$

$$= \int_{-\infty}^{+\infty}\int_{-\infty}^{+\infty} H[f(\alpha,\beta)\delta(x-\alpha,y-\beta)]\mathrm{d}\alpha\mathrm{d}\beta$$

$$= \int_{-\infty}^{+\infty}\int_{-\infty}^{+\infty} f(\alpha,\beta)H[\delta(x-\alpha,y-\beta)]\mathrm{d}\alpha\mathrm{d}\beta \tag{7-8}$$

令 $h(x,\alpha,y,\beta) = H[\delta(x-\alpha,y-\beta)]$，则有

$$g(x,y) = \int_{-\infty}^{+\infty}\int_{-\infty}^{+\infty} f(\alpha,\beta)h(x,\alpha,y,\beta)\mathrm{d}\alpha\mathrm{d}\beta \tag{7-9}$$

式中，$h(x,\alpha,y,\beta)$ 为系统 H 的冲激响应，即 $h(x,\alpha,y,\beta)$ 是系统 H 对坐标为 (α,β) 处冲激函数 $\delta(x,\alpha,y,\beta)$ 的响应。在光学中，冲激为一光点，因此又将 $h(x,\alpha,y,\beta)$ 称为退化过程的点扩散函数（PSF）。

式（7-9）说明，当系统 H 对冲激函数的响应为已知时，则对任意输入 $f(x,y)$ 的响应均可由式（7-9）求得。也就是说，线性系统 H 完全可由冲激响应来表征。

当系统 H 空间位置不变时，则

$$h(x-\alpha, y-\beta) = H[\delta(x-\alpha,y-\beta)] \tag{7-10}$$

这样就有

$$g(x,y) = \int_{-\infty}^{+\infty}\int_{-\infty}^{+\infty} f(\alpha,\beta)h(x-\alpha,y-\beta)\mathrm{d}\alpha\mathrm{d}\beta \tag{7-11}$$

即系统 H 对输入 $f(x,y)$ 的响应就是系统输入信号 $f(x,y)$ 与系统冲激响应的卷积。在考虑加性噪声 $n(x,y)$ 时，式（7-9）可写成

$$g(x,y) = \int_{-\infty}^{+\infty}\int_{-\infty}^{+\infty} f(\alpha,\beta)h(x,\alpha,y,\beta)\mathrm{d}\alpha\mathrm{d}\beta + n(x,y) \tag{7-12}$$

式中，$n(x,y)$ 与图像中的位置无关。式（7-12）就是连续函数的退化模型。

7.1.2 离散退化模型

在连续退化模型中，把 $f(\alpha,\beta)$ 和 $h(x-\alpha,y-\beta)$ 进行均匀取样后就导出离散的退化模型。为了更好地理解离散的退化模型，下面先介绍一维情况，然后再推广到二维。

设有两个函数 $f(x,y)$ 和 $h(x)$，它们被均匀取样后分别形成长度为 A 和 B 的一维向量，于是 $f(x)$ 变成在 $x = 0,1,2,\cdots,A-1$ 范围内的离散变量，$h(x)$ 变成在 $x = 0,1,2,\cdots,B-1$ 范围内的离散变量。$f(x)$ 和 $h(x)$ 的连续卷积关系就变成离散卷积关系。

若 $f(x)$ 和 $h(x)$ 都是周期为 N 的序列，那么它们的时域离散卷积定义为

$$g(x) = \sum_{m=0}^{N-1} f(m)h(x-m) \quad x = 0,1,2\cdots,N-1 \tag{7-13}$$

则 $g(x)$ 也是周期为 N 的序列，周期卷积可以用常规卷积法计算，也可用卷积定理进行快速卷积计算。

若 $f(x)$ 和 $h(x)$ 均为非周期性的序列，则可用延拓的方法延拓为周期序列，为避免折叠现象，可令周期 $M \geq A+B-1$，延拓后的 $f(x)$ 和 $h(x)$ 表示为

$$f_e(x) = \begin{cases} f(x) & 0 \leqslant x \leqslant A-1 \\ 0 & A-1 < x \leqslant M-1 \end{cases} \tag{7-14}$$

$$h_e(x) = \begin{cases} h(x) & 0 \leqslant x \leqslant B-1 \\ 0 & B-1 < x \leqslant M-1 \end{cases} \tag{7-15}$$

可得到离散卷积退化模型

$$g(x) = \sum_{m=0}^{M-1} f_e(m) h_e(x-m) \quad x = 0, 1, 2, \cdots, M-1 \tag{7-16}$$

因为 f_e 和 h_e 的周期为 M，所以 $g_e(x)$ 的周期也为 M。经过这样的延拓处理，一个非周期的卷积问题就变成了周期卷积问题了，因此可以用快速卷积法进行运算。

用矩阵形式表述离散的退化模型，可写成

$$\boldsymbol{g} = \boldsymbol{H}\boldsymbol{f} \tag{7-17}$$

式中

$$\boldsymbol{f} = \begin{pmatrix} f_e(0) \\ f_e(1) \\ \vdots \\ f_e(M-1) \end{pmatrix}$$

$$\boldsymbol{g} = \begin{pmatrix} g_e(0) \\ g_e(1) \\ \vdots \\ g_e(M-1) \end{pmatrix} \tag{7-18}$$

$\boldsymbol{H}$ 是 $M \times M$ 阶矩阵，即

$$\boldsymbol{H} = \begin{pmatrix} h_e(0) & h_e(-1) & h_e(-2) & \cdots & h_e(-M+1) \\ h_e(1) & h_e(0) & h_e(-1) & \cdots & h_e(-M+2) \\ h_e(2) & h_e(1) & h_e(0) & \cdots & h_e(-M+3) \\ \vdots & \vdots & \vdots & \ddots & \vdots \\ h_e(M-1) & h_e(M-2) & h_e(M-3) & \cdots & h_e(0) \end{pmatrix} \tag{7-19}$$

利用 $h_e(x)$ 的周期性，$h_e(x) = h_e(x \pm M)$，式（7-19）可写成

$$\boldsymbol{H} = \begin{pmatrix} h_e(0) & h_e(M-1) & h_e(M-2) & \cdots & h_e(1) \\ h_e(1) & h_e(0) & h_e(M-1) & \cdots & h_e(2) \\ h_e(2) & h_e(1) & h_e(0) & \cdots & h_e(3) \\ \vdots & \vdots & \vdots & \ddots & \vdots \\ h_e(M-1) & h_e(M-2) & h_e(M-3) & \cdots & h_e(0) \end{pmatrix} \tag{7-20}$$

可以看出，$\boldsymbol{H}$ 为一个循环矩阵，即每行最后一项等于下一行的第一项，最后一行的最后一项等于第一行的第一项。

从上述一维模型可以推广到二维情况。如果给出 $A \times B$ 大小的数字图像及 $C \times D$ 大小的点扩散函数，则可首先做成大小为 $M \times N$ 的周期延拓图像。

$$f_e(x,y) = \begin{cases} f(x,y) & 0 \leqslant x \leqslant A-1, \ 0 \leqslant y \leqslant B-1 \\ 0 & A-1 < x \leqslant M-1, \ B-1 < y \leqslant N-1 \end{cases} \quad (7\text{-}21)$$

$$h_e(x,y) = \begin{cases} h(x,y) & 0 \leqslant x \leqslant C-1, \ 0 \leqslant y \leqslant D-1 \\ 0 & C-1 < x \leqslant M-1, \ D-1 < y \leqslant N-1 \end{cases} \quad (7\text{-}22)$$

为避免折叠，要求 $M \geqslant A+C-1$，$N \geqslant B+D-1$，则 $f_e(x,y)$ 和 $h_e(x,y)$ 分别成为二维周期函数，在 x 和 y 方向上的周期分别为 M 和 N。考虑噪声的作用，可得到二维退化模型为一个二维卷积形式，即

$$g_e(x) = \sum_{m=0}^{M-1} \sum_{n=0}^{N-1} f_e(m,n) h_e(x-m, y-n) + n_e(x,y) \quad (7\text{-}23)$$

式中，$x = 0,1,2,\cdots,M-1$；$y = 0,1,2,\cdots,N-1$。$g_e(x,y)$ 也为周期函数，其周期与 $f_e(x,y)$ 和 $h_e(x,y)$ 的周期完全一样。

式（7-23）也可用矩阵表示为

$$\boldsymbol{g} = \boldsymbol{Hf} + \boldsymbol{n} \quad (7\text{-}24)$$

式中，$\boldsymbol{g}$、$\boldsymbol{f}$、$\boldsymbol{n}$ 皆用行向量堆叠成 $M \times N$ 维，是由各行顺时针转 90° 堆叠而成的，都是 $M \times N$ 维列向量；$\boldsymbol{H}$ 为 $MN \times MN$ 的矩阵，即

$$\boldsymbol{H} = \begin{pmatrix} \boldsymbol{H}_0 & \boldsymbol{H}_{M-1} & \boldsymbol{H}_{M-2} & \cdots & \boldsymbol{H}_1 \\ \boldsymbol{H}_1 & \boldsymbol{H}_0 & \boldsymbol{H}_{M-1} & \cdots & \boldsymbol{H}_2 \\ \boldsymbol{H}_2 & \boldsymbol{H}_1 & \boldsymbol{H}_0 & \cdots & \boldsymbol{H}_3 \\ \vdots & \vdots & \vdots & \ddots & \vdots \\ \boldsymbol{H}_{M-1} & \boldsymbol{H}_{M-2} & \boldsymbol{H}_{M-3} & \cdots & \boldsymbol{H}_0 \end{pmatrix} \quad (7\text{-}25)$$

式中，每个 $\boldsymbol{H}_j$ 都是一个 $N \times N$ 的矩阵，是由延拓函数 $h_e(x,y)$ 的 j 行构成的。可见，$\boldsymbol{H}_j$ 是一个循环矩阵，$\boldsymbol{H}$ 是一个分块循环矩阵，即

$$\boldsymbol{H}_j = \begin{pmatrix} h_e(j,0) & h_e(j,N-1) & h_e(j,N-2) & \cdots & h_e(j,1) \\ h_e(j,1) & h_e(j,0) & h_e(j,N-1) & \cdots & h_e(j,2) \\ h_e(j,2) & h_e(j,1) & h_e(j,0) & \cdots & h_e(j,3) \\ \vdots & \vdots & \vdots & \ddots & \vdots \\ h_e(j,N-1) & h_e(j,N-2) & h_e(j,N-3) & \cdots & h_e(j,0) \end{pmatrix} \quad (7\text{-}26)$$

7.2 代数恢复方法

图像恢复的主要目的是当给定退化的图像 $\boldsymbol{g}$ 及 $\boldsymbol{H}$ 和 $\boldsymbol{n}$ 的某种先验了解或假设估计出原始图像 $\boldsymbol{f}$ 的形式时，则这种估计应在某种预先选定的最佳准则下具有最优的性质。代数恢复方法就是用线性代数中的理论处理退化模型从而实现图像恢复。

7.2.1 非约束方法

由式（7-24）可得退化模型中的噪声项为

$$n = g - Hf \tag{7-27}$$

当对 H 一无所知时，有意义的准则函数是寻找一个 $\hat{f}$，使得 $H\hat{f}$ 在最小二乘意义上近似等于 g，即要使噪声项的范数尽可能小，也就是使式（7-28）达到最小，即

$$\|n\|^2 = \|g - H\hat{f}\|^2 \tag{7-28}$$

这一问题可等效看成求准则函数 $J(\hat{f})$ 关于 $\hat{f}$ 最小的问题，即

$$J(\hat{f}) = \|g - H\hat{f}\|^2 \tag{7-29}$$

对式（7-29）求取关于 $\hat{f}$ 的导数，并令其得 0，即

$$\frac{\partial J(\hat{f})}{\partial \hat{f}} = 2H^T(g - H\hat{f}) = 0 \tag{7-30}$$

可推出

$$\hat{f} = (H^T H)^{-1} H^T g \tag{7-31}$$

特别地，令 $M=N$，则 H 为一方阵，假设 H^{-1} 存在，则式（7-31）可化简为

$$\hat{f} = H^{-1}(H^T)^{-1} H^T g = H^{-1} g \tag{7-32}$$

式（7-32）给出的就是逆滤波恢复算法。对于由移不变系统产生的模糊，可以通过在频域进行去卷积加以说明，即

$$\hat{F}(u,v) = \frac{G(u,v)}{H(u,v)} \tag{7-33}$$

若 $H(u,v)$ 有 0 值，则 H 是奇异的，即 H^{-1} 或 $(H^T H)^{-1}$ 不存在，会导致恢复问题的病态性或奇异性。

7.2.2 约束方法

在最小二乘算法中，为了在数学上更容易处理，常常附加某种约束条件，即约束复原。令 Q 为 f 的线性算子，约束最小二乘问题可以描述为在满足约束条件 $\|g - H\hat{f}\|^2 = \|n\|^2$ 时，使函数 $\|Q\hat{f}\|^2$ 达到最小。这种有附加条件的极值问题可用拉格朗日乘数法来处理。其处理方法如下。

可以归结为寻找一个 $\hat{f}$，使下面的准则函数最小：

$$J(\hat{f}) = \|Q\hat{f}\|^2 + \lambda \left(\|g - H\hat{f}\|^2 - \|n\|^2\right) \tag{7-34}$$

式中，λ 为一个常数，称为拉格朗日系数。加上约束条件后，就可以按一般求极小值的方法进行求解。将式（7-34）对 $\hat{f}$ 微分，并使结果为零，则有

$$\frac{\partial J(\hat{f})}{\partial \hat{f}} = 2Q^T Q\hat{f} - 2\lambda H^T(g - H\hat{f}) = 0 \tag{7-35}$$

求解得

$$\hat{f} = \left(H^T H + \frac{1}{\lambda} Q^T Q\right)^{-1} H^T g \tag{7-36}$$

这是约束最小二乘恢复的通用方程式。通过指定不同的 Q，可以得到不同的恢复图像。

7.3 逆滤波恢复法

逆滤波恢复法也叫反向滤波法，基本原理如下。

如果退化图像为 $g(x,y)$，原始图像为 $f(x,y)$，则在不考虑噪声的情况下，退化模型可表示为

$$g(x,y) = \int_{-\infty}^{+\infty}\int_{-\infty}^{+\infty} f(\alpha,\beta)h(x-\alpha, y-\beta)\mathrm{d}\alpha\mathrm{d}\beta \tag{7-37}$$

这显然是一个卷积表达式。由傅里叶变换的卷积定理可知有下式成立，即

$$G(u,v) = H(u,v)F(u,v) \tag{7-38}$$

式中，$G(u,v)$、$H(u,v)$、$F(u,v)$ 分别是退化图像 $g(x,y)$、点扩散函数 $h(x,y)$、原始图像 $f(x,y)$ 的傅里叶变换。由式（7-38）可得

$$F(u,v) = \frac{G(u,v)}{H(u,v)} \tag{7-39}$$

$$f(x,y) = F^{-1}[F(u,v)] = F^{-1}\left[\frac{G(u,v)}{H(u,v)}\right] \tag{7-40}$$

这意味着，如果已知退化图像的傅里叶变换和"滤波"传递函数，则可以求得原始图像的傅里叶变换。经过傅里叶反变换就可求得原始图像 $f(x,y)$。这里 $G(u,v)$ 除以 $H(u,v)$ 起到了反向滤波的作用。这就是逆滤波法恢复的基本原理。

在有噪声的情况下，逆滤波原理可写成

$$G(u,v) = H(u,v)F(u,v) + N(u,v) \tag{7-41}$$

$$F(u,v) = \frac{G(u,v)}{H(u,v)} - \frac{N(u,v)}{H(u,v)} \tag{7-42}$$

式中，$N(u,v)$ 是噪声 $n(x,y)$ 的傅里叶变换。

利用式（7-39）和式（7-42）进行恢复处理时可能会发生下列情况：在 $u-v$ 平面上有些点或区域会产生 $H(u,v)=0$ 或 $H(u,v)$ 的幅值非常小。在这种情况下，即使没有噪声，也无法精确地恢复 $f(x,y)$。另外，有噪声存在时，在 $H(u,v)$ 的邻域内，$H(u,v)$ 的值可能比 $N(u,v)$ 的值小得多，因此由式（7-42）得到的噪声项可能会非常大，也会使 $f(x,y)$ 不能正确恢复。

一般来说，由于逆滤波法不能正确地估计 $H(u,v)$ 的零点，因此必须采用一个折中的方法加以解决。实际上，逆滤波不是用 $1/H(u,v)$，而是采用另外一个关于 u、v 的函数 $M(u,v)$。其处理框图如图 7-3 所示。

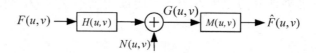

图 7-3　实际的逆滤波处理框图

在没有零点并且也不存在噪声的情况下，

$$M(u,v) = \frac{1}{H(u,v)} \tag{7-43}$$

图 7-3 的模型包括退化和恢复运算。退化和恢复的总传递函数可用 $H(u,v)M(u,v)$ 来表示。此时有

$$\hat{F}(u,v) = [H(u,v)M(u,v)]F(u,v) \tag{7-44}$$

式中，$\hat{F}(u,v)$ 是 $\hat{f}(x,y)$ 的傅里叶变换，也是 $F(u,v)$ 的估计值；$H(u,v)$ 叫做输入传递函数；$M(u,v)$ 叫做处理传递函数；$H(u,v)M(u,v)$ 叫做输出传递函数。

一般情况下，$H(u,v)$ 的幅度随着离 $u-v$ 平面原点距离的增加而迅速下降，噪声项 $N(u,v)$ 的幅度变化是比较平缓的。在远离 $u-v$ 平面的原点时，$N(u,v)/H(u,v)$ 的值就会变得很大，而对于大多数图像来说，$F(u,v)$ 却变小。在这种情况下，噪声反而占优势，自然无法满意地恢复原始图像。这一规律说明，应用逆滤波时，仅在原点邻域内采用 $1/H(u,v)$ 方能奏效，换句话说，应使 $M(u,v)$ 在下述范围内选择，即

$$M(u,v) = \begin{cases} \dfrac{1}{H(u,v)} & u^2+v^3 \leqslant \omega_0^2 \\ 1 & u^2+v^3 > \omega_0^2 \end{cases} \tag{7-45}$$

其中，选择 ω_0 应该将 $H(u,v)$ 的零点排除在此邻域之外。这种处理的不足之处是恢复图像的振铃效应比较明显。

7.4　维纳滤波恢复法

逆滤波复原方法的数学表达式简单，物理意义明确。在逆滤波理论的基础上，不少人从统计学观点出发，设计滤波器用于图像恢复以改善复原图像质量。

维纳（Wienner）滤波恢复的思想是在假设图像信号可近似地看成平稳随机过程的前提下，按照使恢复图像 $\hat{f}(x,y)$ 与原图像 $f(x,y)$ 的均方差最小原则来恢复图像的，即

$$E\left\{\left[\hat{f}(x,y) - f(x,y)\right]^2\right\} = \min \tag{7-46}$$

为此，当采用线性滤波来恢复时，恢复问题就归结为找合适的点扩散函数 $h_w(x,y)$，使 $\hat{f}(x,y) = h_w(x,y) * g(x,y)$ 满足式（7-46）。

由 Andrews 和 Hunt 推导满足这一要求的传递函数为

$$H_w(u,v) = \frac{H^*(u,v)}{|H(u,v)|^2 + P_n(u,v)/P_f(u,v)} \quad (7\text{-}47)$$

有

$$\hat{F}(u,v) = \frac{H^*(u,v)G(u,v)}{|H(u,v)|^2 + P_n(u,v)/P_f(u,v)} \quad (7\text{-}48)$$

式中，$H^*(u,v)$ 是成像系统传递函数的复共轭；$H_w(u,v)$ 是维纳滤波器的传递函数；$P_n(u,v)$ 是噪声功率谱；$P_f(u,v)$ 是输入图像的功率谱。

采用维纳滤波器的图像恢复步骤如下：
① 计算图像 $g(x,y)$ 的二维离散傅里叶变换得到 $G(u,v)$；
② 计算点扩散函数 $h(x,y)$ 的二维离散傅里叶变换 $H(u,v)$。与逆滤波一样，为了避免混叠效应引起的误差，应将尺寸延拓；
③ 估算图像的功率谱 P_f 和噪声功率谱 P_n；
④ 由式（7-48）计算图像的估计值 $\hat{F}(u,v)$；
⑤ 计算 $\hat{F}(u,v)$ 的傅里叶逆变换，得到恢复后的图像 $\hat{f}(x,y)$。

该方法有如下特点：

当 $H(u,v)=0$ 或幅值很小时，分母不为零，不会出现被零除的情形；

当 $P_n=0$ 时，维纳滤波恢复方法就是前述的逆滤波恢复方法；

当 $P_f=0$ 时，$\hat{F}(u,v)=0$，表示图像无有用信息存在，不能从完全是噪声的信号中恢复有用信息。

对于噪声功率谱 $P_n(u,v)$，可在图像上找一块恒定灰度的区域，测定区域灰度图像的功率谱作为 $P_n(u,v)$ 的估算值。

7.5 图像恢复的 Matlab 实现

原图像与点扩散函数（PSF）进行卷积运算可以模拟图像的退化过程。Matlab 环境提供了 PSF 的生成函数 fspecial，句法结构为

H = fspecial('motion', LEN,THETA)

该命令可以生成运动模糊的 PSF。其中，LEN 为运动模糊长度，默认时为 9；THETA 为运动模糊角度，默认时为 0，这里输入角度是角度制。

H = fspecial('disk',RADIUS)

该命令可以生成圆盘状模糊的 PSF。其中，RADIUS 为模糊半径，默认时为 5。

H = fspecial('gaussian',HSIZE,SIGMA)

该命令可以生成高斯模糊的 PSF。其中，HSIZE 为对称高斯低通滤波器的尺寸，默认时为 5；SIGMA 为均方差，默认时为 0.5。一般认为，图像的散焦现象可以由高斯模糊解释。

```
H = fspecial('unsharp',ALPHA)
```

该命令可以生成钝化模糊的 PSF。其中，ALPHA 用于控制钝化模糊中拉普拉斯滤波器的形状，取值范围介于 0 和 1 之间，默认值为 0.2。

示例 7.1：退化图像的产生。

下面的 Matlab 程序可分别产生运动模糊、高斯模糊和钝化模糊的 PSF，原图像与 PSF 进行卷积可得到各种退化图像。原图像为标准图像测试库中的 Lena 灰度图像，图像大小为 512×512 像素，如图 7-4 所示。

```
clear all,
I=imread('e:/standard-images/lena.bmp');

H1=fspecial('motion',20,45);        %运动模糊 PSF
H2=fspecial('gaussian',7,5);        %高斯模糊 PSF，模拟散焦现象
H3=fspecial('unsharp',0.3);         %钝化模糊 PSF
J1=imfilter(I,H1);                  %卷积处理
J2=imfilter(I,H2);                  %卷积处理
J3=imfilter(I,H3);                  %卷积处理

figure,
subplot(2,2,1),imshow(I),
subplot(2,2,2),imshow(J1),
subplot(2,2,3),imshow(J2),
subplot(2,2,4),imshow(J3),
```

（a）Lena

（b）运动模糊

图 7-4　图像退化示例

（c）高斯模糊

（d）钝化模糊

图 7-4 图像退化示例（续）

前几节曾介绍了最小二乘法、有约束最小二乘法、逆滤波、维纳滤波等图像恢复方法。下面将介绍由 Matlab 图像工具箱提供的函数命令来实现图像恢复，即

J = deconvwnr(I,PSF,NSR)
J = deconvwnr(I,PSF,NCORR,ICORR)

其中，deconvwnr 函数用于实现维纳滤波恢复；I 是退化的图像；J 是输出恢复的图像；PSF 是点扩散函数；NSR 是噪信比，默认时为 0，即无噪声情况；NCORR 是噪声的自相关函数；ICORR 是图像的自相关函数。

J = deconvreg(I,PSF,NP)

其中，deconvreg 函数用于实现有约束最小二乘恢复；I 是退化的图像；J 是输出恢复的图像；PSF 是点扩散函数；NP 是加性噪声强度，默认时为 0，即无噪声情况。

示例 7.2：已知 PSF 的图像恢复。

下面的 Matlab 程序分别针对图 7-4（b）、（c）的退化情况，利用 deconvwnr 函数和 deconvreg 函数来实现图像的恢复，分别如图 7-5 和图 7-6 所示。

```
clear all,
I=imread('e:/standard-images/lena.bmp');
H1=fspecial('motion',20,45);        %运动模糊 PSF
H2=fspecial('gaussian',7,5);        %高斯模糊 PSF
J1=imfilter(I,H1);                  %卷积生成退化图像
J2=imfilter(I,H2);                  %卷积生成退化图像
I11=deconvreg(J1,H1);               %图像恢复
I12= deconvwnr(J1,H1);              %图像恢复
I21= deconvreg(J2,H2);              %图像恢复
I22=deconvwnr(J2,H2);               %图像恢复
figure(1), imshow(I11) , figure(2), imshow(I21)
figure(3), imshow(I12) , figure(4), imshow(I22)
```

（a）有约束最小二乘　　　　　　　　　　　（b）维纳滤波

图 7-5　运动模糊情况的图像恢复效果

（a）有约束最小二乘　　　　　　　　　　　（b）维纳滤波

图 7-6　高斯模糊情况的图像恢复效果

本章所介绍的最小二乘法、有约束最小二乘法、逆滤波、维纳滤波等图像恢复方法，都是在知道退化图像 PSF 的前提下进行的。在实际情况下，通常都是不知道 PSF 进行图像恢复，盲解卷积恢复就是在这种应用情况下被提出的。盲解卷积算法一般结合一定的先验知识和约束条件，利用各种统计信息或物理特性来估计 PSF，同时得到清晰图像的恢复方法。其具体算法包括先验模糊辨识法、ARMA 参数估计法、非参数式定型图像限制恢复技术、以高阶统计量为基础的非参数法等。

在 Matlab 环境中，deconvblind 函数可用于实现盲解卷积恢复，调用格式为

```
[J,PSF] = deconvblind(I,INITPSF,NUMIT)
```

其中，I 是退化图像；INITPSF 是预设的初始 PSF；NUMIT 是迭代次数；J 是恢复后的图像。PSF 与 INITPSF 维度一致，是迭代后最终估计的 PSF。

示例 7.3：盲解卷积图像恢复。

下面的程序对系统自带的灰度图像 cameraman 进行处理，图像大小 256×256 像素，如图 7-7（a）所示。采用高斯模糊来模拟图像散焦现象：图 7-7（b）是真实 PSF 图形化显示；图 7-7（c）是退化的图像；图 7-7（d）是最终估计 PSF 的图形化显示；图 7-7（e）是图像恢复结果。

```
clear all,
I=imread('cameraman.tif');
H=fspecial('gaussian',9,5);           %高斯模糊 PSF
J=imfilter(I,H);                       %卷积生成退化图像
H0=ones(size(H));                      %初始设定的 PSF
[I0,PSF]=deconvblind(J,H0,30);         %盲解卷积图像恢复
figure(1), imshow(I),
figure(2), imshow(J),
figure(3), imshow(I0) ,
```

（a）cameraman

（b）真实的 PSF

（c）退化图像

图 7-7　盲解卷积图像恢复效果

（d）最终估计的 PSF　　　　　　　　（e）恢复后的图像

图 7-7　盲解卷积图像恢复效果（续）

7.6　本章小结

本章从分析图像的退化模型入手，介绍了数字图像处理中常见的图像恢复方法，包括最小二乘法、有约束最小二乘法、逆滤波、维纳滤波等图像恢复方法。7.5 节介绍了维纳滤波恢复、有约束最小二乘法恢复以及盲解卷积恢复的 Matlab 语句和命令，并给出具体示例，能够帮助读者更直观地体会各个算法的恢复效果。

第 8 章
数学形态学运算

形态学（Morphology）在生物学领域通常表述为对动植物形态和结构的研究。本书使用"形态学"一词来表示数学形态学的内容。数学形态学（Mathematical Morphology）作为工具，可从图像中提取对于表达和描绘区域形状有用的图像分量。

数学形态学的语言是集合论，可以用集合表示图像中的不同对象。例如，在二值图像中，所有黑色像素的集合均是图像完整的形态学描述，是二维整数空间中 Z^2 的元素。在二维整数空间中，集合的每个元素都是一个多元组（二维向量）。这些多元组的坐标是黑色（或白色，取决于事先的约定）像素在图像中的坐标 (x, y)。此外，灰度级数字图像可以表示为 Z 空间（Z^3）中各个元素分量的集合。在这种情况下，集合中元素的两个分量是像素的坐标，第 3 个分量是像素的离散灰度级。高维空间集合还可以包含图像的其他属性，例如，颜色和随时间变化的分量等。

本章旨在建立并说明几个在数学形态学中的重要概念，并将其在 n 维欧几里得空间（E 的 n 次方）中加以公式化。本章开始部分的内容是基于二值图像的。二值图像是 Z^2 空间中各个元素分量的集合。本章后面的内容逐渐将讨论范围扩展到灰度级图像。

8.1 预备知识

本节将介绍集合理论的几个基本概念，是本章的基础知识。

令 A 为 Z 中的集合。如果 $a=(a_1, a_2)$ 是 A 的元素，则可表示为

$$a \in A \tag{8-1}$$

同样，如果 a 不是 A 的元素，则可表示为

$$a \notin A \tag{8-2}$$

不包含任何元素的集合被称为空集，用符号 $\varnothing$ 表示。

集合用两个大括号中的内容 $\{\cdot\}$ 表示。集合元素是图像描述中的对象或其他所关注特征的像素坐标。例如，表达式 $C = \{w | w = -d, d \in D\}$ 的含义为：集合 C 是元素 w 的集合。其中，w 是通过用-1 与集合 D 中的所有元素的两个坐标相乘得到的。

若集合 A 的每个元素又是另一个集合 B 的元素，则 A 称为 B 的子集，表示为

$$A \subseteq B \tag{8-3}$$

两个集合 A 和 B 的并集表示为

$$C = A \cup B \tag{8-4}$$

集合 C 包含集合 A 和集合 B 的所有元素。同样,两个集合 A 和 B 的交集可表示为

$$D = A \cap B \tag{8-5}$$

集合 D 所包含的元素同时属于集合 A 和集合 B。

如果 A 和 B 两个集合没有共同元素,则称 A 和 B 不相容或互斥。此时,集合 A 和集合 B 的关系可以表示为

$$A \cap B = \varnothing \tag{8-6}$$

集合 A 的补集不包含由集合 A 所有元素组成的集合,即

$$A^C = \{w | w \notin A\} \tag{8-7}$$

集合 A 和集合 B 的差集表示为 $A-B$,定义为

$$A - B = \{w | w \in A, w \notin B\} = A \cap B^C \tag{8-8}$$

集合 $A-B$ 中的元素属于集合 A,不属于集合 B。图 8-1 用图示的方法说明了上述有关集合的概念,运算的结果在图中用灰色阴影表示。

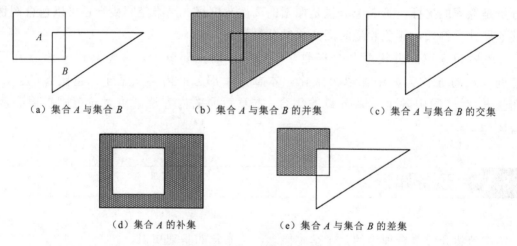

(a) 集合 A 与集合 B　　(b) 集合 A 与集合 B 的并集　　(c) 集合 A 与集合 B 的交集

(d) 集合 A 的补集　　(e) 集合 A 与集合 B 的差集

图 8-1　集合基本概念示意图(1)

此外,两个能够广泛用于形态学的附加定义在通常的集合论基本内容中无法找到。集合 B 的反射可表示为 $\hat{B}$,定义为

$$\hat{B} = \{w | w = -b, b \in B\} \tag{8-9}$$

集合 A 平移了 $z = (x, y)$,表示为 $(A)_z$,定义为

$$(A)_z = \{c | c = a + z, a \in A\} \tag{8-10}$$

图 8-2 中集合 A 和集合 B 的定义与图 8-1 中保持一致。

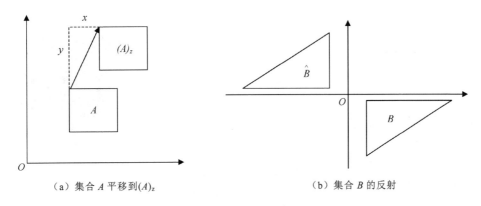

（a）集合 A 平移到 $(A)_z$　　　　　　　　（b）集合 B 的反射

图 8-2　集合基本概念示意图（2）

很多数字图像处理的具体应用是以形态学概念为基础的，并涉及二值图像。逻辑运算尽管本质上很简单，但对于以形态学为基础的数字图像处理算法来说则是一种有力的补充手段。2.2.5 节讨论的逻辑运算与集合运算有一一对应的关系。逻辑运算被限制在只对二值变量进行运算，与集合运算通常所处理的情况不符。因此，集合论中的交集运算在运算对象为二进制变量时归为"与"运算。像"相交"和"与"这类术语（甚至它们的符号）经常在各种著作中交替地用于表示一般或二进制的集合运算。通常，从上下文的讨论中可以清楚地知道它们的意义。

8.2　形态学基本运算

8.2.1　膨胀与腐蚀

膨胀与腐蚀是两种最基本的也是最重要的形态学运算，是后续很多高级形态学处理的基础。此外，很多其他的形态学算法也都是由这两种基本运算复合而成的。

1. 膨胀

对 Z^2 上元素的集合 A 和 S，使用 S 对 A 膨胀，记作 $A \oplus S$，形式化的定义为

$$A \oplus S = \left\{ z \middle| \left(\hat{S}\right)_z \cap A \neq \varnothing \right\} \tag{8-11}$$

膨胀运算公式描述如下：设想有原本位于图像原点的结构元素 S，让 S 在整个 Z^2 平面上移动，当其自身原点平移至 z 点时，S 相对于其自身原点的映像 $\hat{S}$ 与 A 有公共的交集，即 $\hat{S}$ 和 A 至少有一个像素是重叠的，则所有由这样的 z 点所构成的集合为 S 对 A 的膨胀图像。

图 8-3 形象地给出了膨胀运算示意图，很方便读者理解，要注意图中结构元素与膨胀结果中长和宽的关系。

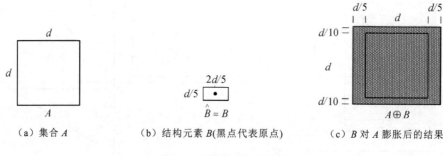

图 8-3　膨胀运算示意图

采用原点位于中心的 3×3 对称结构元素的膨胀运算效果示意图如图 8-4 所示。图中，阴影区域间小于 3 个像素的缝隙都被膨胀所弥合。

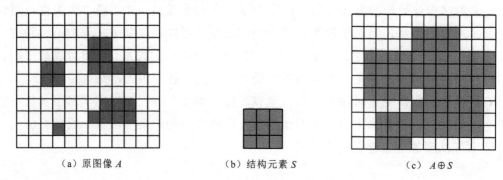

图 8-4　膨胀运算效果示意图

值得注意的是，定义中要求和 A 有公共交集的不是结构元素 S 本身，而是 S 的反射集 $\hat{S}$。腐蚀在形式上更像相关运算。由于图 8-4 中使用的是对称的结构元素，因此使用 S 和 $\hat{S}$ 的膨胀结果相同。如图 8-5 所示非对称结构元素的膨胀示例产生了完全不同的结果。图中，结构元素的原点用"○"标出。因此，在进行膨胀运算时，一定要先计算 $\hat{S}$。

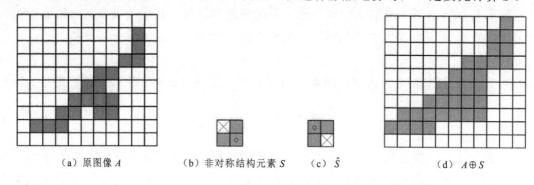

图 8-5　非对称结构元素的膨胀运算效果示意图

对图像进行二值化后，很容易使图像中一个连通的物体断裂为两个部分，给后续的图像分析（如要基于连通区域分析统计物体的个数）造成困扰。膨胀能使物体的边界扩大，常用于将图像中原本断裂开来的同一物体桥接起来。此时，可以借助膨胀来桥接断裂的缝隙。具体的膨胀效果将受到图像本身和结构元素的影响。

2. 腐蚀

对 Z^2 上元素的集合 A 和 S，使用 S 对 A 腐蚀，记作 $A \ominus S$，形式化定义为

$$A \ominus S = \{z | (S)_z \subseteq A\} \tag{8-12}$$

腐蚀运算公式描述如下：让原本位于图像原点的结构元素 S 在整个 Z^2 平面上移动，如果 S 的原点平移至 Z 点，S 能够完全包含在 A 中，那么所有由这样的 z 点构成的集合即为 S 对 A 的腐蚀图像。

图 8-6 形象地给出了腐蚀运算示意图。注意，图中结构元素与腐蚀结果的长、宽关系。

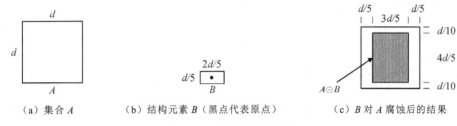

图 8-6 腐蚀运算示意图

采用原点位于中心的 3×3 对称结构元素的腐蚀运算效果示意图如图 8-7 所示。图中每 1 个方格代表一个像素（下同），可以非常直观地感受到运算效果。

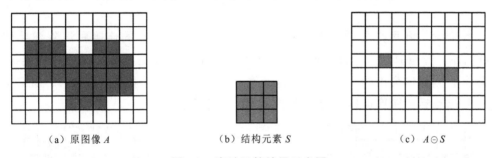

图 8-7 腐蚀运算效果示意图

下面再来看一个非对称结构元素腐蚀的示例，其腐蚀效果示意图如图 8-8 所示。图中，结构元素的原点在图中用"○"标出。形态学运算的结果不仅与结构元素的形状有关，还与结构元素的原点位置密切相关。

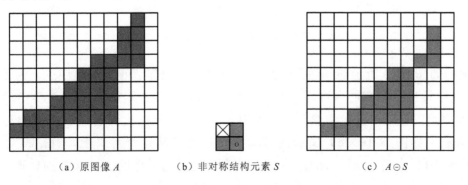

图 8-8 非对称结构元素的腐蚀效果示意图

腐蚀的作用与膨胀相反，能够消融物体的边界。具体的腐蚀结果与图像本身和结构元素的形状有关。如果物体整体上大于结构元素，那么腐蚀的结果是使物体"变瘦"一圈。这一圈的大小是由结构元素决定的。如果物体本身小于结构元素，则将会在图像腐蚀后完全消失。如果物体仅有部分区域小于结构元素（如细小的连通），则腐蚀后会在细小的连通处断裂，分离为两部分。

若某个图像处理系统用硬件实现了腐蚀运算，则不必再另搞一套硬件来实现膨胀运算，因为利用对偶关系就可以实现。实际上，膨胀和腐蚀对于集合求补和反射运算是彼此对偶的，即

$$(A \ominus B)^C = A^C \oplus \hat{S} \tag{8-13}$$

8.2.2 开运算和闭运算

开运算和闭运算都由腐蚀和膨胀复合而成。开运算是先腐蚀后膨胀。闭运算是先膨胀后腐蚀。

1. 开运算

使用结构元素 S 对 A 进行开运算，记作 $A \circ S$，可表示为

$$A \circ S = (A \ominus S) \oplus S \tag{8-14}$$

一般来说，开运算可使图像的轮廓变得光滑，断开狭窄的连接和消除细毛刺。如图 8-9 所示，开运算断开了图中两个小区域间一个像素宽的连接（断开了狭窄连接），并且去除了右侧物体突出的一个小于结构元素 2×1 的区域（去除细小毛刺）。与腐蚀运算不同，开运算后的图像可以保持原有的基本轮廓不变。

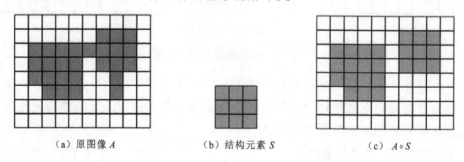

（a）原图像 A　　　（b）结构元素 S　　　（c）$A \circ S$

图 8-9　开运算效果示意图

根据如图 8-10 所示的开运算示意图，可以更好地理解开运算的特点。为了比较，图 8-10 中标出了相应的腐蚀运算结果，即让结构元素 S 紧贴 A 的内边界滚动，在滚动过程中始终保证 S 完全包含于 A。此时，S 中的点所能达到的最靠近 A 内边界的位置就构成了如图 8-10（c）所示的开运算外边界。从这个意义上，开运算可以表示为 $A \circ S = \bigcup \{(S)_z | (S)_z \subseteq A\}$。此时，$S$ 的中心所能达到的最靠近 A 内边界的位置，就构成了 S 对 A 腐蚀的外边界（图 8-10（a）中的虚线轮廓）。

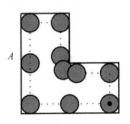 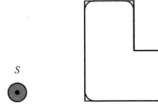 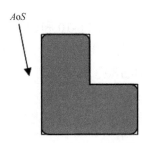

(a) 结构元素 S 紧贴 A 的内边界滚动　　(b) 结构元素 S　　(c) A 中的圆角三角形轮廓是开运算的外部边界　　(d) 阴影区域是开运算的结果

图 8-10　开运算示意图

2．闭运算

使用结构元素 S 对 A 进行闭运算，记作 $A \cdot S$，可表示为

$$A \cdot S = (A \oplus S) \ominus S \qquad (8\text{-}15)$$

闭运算虽然同样可以使轮廓变得光滑，但与开运算相反，通常能够弥合狭窄的间断，填充小的孔洞。与图 8-4 膨胀运算效果示意图不同，如图 8-11 所示的闭运算在前景物体整体位置和轮廓不变的情况下，弥合了宽度小于 3 个像素的缝隙。

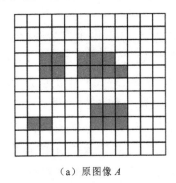 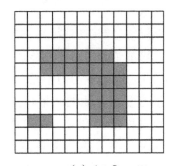

(a) 原图像 A　　(b) 结构元素 S　　(c) $A \cdot S$

图 8-11　闭运算效果示意图

根据图 8-12，可以更好地理解闭运算的特点。为了便于比较，图 8-12 中也给出了相应膨胀运算的结果示意，即让结构元素 S 紧贴 A 的外边界滚动，在滚动过程中始终保证 S 不完全离开 $A\left((S)_z \cap A \neq \varnothing\right)$。此时，$S$ 中的点所能达到的最靠近 A 外边界的位置，就构成了如图 8-12（c）所示闭运算的外边界。此时，S 中心点所能达到的最靠近 A 内边界的位置，就构成了 S 对 A 膨胀的外边界（图 8-12（a）中的虚线轮廓）。

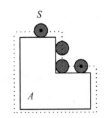 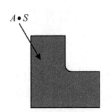

(a) 结构元素 S 紧贴集合 A 外边界滚动　　(b) 闭运算的外部边界　　(c) 阴影区域是闭运算的结果

图 8-12　闭运算示意图

由图 8-10 和图 8-12 可知，在圆形的结构元素作用下，开运算可以使物体小于 180°的角变得圆滑，大于 180°的角没有变化。闭运算可使物体大于 180°的角变得圆滑，小于 180°的角没有变化。

需要说明的是，开运算也是对偶的。与腐蚀和膨胀不同的是，对于某图像多次应用开或闭运算和只进行一次运算的效果相同，即有

$$(A \circ B) \circ B = A \circ B$$
$$(A \bullet B) \bullet B = A \bullet B \tag{8-16}$$

8.3 形态学其他处理

本节将介绍一些非常经典的形态学应用。它们都是通过将 8.2 节中的基本运算按照特定次序组合起来，并且采用一些特殊结构元素实现的。

8.3.1 击中或击不中变换

形态学上的击中或击不中变换是形状检测的基本工具。图 8-13 对这个概念进行了辅助说明，显示了一个由 3 种形状（子集）组成的集合 A，子集用 X、Y 和 Z 表示。图 8-13（a）到图 8-13（c）中的阴影部分为初始集合。图 8-13（d）和图 8-13（e）中的阴影部分为进行形态学运算后的结果，其目的是找到 3 种形状之一的位置，如 X 的位置。

令每种形状的重心为其原点。设 X 被包围在一个小窗口 W 中，与 W 有关的 X 局部背景定义为集合的差（W-X），如图 8-13（b）所示。图 8-13（c）显示了 A 的补集，在后面将使用到它。图 8-13（d）显示了由 X 对 A 腐蚀的结果（显示虚线作为参考）。使用 X 对 A 进行的腐蚀是 X 原点位置的集合。这样，X 就完全包含在 A 中了。换一个角度解释，$A \ominus X$ 从几何上可以看作 X 的原点所有位置的集合。在这些位置，X 找到了在 A 中的匹配（击中）。注意，图 8-13 中的 A 只包含 3 种彼此不相连的集合，即 X、Y 和 Z。

图 8-13（e）显示了由局部背景集合（W-X）对集合 A 补集腐蚀的结果。图 8-13（e）的外圈阴影区域是腐蚀部分。由图 8-13（d）和图 8-13（e）可知，X 在 A 内能得到精确拟合的位置集合，是 X 对 A 腐蚀和（W-X）对 A^C 腐蚀的交集，其结果如图 8-13（f）所示。这个交集正好是我们要找的位置。换句话说，如果 B 表示由 X 和 X 背景构成的集合，则在 A 中对 B 进行的匹配（或匹配操作的集合）可表示为 $A \circledast B$，即

$$A \circledast B = (A \ominus X) \cap \left[A^C \ominus (W - X) \right] \tag{8-17}$$

可以通过令 $B=(B_1, B_2)$ 这种表示法稍微进行推广。这里 B_1 是由与一个对象相联系的 B 元素构成的集合，B_2 是与相应背景有关的 B 元素的集合。根据前面的讨论，$B_1=X$，$B_2=(W$-$X)$，用这个表示方法，式（8-17）变为

$$A \circledast B = (A \ominus B_1) \cap (A^C \ominus B_2) \tag{8-18}$$

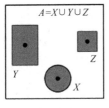
（a）集合 A

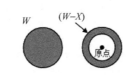
（b）窗口 W 和与 W 有关的 X 局部背景$(W-X)$

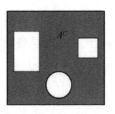
（c）A 的补集

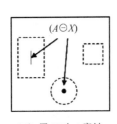
（d）用 X 对 A 腐蚀

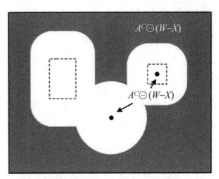
（e）用$(W-X)$对 A 腐蚀

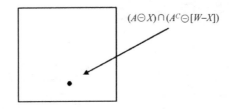
（f）（d）和（e）的交集，显示希望得到的 X 原点的位置

图 8-13　击中或击不中变换示意图

因此，集合 $A \circledast B$ 同时包含所有的原点，B_1 在 A 中找到匹配，B_2 在 A^C 中找到匹配。通过应用式（8-8）给出的集合之差定义和由式（8-12）给出的腐蚀与膨胀之间的对偶关系，可以将式（8-18）表示为

$$A \circledast B = (A \ominus B_1) - (A \oplus \hat{B}_2) \tag{8-19}$$

然而，式（8-18）更为直观。将上述 3 个公式称为形态学上的击中或击不中变换。使用与对象有关的结构元素 B_1 和与背景有关的结构元素 B_2 的原因是基于以下假设，即只有在两个或更多对象构成彼此不相交（不连通）的集合时，这些对象才是可区分的。要保证这个假设，需要每个对象周围至少被一圈一个像素宽的背景所围绕的条件。在一些应用中，我们会对在某个集合中由检测 1 和 0 组成的特定模式感兴趣，而这时是不需要背景的。在这种场合下，击中或击不中变换变成了简单的腐蚀过程。正如前面所指出的那样，腐蚀虽然需要进行一系列的匹配，但对于检测单个对象来说不需要额外的背景匹配。

8.3.2　边界提取

根据前面的讨论，我们可以考虑一些形态学的实际用途。当处理二值图像时，形态学的主要应用是提取对于描绘和表达形状有用的图像成分。

集合 A 的边界表示为 $\beta(A)$，可以通过先由 B 对 A 腐蚀，而后用 A 减去腐蚀运算的结果得到，即

$$\beta(A) = A - (A \ominus B) \tag{8-20}$$

这里的 B 是一个适当的结构元素。

图 8-14 为边界提取效果示意图。图中显示了一个简单的二值对象、一个结构元素 B 和使用式（8-20）的结果。

图 8-14（b）中显示的结构元素是最常用的结构元素之一，不是唯一的。例如，使用由 1 组成的 5×5 大小的结构元素将得到 2～3 个像素宽的边界。注意，当 B 的原点位于集合的边线上时，结构元素的一部分将处在图像的外面。对于这种情况，一般的处理方法是假设处于图像边界外部部分的值为 0。

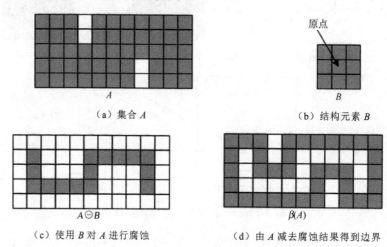

图 8-14 边界提取效果示意图

8.3.3 区域填充

接下来，我们探讨一个简单的用于区域填充的算法。它以集合的膨胀、求补和交集为基础。在图 8-15 中，A 表示一个含有子集的集合，其子集的元素均是区域的 8 连通边界点。这样做的目的是从边界内的一个点开始，用 1 填充整个区域。

如果采用惯例，即所有的非边界（背景）点标记为 0，则以将 1 赋给 p 点开始。下列过程可将整个区域用 1 填充，即

$$X_k = (X_{k-1} \oplus B) \cap A^C \quad k=1,2,3,\cdots \tag{8-21}$$

这里的 $X_0 = p$，B 是图 8-15（c）中的对称结构元素。如果 $X_k = X_{k-1}$，则算法迭代在第 k 步结束。X_k 与 A 的并集包含被填充的集合及其边界。

如果对式（8-21）中的 $X_{k-1} \oplus B$ 不加限制，则虽然式（8-21）的膨胀处理将填充整个区域，但在每一步中，用 A^C 的交集将得到的结果限制在感兴趣的区域内。上述处理被称

为条件膨胀,是关于形态学处理如何达到所要求特性的第一个示例。尽管这个示例仅有一个子集,但如果假设在每条边界内都有一个给定点,则用于有限个这样的子集的情况也是很清楚的。

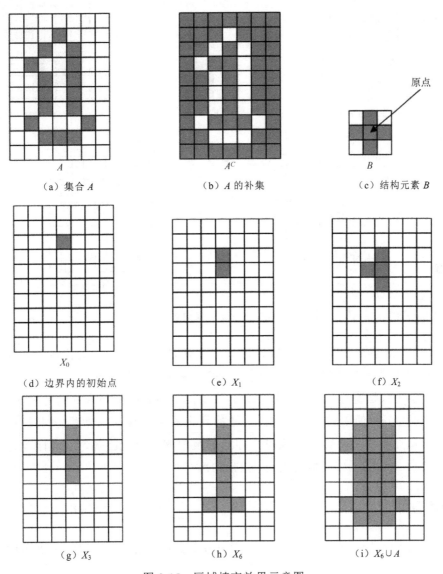

图 8-15 区域填充效果示意图

8.3.4 连通分量的提取

实际上,在二值图像中提取连通分量是许多自动图像分析应用中的核心任务。令 Y 表示一个包含在集合 A 中的连通分量,并假设 Y 中的一个点 p 是已知的,则用下列迭代表达式可生成 Y 的所有元素,即

$$X_k = \left(X_{k-1} \oplus B\right) \bigcap A \quad k=1,2,3,\cdots \tag{8-22}$$

这里的 $X_0=p$,B 是一个适当的结构元素,如图 8-16 所示。如果 $X_k=X_{k-1}$,则算法收

敛,并且令 $Y=X_k$。

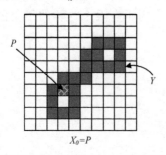

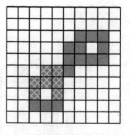

(a) 显示了起始点 p 的集合 A（所有阴影点值为 1，
但与 p 的表示不同，以说明这些点还没有被算法找到）
　　　　　　　　　　　　　　　　　(b) 结构元素　　　　　(c) 第 1 次迭代的结果

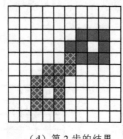
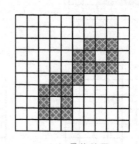

　　　　(d) 第 2 步的结果　　　　　　　　　　　(e) 最终结果

图 8-16　连通分量的提取效果示意图

式(8-22)在形式上与式(8-21)相似,仅有的差别是使用 A 代替了它的补集。此处的差别是由于寻找的所有元素(连通分量的元素)都被标记为了 1。

在每一步迭代运算中,与 A 的交集均消除了位于中心的标记为 0 的元素膨胀。图 8-16 说明了式(8-22)所使用的技巧。注意,结构元素的形状假设在像素之间具有 8 连通性。正如在区域填充算法中那样,如果每个连通分量中的一个点已知,那么刚才讨论的结果适用于包含在 A 中的任何有限连通分量的集合。

8.3.5　细化

集合 A 使用结构元素 B 进行细化,用 $A \otimes B$ 表示。细化过程可以根据击中或击不中变换定义,即

$$A \otimes B = A - (A \circledast B) = A \bigcap (A \circledast B)^C \tag{8-23}$$

由于我们仅对用结构元素进行模式匹配感兴趣,所以在击中或击不中变换中没有背景运算。相应对 A 的细化更为有用的以结构元素序列为基础的一种表达方式可以写为

$$\{B\} = \{B^1, B^2, B^3, \cdots, B^n\} \tag{8-24}$$

这里的 B^i 是 B^{i-1} 旋转后的形式。使用这个概念,用结构元素序列可将细化定义为

$$A \otimes \{B\} = ((\cdots((A \otimes B^1) \otimes B^2)\cdots) \otimes B^n) \tag{8-25}$$

通过使用 B^1 经一遍处理对 A 进行细化后,再用 B^2 经一遍处理对得到的结果进行细

化。如此进行下去,直到最后使用 B^n 对倒数第二步的结果再进行一次细化,则结果将不再发生变化。每遍独立的细化过程均使用式(8-23)执行。

图 8-17(a)显示了一组通常用于细化的结构元素。图 8-17(b)显示了使用刚才描述的细化过程进行处理的集合 A。图 8-17(c)显示了用 B^1 对 A 进行一遍扫描得到的细化结果。图 8-17(d)到图 8-17(k)显示了使用其他结构元素处理多遍的结果,在用 B^4 进行第 2 次处理后得到收敛的结果。图 8-17(k)显示了细化的结果。图 8-17(l)显示了被转化为 m 连通的细化集合,以达到消除多重路径的目的。

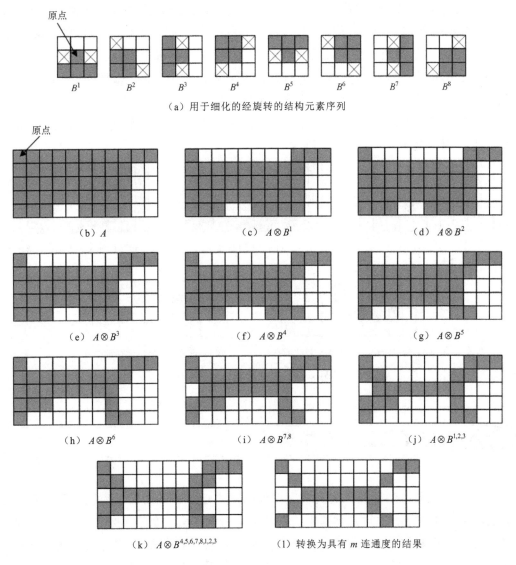

图 8-17 细化效果示意图[3]

8.3.6 粗化

粗化与细化在形态学上是对偶过程。粗化的定义为

$$A \odot B = A \cup (A \circledast B) \tag{8-26}$$

这里的 B 是适合粗化处理的结构元素。与对细化的定义类似,粗化处理可以定义为一系列运算,即

$$A \odot \{B\} = \left(\left(\cdots\left(\left(A \odot B^1\right) \odot B^2\right)\cdots\right) \odot B^n\right) \tag{8-27}$$

如图 8-17(a)所示,虽然用于粗化处理的结构元素与用于细化处理的结构元素具有相同的形式,但所有的 0 和 1 要互换。由于粗化的分离算法实际上很少用到,因此通常的做法是先对所讨论集合的背景进行细化,然后对结果求补集。换句话说,为了将集合 A 粗化,需要先令 $C=A^C$ 后,再对 C 进行细化,最好形成 C^C。图 8-18 为粗化效果示意图。

由于根据 A 的性质,这个过程可能会产生某些断点,如图 8-18(d)所示,所以使用这种方法的粗化处理通常会用简单的后处理消除断点。注意,根据图 8-18(c),经过细化处理的背景构成了一条边界以备进行粗化处理。

直接使用式(8-27)进行粗化处理不存在这种特性,这是使用背景细化处理来实现粗化的主要原因之一。

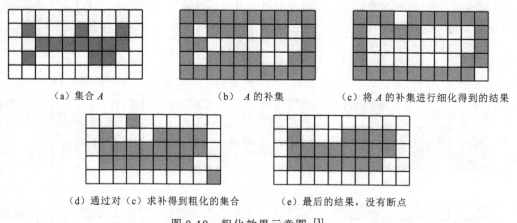

(a)集合 A　　　(b) A 的补集　　　(c)将 A 的补集进行细化得到的结果

(d)通过对(c)求补得到粗化的集合　　(e)最后的结果,没有断点

图 8-18　粗化效果示意图 [3]

8.4　灰度图像的形态学运算

本节首先将形态学处理扩展到灰度图像的基本运算,即膨胀、腐蚀、开运算和闭运算,然后利用这些运算探讨几种基本的灰度级形态学算法,特别是要建立通过形态学梯度运算进行边界提取的算法,以及基于纹理内容的区域分割算法。本节将处理形如 $f(x,y)$ 和 $b(x,y)$ 的灰度图像。这里 $f(x,y)$ 是输入图像,$b(x,y)$ 是结构元素,其本身是一个子图像函数。

8.4.1　膨胀

用 b 对函数 f 进行的灰度膨胀表示为 $f \oplus b$,定义为

$$(f \oplus b)(s,t) = \max\{f(s-x,t-y) + b(x,y) | (s-x),(t-y) \in D_f; (x,y) \in D_b\} \quad (8\text{-}28)$$

式中，D_f 和 D_b 分别是 f 和 b 的定义域，f 和 b 是函数，不是二值形态学情况下的集合；$(s-x)$ 和 $(t-y)$ 必须在 f 的定义域内；x 和 y 必须在 b 的定义域内。上述条件与二值图像膨胀定义中的条件是相似的（这里两个集合的交集至少应有一个元素）。同时应该注意式（8-28）的形式与二维卷积是相似的，并且用最大值运算代替卷积求和，用加法运算代替卷积乘积。

下面我们将用简单的一维函数说明式（8-28）的表示法和运算原理。对单变量函数，式（8-28）可以简化为表达式，即

$$(f \oplus b)(s) = \max\{f(s-x) + b(x) | (s-x) \in D_f, x \in D_b\} \quad (8\text{-}29)$$

灰度膨胀示意图如图 8-19 所示。

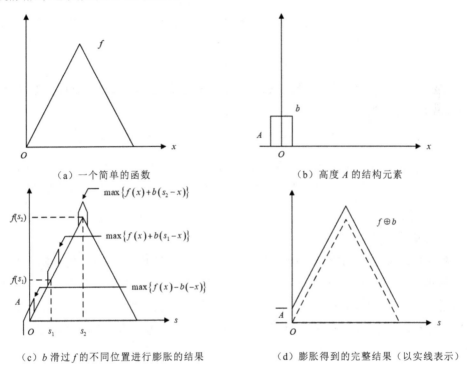

(a) 一个简单的函数　　　　　　(b) 高度 A 的结构元素

(c) b 滑过 f 的不同位置进行膨胀的结果　　(d) 膨胀得到的完整结果（以实线表示）

图 8-19　灰度膨胀示意图[3]

回顾关于卷积的讨论：$f(-x)$ 是 $f(x)$ 关于 x 轴原点的镜像。在卷积运算中，s 为正时，函数 $f(s-x)$ 向右移动；s 为负时，函数 $f(s-x)$ 向左移动。其条件是 $(s-x)$ 必须在 f 的定义域内，x 的值必须在 b 的定义域内，意味着 f 和 b 是彼此交叠的。正如前面提到的，这些条件与二值图像膨胀的条件（这两个集合的交集至少有一个元素）是相似的。与二值图像的情况不同，被移动的是 f，不是 b。式（8-28）可以被写成 b 被平移而不是 f。如果 D_b 比 D_f 小（实际应用中经常是这样的），则式（8-28）中给出形式的索引项可以进一步简化并得到相同的结果。从概念上讲，无论是以 b 滑过函数 f，还是以 f 滑过函数 b，都是没有区别的。事实上，尽管这个等式更容易实现，但如果以 b 作为滑

过 f 的函数，则更容易理解灰度膨胀的实际原理。

图 8-19 中显示的是一个示例。注意，在每个结构元素位置点的膨胀值是跨度为 b 的区间内 f 与 b 之和的最大值。通常对灰度图像进行膨胀处理的结果是双重的：

（1）如果所有结构元素的值为正，则输出图像会趋向于比输入图像更亮；

（2）暗的细节部分全部减少了还是被消除掉了取决于膨胀所用结构元素的值和形状。

8.4.2 腐蚀

灰度腐蚀表示为 $f \ominus b$，定义为

$$(f \ominus b)(s,t) = \min\{f(s+x,t+y) - b(x,y) | (s+x),(t+y) \in D_f;(x,y) \in D_b\} \quad (8\text{-}30)$$

式中，D_f 和 D_b 分别是 f 和 b 的定义域；必须在 f 的定义域内平移参数（$s+x$）和（$t+y$）；x 和 y 必须在 b 的定义域内。这与二值图像腐蚀定义中的条件（这里结构元素必须完全包含在被腐蚀的集合内）相似。注意，式（8-30）在形式上与二维相关运算是类似的，并且用最小值运算代替了相关运算，用减法运算代替了相关乘积。

我们通过对一个简单的一维函数进行腐蚀来说明式（8-30）的原理。对单变量函数，腐蚀的表达式简化为

$$(f \ominus b)(s) = \min\{f(s+x) - b(x) | (s+x) \in D_f, x \in D_b\} \quad (8\text{-}31)$$

与相关运算一样，对正的 s，函数 $f(s+x)$ 向左移动，对负的 s，函数 $f(s+x)$ 向右移动。对 $(s+x) \in D_f$ 和 $x \in D_b$ 的要求表明，b 的取值范围完全包含在移动后的 f 范围之内。正如前面提到的，这些要求与二值图像腐蚀定义中的条件（这里结构元素必须完全包含在被腐蚀的集合之内）相似。

与腐蚀的二值定义不同，移动的对象是 f，不是结构元素 b。式（8-30）虽然可以写成 b 是被平移的，但会导致表达式的下标索引变得更为复杂。因为 f 在 b 上滑动和 b 在 f 上滑动的概念是相同的，且由于在膨胀讨论的结尾处提到的原因，因此使用了式（8-30）的形式。图 8-20 显示了使用图 8-19（b）的结构元素对图 8-19（a）的函数进行腐蚀的结果。

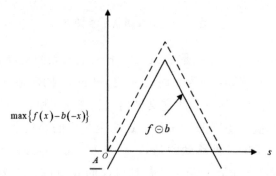

图 8-20 使用图 8-19（b）的结构元素对图 8-19（a）的函数进行腐蚀的结果[3]

式（8-30）说明了腐蚀运算是以在结构元素形状定义的区间内选取（f-b）最小值为

基础的。通常对灰度图像进行腐蚀是双重的：

（1）如果所有的结构元素都为正，则输出图像会趋向于比输入图像更暗；

（2）在输入图像中，亮的细节的面积如果比结构元素的面积小，则亮的效果将被削弱。削弱的程度取决于环绕亮细节周围的灰度值和结构元素自身的形状和幅值。

与函数求补和映射相关的灰度膨胀和腐蚀是对偶的，即

$$(f \ominus b)^C(s,t) = \left(f^C \oplus \hat{b}\right)(s,t) \tag{8-32}$$

这里的 $f^C = -f(x,y)$，$\hat{b} = b(-x,-y)$。除非声明，否则在下列讨论中，将忽略所有函数的变量以简化表示法。

8.4.3 开运算和闭运算

灰度图像的开运算和闭运算与二值图像的对应运算具有相同的形式。用结构元素 b 对图像 f 进行开运算表示为 $f \circ b$，定义为

$$f \circ b = (f \ominus b) \oplus b \tag{8-33}$$

与二值图像中的情况一样，开运算先用 b 对 f 进行简单的腐蚀运算，而后用 b 对得到的结果进行膨胀运算。同样，用 b 对 f 进行闭运算表示为 $f \bullet b$，定义为

$$f \bullet b = (f \oplus b) \ominus b \tag{8-34}$$

灰度图像的开运算和闭运算对于求补和映射运算是对偶的，即

$$(f \bullet b)^C = f^C \circ \hat{b} \tag{8-35}$$

因为 $f^C = -f(x,y)$，所以式（8-35）可以写成 $-(f \bullet b) = -(f \circ \hat{b})$ 的形式。

图像的开运算和闭运算具有简单的几何解释。假设在三维透视空间中观察一个图像函数 $f(x,y)$（比如地形图），x 轴、y 轴是通常意义上的空间坐标，第 3 个轴是灰度值。在这个坐标系中，图像呈现不连续曲面的形态，曲面上任意点（x, y）的值是这个坐标上 f 的值。假设使用球形结构元素 b 对 f 进行开运算，将这个结构元素视为"滚动的"球，那么用 b 对 f 进行开运算的原理可以在几何上解释为推动球沿着曲面的下侧面滚动，以便球体能在曲面的整个下侧面来回移动。当球体滚过 f 的整个下侧面时，由球体的任意部分接触到的曲面的最高点就构成了开运算 $f \circ b$ 的曲面。

图 8-21 为灰度级开运算和闭运算示意图，对这个概念进行了说明。为了对说明进行简化：图 8-21（a）将灰度图像的扫描线显示成一个连续函数；图 8-21（b）显示了不同位置上滚动的球；图 8-21（c）显示了沿着扫描线用 b 对 f 进行开运算得到的完整结果。所有比球体直径窄的临近波峰在幅度和尖锐程度上都减小了。在实际应用中，开运算经常用于去除较小（相对于结构元素的大小而言）的明亮细节，同时保持整体灰度级和较大明亮区域不变。虽然先进行腐蚀运算可以去除小的图像细节，但这样做会使图像变暗。接下来进行膨胀运算虽然又会增强图像的整体亮度，但不会将腐蚀运算去除的部分重新引入图像中。

图 8-21（d）和图 8-21（e）显示了用 b 对 f 进行闭运算的结果。图中，球体在曲面的上表面滑动，波峰基本上保持了原来的形状（假设在波峰间最窄的地方超过了球体的直径）。实际上，闭运算经常用于去除图像中的暗细节部分，保持明亮部分相对不受影响。先通过膨胀去除图像中的暗细节，同时增加图像的亮度，接下来虽然对暗图像进行腐蚀，但不会将膨胀运算去除的部分重新引入图像中，将图 8-21 与图 8-10、图 8-12 进行对比是很有意思的。

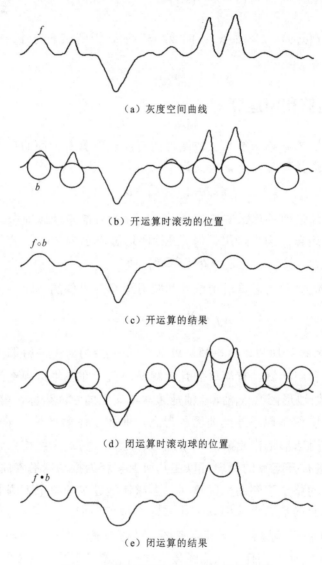

图 8-21　灰度级开运算和闭运算示意图

8.4.4　Top-hat 变换和 Bottom-hat 变换

图像相减与开运算和闭运算相结合，会产生所谓的 Top-hat（顶帽）变换和 Bottom-hat（底帽）变换。灰度级图像 f 的顶帽变换定义为 f 减去其开运算，即

$$T_{\text{hat}}(f) = f - (f \circ b) \qquad (8\text{-}36)$$

式中，f 为输入图像；b 是结构元素函数。最初对这种变化命名是由于使用带有一个平顶的圆柱形或平行六面体形的结构元素。顶帽变换的一个重要用途是校正不均匀光照的影响，合适（均匀）的光照在从背景中提取目标的处理中扮演核心的角色。它对于增强阴影的细节很有用处。

与其类似，f 的底帽变换定义为 f 的闭运算减去 f，即

$$B_{\text{hat}}(f) = (f \bullet b) - f \qquad (8\text{-}37)$$

上述两种变换的主要应用之一，是用一个结构元素通过开运算或闭运算从一幅图像中删除物体，而不是拟合被删除的物体。差运算得到一幅仅仅保留已删除分量的图像。顶帽变换用于暗背景上的亮物体。底帽变换用于相反的情况。因此，当谈到这两个变换时，常常分别称其为白顶帽变换和黑底帽变换。

8.5 数学形态学的 Matlab 实现

基本形态学运算主要包括膨胀、腐蚀、开运算和闭运算。一般来说，膨胀能够使物体边界扩大，腐蚀能够消融物体边界；开运算使图像轮廓变得光滑，断开狭窄的连接和消除毛细刺；闭运算虽然同样使图像轮廓变得光滑，但与开运算相反，通常能够弥合狭窄的间隙，填充小孔洞。本节将介绍形态学的一些其他处理，即采用 Matlab 编程实现，加入相关 Matlab 函数。

8.5.1 膨胀与腐蚀的 Matlab 实现

在 Matlab 环境中，膨胀运算用 imdilate 函数实现，腐蚀运算用 imerode 函数实现，二者的格式命令相同，即

```
Im=imdilate(I, se, n)
Im= imerode(I, se, n)
```

其中，I 是输入的二值图像或灰度图像；se 是预设或自定义的结构元素单元；n 是膨胀（腐蚀）的运算次数，默认时，n 取 1。值得注意的是，若无特殊说明，imdilate 函数和 imerode 函数对边界像素的处理采取像素复制的方式。

结构元素单元 se 除了可以用矩阵自定义，在 Matlab 环境中，还提供了专门的结构元素单元生成函数，格式命令为

```
S=strel(shape, parameters)
```

常见的结构元素单元可以用如下语句来创建，即

```
S=strel('line', Len, Deg);    %线性结构元素，长度 Len，角度 Deg
S=strel('square', W);          %正方形结构元素，边长 W
```

```
S=strel('rectangle', [M, N]);      %矩形结构元素，长度 M，宽度 N
S=strel('diamond', R);             %菱形结构元素，R 为菱形中心与其边界的最长距离
S=strel('ball', R, H);             %球形结构元素，R 为平面上半径，H 为其高度
S=strel('disk', R);                %圆盘形结构元素，R 为圆盘半径
```

示例 8.1：二值图像的膨胀。

下面的程序演示了二值图像的膨胀运算，其演示结果如图 8-22 所示。图中分别采用了垂直方向、水平方向和 45°方向的线性结构单元，可以看出不同方向膨胀效果的差异。

```
originalBW = imread('text.png');
se = strel('line',11,90);          %垂直方向线性结构单元
se2= strel('line',11,0);           %水平方向线性结构单元
se3= strel('line',11,45);          %45°方向线性结构单元
dilatedBW = imdilate(originalBW,se);
dilatedBW2 = imdilate(originalBW,se2);
dilatedBW3 = imdilate(originalBW,se3);
figure, imshow(originalBW), figure, imshow(dilatedBW),
figure, imshow(dilatedBW2), figure, imshow(dilatedBW3),
```

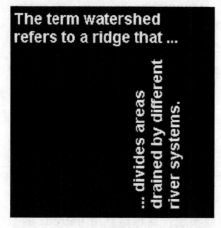

（a）原始图像 text

（b）垂直方向线性结构单元膨胀结果

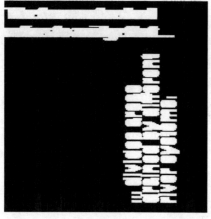

（c）水平方向线性结构单元膨胀结果

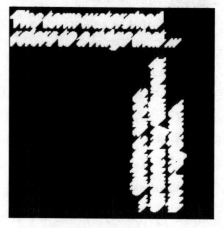

（d）45°方向线性结构单元膨胀结果

图 8-22　二值图像膨胀的演示结果

示例 8.2：二值图像的腐蚀。

下面的程序演示了二值图像的腐蚀运算，其演示结果如图 8-23 所示。图中分别采用了垂直方向、水平方向线性结构单元以及圆盘形状结构单元，可以看出不同结构单元的腐蚀效果。

```
originalBW = imread('circles.png');
se = strel('line',11,90);%垂直方向线性结构单元
se2 = strel('line',11,0);%水平方向线性结构单元
se3 = strel('disk',11);%圆盘形状结构单元
erodedBW = imerode(originalBW,se);
erodedBW2 = imerode(originalBW,se2);
erodedBW3 = imerode(originalBW,se3);
figure, imshow(originalBW),figure, imshow(erodedBW)
figure, imshow(erodedBW2),figure, imshow(erodedBW3)
```

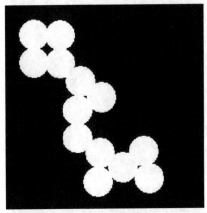

（a）原始图像 circles

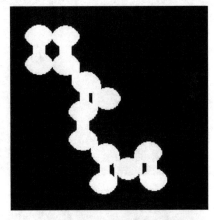

（b）垂直方向线性结构单元腐蚀结果

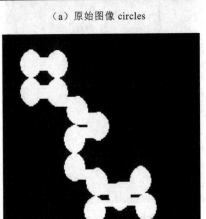

（c）水平方向线性结构单元腐蚀结果

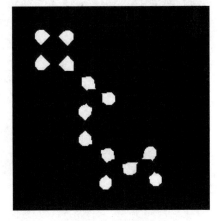

（d）圆盘结构单元腐蚀结果

图 8-23 二值图像腐蚀的演示结果

示例 8.3：灰度图像的膨胀与腐蚀。

下面的程序采用球状结构元素单元，演示了灰度图像的膨胀和腐蚀运算，其演示结果如图 8-24 所示。

从膨胀后的结果可以看出,膨胀处理后的图像比原始图像更明亮,黑色部分已经被减弱了,例如黑色瞳孔、帽子上的装饰物和头发部分,腐蚀后的结果正好相反。总体来看,膨胀运算使灰度图像变亮,腐蚀运算使灰度图像变暗。图 8-24(d)是灰度膨胀和灰度腐蚀的差值图像,其作用是提取图像的边缘。

```
original_I=imread('e:/standard-images/lena.bmp');
se = strel('disk',2);%圆盘形状结构单元
dilated_Im= imdilate(original_I,se);%膨胀
eroded_Im= imerode(original_I,se);%腐蚀
edge_Im=dilated_Im-eroded_Im;%灰度膨胀和灰度腐蚀之差,提取边缘
figure,imshow(original_I), figure,imshow(dilated_Im),
figure,imshow(eroded_Im),figure,imshow(edge_Im),
```

(a)原始图像 Lena

(b)灰度图像膨胀结果

(c)灰度图像腐蚀结果

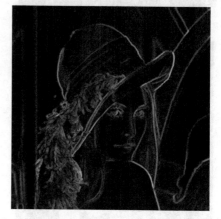

(d)灰度膨胀和灰度腐蚀的差值图像

图 8-24　灰度图像膨胀与腐蚀的演示结果

8.5.2　开运算与闭运算的 Matlab 实现

开运算和闭运算都是由膨胀与腐蚀复合而成的。开运算是先腐蚀后膨胀,闭运算是先膨胀后腐蚀。因此,以相同的结构元素单元先后调用 mdilate 函数和 imerode 函数即可

实现开、闭运算。Matlab 环境直接提供了开运算函数 imopen 和闭运算函数 imclose，二者的格式命令相同，即

> Im=imopen(I, se)
> Im=imclose(I, se)

其中，I 是输入的二值图像或灰度图像；se 是预设或自定义的结构元素单元。

示例 8.4：二值图像的开运算和闭运算。

下面的程序演示了二值图像的开运算和闭运算，其演示结果如图 8-25 所示。从图中可以看出开运算和闭运算的效果不同。

```
original = imread('circbw.tif');
se = strel('rectangle', [20,30]);
afterOpening = imopen(original,se);
figure, imshow(original), figure, imshow(afterOpening,[])
originalBW = imread('circles.png');
se = strel('disk',10);
closeBW = imclose(originalBW,se);
figure, imshow(originalBW);figure, imshow(closeBW);
```

（a）原始图像 circbw

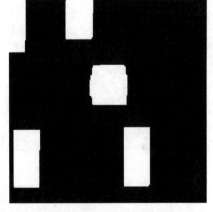
（b）开运算结果

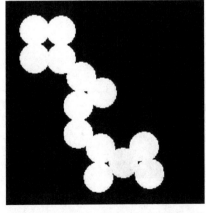
（c）原始图像 circles

（d）闭运算结果

图 8-25 二值图像的开运算与闭运算演示结果

示例 8.5：灰度图像的开运算和闭运算。

下面的程序演示了灰度图像的开运算和闭运算，演示结果如图 8-26 所示。总体来看，经过开或闭运算，灰度图像的整体灰度值基本保持不变。图 8-26（b）显示了使用圆盘结构元素对图像 8-26（a）进行开运算的结果。注意，小的、明亮的细节尺寸变小了，暗的、灰度的效果没有明显的变化。图 8-26（c）显示了对图 8-26（a）进行闭运算的结果。注意，小的暗细节的尺寸被缩小了，相对来说，明亮的部分受到的影响很小。

```
original_I=imread('e:/standard-images/lena.bmp');
se = strel('disk',3);
OpenI = imopen(original_I,se);
CloseI = imclose(original_I,se);
figure(1),imshow(orignal_I);figure(2),imshow(OpenI);figure(3),imshow(CloseI);
```

（a）原始图像 Lena　　　　　　　　（b）开运算结果

（c）闭运算结果

图 8-26　灰度图像的开运算与闭运算演示结果

8.5.3 形态学其他处理的部分 Matlab 实现

除了开运算和闭运算，Matlab 图像处理工具箱还提供了其他以膨胀和腐蚀为基础的形态学运算算法，例如细化、边界提取、区域填充、连通区域标记、Top-hat 变换与 Bottom-hat 变换、图像面积统计和欧拉数计算等。

1．细化

细化能描述物体的几何形状和拓扑结构，是重要的图像描绘之一。其目的是为了把图像中的目标缩减为单像素直线，不改变图像中目标的主要结构。在 Matlab 环境中，可以调用函数 bwmorph 来实现，具体语法结构为

```
BW2 = bwmorph(BW,'thin',n)
```

其中，BW 是输入二值图像；BW2 是输出细化结果；n 是运算次数，当 n 为无限次时，指语句运行到输出不发生变化为止。

示例 8.6：二值图像的细化。

二值图像细化的演示结果如图 8-27 所示。

```
BW1 = imread('text.png');
figure, imshow(BW1)
BW2 = bwmorph(BW1,'thin',Inf);
figure, imshow(BW2)
```

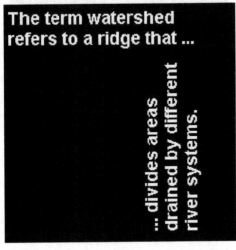　　　　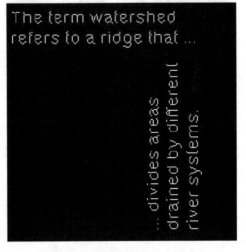

　　（a）原始图像 text　　　　　　　　　　　（b）细化结果

图 8-27　二值图像细化的演示结果

2．边界提取

轮廓是物体形状的重要描述方式，通过边界提取算法，可以得到物体的边界轮廓。对二值图像而言，如果某一像素值为 1，在其邻域中至少有一个像素值为 0，则称该像素

为边界像素点。所有边界像素点可组成边界。在 Matlab 环境中，可以调用函数 bwperim 来实现二值图像的边界检测，具体语法结构为

    BW2 = bwperim (BW, conn)

其中，BW 是输入二值图像；BW2 是输出边界提取结果；conn 规定了连通情况，取值为 4 或 8，默认时取值为 4。

示例 8.7：二值图像的边界提取。

二值图像边界提取的演示结果如图 8-28 所示。

    BW= imread('circles.png');
    BW2 = bwperim (BW);
    figure, imshow(BW);figure, imshow(BW2);

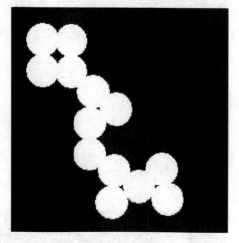 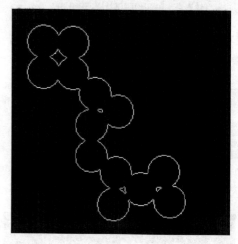

（a）原始图像 circles   （b）边界提取结果

图 8-28 二值图像边界提取的演示结果

3．区域填充

区域填充可以认为是边界提取的逆过程，是在边界已知的情况下，得到边界包围整个区域的形态学技术。其用途就是对图像中的孔洞进行填充。在 Matlab 环境中，可以调用函数 imfill 来实现，具体语法结构为

    BW2 = imfill(BW,'holes')

其中，BW 是输入二值图像；BW2 是输出填充结果。

示例 8.8：二值图像的区域填充。

二值图像区域填充的演示结果如图 8-29 所示。

    image= imread('coins.png'); I=image(1:150,1:150);   %读取图像并裁切
    BW = im2bw(I);%图像二值化
    BW2 = imfill(BW,'holes');
    figure, imshow(BW), figure, imshow(BW2)

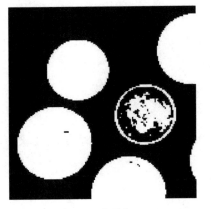 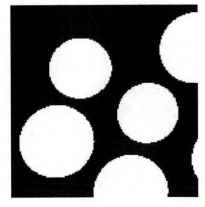

（a）二值图像　　　　　　　　　　　　（b）填充结果

图 8-29　二值图像区域填充的演示结果

4. 连通区域标记

在二值图像中，对连通区域进行标记是许多自动图像分析应用的核心。在 Matlab 环境中，可以调用函数 bwlabel 来实现，具体语法结构为

```
L = bwlabel(BW, n)
[L, num] = bwlabel(BW, n)
```

其中，BW 是输入的二值图像；n 规定了连通性，取值为 4 或 8，默认值为 8；L 是标记图像，与 BW 维数相同，其元素值为大于等于 0 的整数，0 代表背景区域，1 代表第一个对象区域，2 代表第二个对象区域，依次类推；num 是返回二值图像中对象的数目。

示例 8.9：二值图像的连通区域标记。

在命令行中输入如下代码，即

```
>>  BW = logical([ 1 1 0 0 0 0 0
                   1 1 0 1 1 0 0
                   1 1 0 1 1 0 0
                   1 1 0 0 0 1 0
                   1 1 0 0 0 1 0
                   1 1 0 0 1 1 0]);
    L = bwlabel(BW,4)
```

运行结果为

```
L =
    1  1  0  0  0  0  0
    1  1  0  2  2  0  0
    1  1  0  2  2  0  0
    1  1  0  0  0  3  0
    1  1  0  0  0  3  0
    1  1  0  0  3  3  0
```

从 L 中可以看出，在 4 邻域情况下，原二值图像共有 3 个连通区域。

5. Top-hat 变换与 Bottom-hat 变换

图像相减与开运算和闭运算相结合，就会构成所谓的 Top-hat 变换和 Bottom-hat 变换。两者的重要用途是矫正光照不均匀的影响。其中：Top-hat 变换应用于暗背景上的亮物体；Bottom-hat 变换应用于亮背景上的暗物体。在 Matlab 环境中，可以分别调用函数 imtophat 和 imbothat 来实现，具体语法结构为

```
I2 = imtophat(I, se)
I2 = imbothat(I, se)
```

其中，I 是输入二值图像或灰度图像；I2 是输出变换的结果；se 是自定义或由函数 strel 生成的结构元素单元。

示例 8.10：灰度图像的 Top-hat 变换。

灰度图像 Top-hat 变换的演示结果如图 8-30 所示。

```
original = imread('rice.png');
figure, imshow(original)
se = strel('disk',12);
tophatFiltered = imtophat(original,se);        %Top-hat 变换
figure, imshow(tophatFiltered)
contrastAdjusted = imadjust(tophatFiltered);   %对比度拉伸
figure, imshow(contrastAdjusted)
```

（a）原始图像 rice　　　　　　　　（b）Top-hat 滤波结果

（c）滤波图像灰度拉伸的结果

图 8-30　灰度图像 Top-hat 变换的演示结果

由图可知，原始图像 rice 背景光照程度不一致，经过 Top-hat 变换后，光照程度基本一致了，而且米粒里面的细节体现得更好了。另外，把原始图像进行取反运算，变为亮背景、暗物体的情况，在进行 Bottom-hat 变换后，其结果与 Top-hat 变换基本相同。

8.6 本章小结

本章从集合理论的基本概念入手，介绍了二值数学形态学的膨胀、腐蚀、开运算和闭运算等基本运算，并在此基础上讨论了边界提取、区域填充、连通分量提取、细化、粗化等进阶的形态学处理。8.4 节将形态学处理扩展到灰度图像的基本运算，讨论了灰度膨胀、灰度腐蚀、灰度开运算和闭运算等，并在此基础上分析了 Top-hat 变换、Bottom-hat 变换等灰度图像问题。

本章所介绍的形态学基本概念与多种常见的形态学算法，均配有典型的 Matlab 程序实现，合理运用程序命令能够实现从图像中提取所需的特定特征。

第 9 章
基于深度学习的图像处理

本章主要介绍基于深度学习的图像处理方法。基于深度学习方法可以对图像进行特征提取,进而完成分类、分割和识别等任务。与传统的图像处理方法不同,一些以卷积神经网络为代表的基于深度学习的图像处理方法无需人工设计特征。这类算法通过对模型的训练,可以分层次地学习图像不同抽象程度的特征。目前,基于深度学习的图像分类与识别方法在准确率上已经超过了传统方法。

深度学习的概念源于对人工神经网络的研究。深度学习通过组合低层特征形成更加抽象的高层表示属性类别或特征,以发现数据的分布式特征表示。常见的深度学习模型包括含多隐层的多层感知器(Multilayer Perceptron,MLP)、深度置信网络(Deep Belief Network,DBN)和卷积神经网络(Convolutional Neural Network,CNN)等。在图像处理中,目前广泛应用的深度学习模型是 CNN 模型。

本章分为 6 部分:9.1 节介绍机器学习基础,为下面引入卷积神经网络打下基础;9.2 节介绍卷积神经网络原理;9.3 节介绍在图像处理中常用的卷积神经网络;9.4 节介绍卷积神经网络的迁移学习,解决卷积神经网络在图像处理应用中所面临的训练数据不足问题;9.5 节给出两个基于卷积神经网络的图像分类示例;9.6 节为本章小结。

9.1 机器学习基础

卷积神经网络是一种深度学习模型。深度学习是机器学习研究的一个领域。本节将简要介绍机器学习的基础知识,主要包括由基于反向传播算法(Back-Propagation, BP)多层感知机(MLP)组成的 BP 神经网络和支持向量机(SVM),为下面引入卷积神经网络打下基础。

9.1.1 BP 神经网络

BP 神经网络是人工神经网络中应用最广泛的一种模型,始于 1985 年,通常由一个输入层、一个或多个隐藏层和一个输出层构成,每层含有若干个节点,层内节点互不连接,层与层之间的节点采用全互连的连接方式,通过相应的网络权系数相互联系,通过输入/输出转换函数输出信息。一个简单的三层 BP 神经网络基本结构如图 9-1 所示。

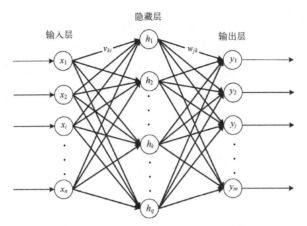

图 9-1 三层 BP 神经网络基本结构

图中，输入层由 n 个神经元组成，$x_i(i=1,2,\cdots,n)$ 既是输入也是该层的输出；隐藏层由 q 个神经元组成，$h_k(k=1,2,\cdots,q)$ 表示隐藏层的输出；输出层由 m 个神经元构成，$y_j(j=1,2,\cdots,m)$ 表示输出；$v_{ki}(i=1,2,\cdots,n;\ k=1,2,\cdots,q)$ 表示输入层与隐藏层之间的连接权值；$w_{jk}(k=1,2,\cdots,q;\ j=1,2,\cdots,m)$ 表示隐藏层和输出层之间的连接权值。

BP 神经网络作为一种有监督的学习算法，其具体的学习过程有正向传播和反向传播两个阶段。在正向传播过程中，其输入信息由输入层经隐藏层逐层处理传向输出层，若输出层得不到目标输出，则转入反向传播，将实际输出与目标输出之间的误差沿原通路返回，逐层修改各层节点之间的连接权重值，如此反复调整网络参数，直至误差达到最小为止。为了能够更清晰的理解整个 BP 神经网络的基本逻辑过程，下面将根据如图 9-1 所示参数具体描述 BP 神经网络算法的运算过程，并以流程图的形式展出（见图 9-2）。

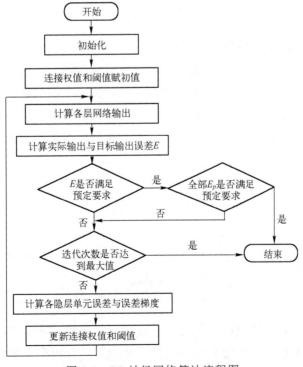

图 9-2 BP 神经网络算法流程图

(1) 初始化：赋予权值向量和阈值向量初始值，设定网络层数、每层节点数、激活函数、网络参数、训练函数、训练参数（最大训练次数、训练目标、学习率和误差精度等）。

(2) 计算各层网络输出：设定共有 P 个模式对，一组输入和目标输出组成一个模式对，对所有模式对进行前期的归一化处理，下一层节点状态仅受上一层节点的影响。

① 隐藏层：

输入（含阈值 θ_k）

$$s_k = \sum_{i=1}^{n} v_{ki} \cdot x_i \tag{9-1}$$

输出

$$h_k = f(s_k) \tag{9-2}$$

② 输出层：

输入（含阈值 φ_j）

$$s_j = \sum_{k=1}^{q} w_{jk} \cdot h_k \tag{9-3}$$

输出

$$y_j = f(s_j) \tag{9-4}$$

式（9-4）中所用的函数 $f(s)$ 可设计为非线性的输入-输出关系，被称为激活函数，也称为作用函数或转换函数。Sigmoid 函数既有上界又有下界，是一条单调递增曲线，连续可微，是激活函数的常用函数，具体表示为

$$f(s) = \frac{1}{1+e^{-\lambda s}} \tag{9-5}$$

式中，系数 λ 决定 Sigmoid 函数的陡峭程度。

(3) 计算输出误差：首先提前设定一个网络的输入模式，由输入层到隐藏层，然后隐藏层神经元经过激活函数处理后作为新的输入，传输至输出层，最后由输出层神经元激活函数处理得到一个实际输出模式。对比实际输出模式与目标输出模式，可获取二者之间的误差。共有 P 个模式对，当第 p 个模式作用时，其输出层的误差函数定义为

$$E_p = \frac{1}{2} \sum_{j=1}^{m} (y_{jp} - t_{jp})^2 \tag{9-6}$$

其中，$(y_{jp} - t_{jp})^2$ 代表输出层第 j 个神经元在模式 p 作用下的实际输出与目标输出之间差的平方值。

共有 P 个模式，对每个模式依次进行学习，P 个模式得到的总误差为

$$E = \sum_{p=1}^{P} E_p = \frac{1}{2} \sum_{p=1}^{P} \sum_{j=1}^{m} (y_{jp} - t_{jp})^2 \tag{9-7}$$

(4) 调整各层权值：调整权值的原则是使误差 E 不断减小。若实际输出模式和目标输出模式之间存在误差，则从输出层转向将误差逐层反方向传递至输入层，"分摊"给每

个神经元以修改其连接权,并返回到(2),对所有 P 个模式对重新计算。依据梯度下降原理,对其中任意两个神经元之间连接权的修正方向为 E 函数梯度的反方向,即

$$\Delta w_{jk} = -\sum_{p=1}^{P} \eta \frac{\partial E_p}{\partial w_{jk}} \tag{9-8}$$

$$\Delta v_{ki} = -\sum_{p=1}^{P} \eta \frac{\partial E_p}{\partial v_{ki}} \tag{9-9}$$

式中,η 代表学习率,是一个给定的常数,通常取值 $0<\eta<1$。

(5)判断设定的误差 E 是否满足要求,决定网络走向。

(6)判断网络迭代次数是否满足设定值,决定网络走向,直至误差 E 符合要求。

概括地说,BP 神经网络是将学习样本作为输入,采用误差逆传算法,不断调整网络权值和参数,直至输出训练好的最优网络。

BP 神经网络有以下特点:

(1) BP 神经网络实现了从输入到输出的映射,在数学理论方面已证明它可以实现任何复杂的非线性映射。

(2) BP 神经网络拥有自学习能力,能学习含有正确解的实例集,并自动提取合适的求解规则。

(3) BP 神经网络有较好的推广和概括能力。

9.1.2 支持向量机 SVM

SVM 于 1995 年由 Corinna Cortes 和 Vapnik 等人首先提出,是建立在 VC 维(Vapnik Chervonenks Dimension)的统计学和结构风险最小化原理基础上的一种机器学习算法。

SVM 的核心思想是一个平面上两类不同的点,经过某种特殊的映射关系,将这些点映射到其他空间,并在其他空间将这些点分隔开,一般分为线性可分和线性不可分两类,主要针对线性可分的情况进行分析,对于线性不可分的情况,通过非线性映射将低维输入空间线性不可分的样本转化至高维特征空间使其线性可分,从而使高维特征空间采用线性算法对样本的非线性特征进行线性分析成为可能,如图 9-3 所示。

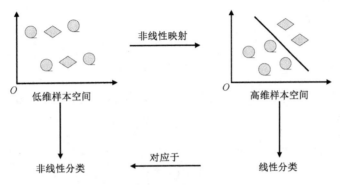

图 9-3 SVM 核心思想示意图

在目前的研究中，常用的映射方法或核函数有以下四种。

（1）线性核函数

$$K(x,z) = x^T y + c \tag{9-10}$$

线性核函数能将空间的样本进行最优化分类，计算速度快，设置参数少，是最简单的一种核函数。

（2）多项式核函数

$$K(x,z) = \left(ax^T y + c\right)^d \tag{9-11}$$

多项核函数能进行数据的正交归一化，影响全局。d 代表相距距离，若选择过大，则会使维度变高，计算量变大，易造成过拟合现象。

（3）径向基核函数

$$K(x,z) = \exp\left(-\frac{\|x-z\|^2}{2\sigma^2}\right) \tag{9-12}$$

式（9-12）为高斯内核函数，是最常用的径向基核函数。其中，z 代表核函数中心，σ 代表宽度参数，作用于控制函数的径向作用范围。

（4）多层感知机核函数

$$K(x,z) = \tanh\left(ax^T y + c\right) \tag{9-13}$$

tanh 核函数解决了全局最优解的问题，可以对未知样本进行较好的预测，是主要用于深度学习和机器学习的一类核函数。

SVM 最基本的二类分类器算法如下。

（1）给定学习样本集 $\{(x_n, y_n)\}_{n=1}^{N}$，$x_n \in R^M$，$y_n \in \{-1, 1\}$。$y_n = 1$ 表示 x_n 属于 C_1 类，$y_n = -1$ 表示 x_n 属于 C_2 类。

（2）构造并求解关于变量 W 和 b 的优化问题：

$$\min_{W,b} \quad \frac{1}{2}\|W\|^2 = \frac{1}{2}W^T \bullet W \tag{9-14}$$

$$\text{s.t.} \quad y_n \bullet \left(\langle W \bullet x_n \rangle + b\right) \geq 1, \quad n = 1, 2, \cdots, N \tag{9-15}$$

求得最优解 W^* 和 b^*。

（3）构造分类函数

$$g(x) = \langle W^* \bullet x \rangle + b^* \tag{9-16}$$

对于任意的未知模式 x，可以由式（9-16）判断其所属类别，即

$$g(x) > 0 \tag{9-17}$$

则 $x \in C_1$。

$$g(x) < 0 \tag{9-18}$$

则 $x \in C_2$。

SVM 算法适用于小样本，具有以下优势：

（1）引入核函数，巧妙地解决了维数灾难问题，算法复杂度与样本维数无关，样本维数增加不会导致所需的计算资源呈指数增长；

（2）SVM 寻优过程是通过解决一个二次规划问题实现的，能够保证所找到的极值解就是全局最优解，避免了多解性；

（3）具有良好的泛化能力。

上述特点使 SVM 能很好地应用于各类领域，目前在人脸、语音等识别上的研究比较成熟。

9.2 卷积神经网络原理

本节将介绍卷积神经网络原理：首先介绍卷积神经网络的发展历史；其次详细介绍卷积神经网络的结构；最后介绍卷积神经网络的训练方法。

9.2.1 卷积神经网络的发展历史

1962 年，生物学家 Hubel 和 Wiesel 通过对猫脑视觉皮层的研究，发现在视觉皮层中存在一系列复杂构造的细胞。这些细胞对视觉输入空间的局部区域很敏感，被称为感受野（receptive field）。感受野以某种方式覆盖整个视觉域，在输入空间起局部化的作用，能够更好地挖掘存在于自然图像中局部空间的强烈相关性。这些被称为感受野的细胞可分为简单细胞和复杂细胞两种类型。神经网络底层简单细胞的感受野只对应视网膜的某个特定区域，并只对该区域中特定方向的边界线产生反应。复杂细胞通过对特定取向性的简单细胞进行聚类，拥有较大的感受野，并获得具有一定不变性的特征。上层简单细胞对共生概率较高的复杂细胞进行聚类，可产生更为复杂的边界特征。通过简单细胞和复杂细胞的逐层交替出现，视觉神经网络获得了提取高度抽象性及不变性图像特征的能力。

1980 年，Fukushima 根据 Hubel 和 Wiesel 的感受野模型提出了结构与之类似的理论模型：神经认知机（neocognitron）。neocognitron 是一个具有深度结构的神经网络，是最早被提出的深度学习算法之一。其隐含层由 S 层（Simple-layer）和 C 层（Complex-layer）交替构成。其中：S 层与 Hubel-Wiesel 层级模型中的简单细胞层或低阶超复杂细胞层相对应；C 层对应于复杂细胞层或高阶超复杂细胞层。S 层单元在感受野内对图像特征进行提取。C 层单元接收和响应由不同感受野返回的相同特征。neocognitron 的 S 层-C 层组合能够进行特征提取和筛选，部分实现卷积神经网络中卷积层（convolution layer）和池化层（pooling layer）的功能，被认为是启发了卷积神经网络的开创性研究。

1987 年，由 Alexander Waibel 等人提出的时间延迟网络（Time Delay Neural Network,

TDNN）是第一个卷积神经网络。TDNN 是一个应用于语音识别的卷积神经网络，使用 FFT 预处理的语音信号作为输入，隐含层由两个一维卷积核组成，以提取频率域上的平移不变特征。由于在 TDNN 出现之前，人工智能领域在反向传播算法的研究中取得了突破性进展，因此 TDNN 得以使用 BP 框架内进行学习。在原作者的比较试验中，TDNN 的表现超过了同等条件下的隐马尔可夫模型（Hidden Markov Model, HMM），后者是 20 世纪 80 年代语音识别的主流算法。

1988 年，Wei Zhang 提出了第一个二维卷积神经网络：平移不变人工神经网络（Shift Invariant Artificial Neural Network, SIANN），并将其应用于检测医学影像，独立于由 Wei Zhang、Yann LeCun 等人于 1989 年同样构建的应用于图像分类的卷积神经网络，即 LeNet 的最初版本。LeNet 包含两个卷积层，2 个全连接层，共计 6 万个学习参数，规模远超 TDNN 和 SIANN，在结构上与现代卷积神经网络十分接近。Yann LeCun 对权重进行随机初始化后，使用了随机梯度下降（Stochastic Gradient Descent, SGD）进行学习。这一策略被其后的深度学习研究广泛采用。此外，Yann LeCun 在论述其网络结构时首次使用了"卷积"一词，"卷积神经网络"也因此得名。

1998 年，由 Yann LeCun 等人提出的 LeNet-5 采用了基于梯度的反向传播算法对网络进行有监督的训练。经过训练的网络通过交替连接的卷积层和下采样层将原始图像转换成一系列的特征图后，通过全连接的神经网络针对图像的特征表达进行分类。卷积层的卷积核完成了感受野的功能，可以将低层的局部区域信息通过卷积核激发到更高的层次。LeNet-5 在手写字符识别领域的成功应用引起了学术界对于卷积神经网络的关注。同一时期，卷积神经网络在语音识别、物体检测、人脸识别等方面的研究也逐渐开展起来。

2006 年后，随着深度学习理论的完善，尤其是逐层学习和参数微调（fine-tuning）技术的出现，卷积神经网络开始快速发展，在结构上不断加深，各类学习和优化理论得到引入。2012 年，由 Krizhevsky 等人提出的 AlexNet 在大型图像数据库 ImageNet 的图像分类竞赛中以准确度超越第二名 11%的巨大优势夺得了冠军，使得卷积神经网络成为了学术界的焦点。AlexNet 之后，不断有新的卷积神经网络模型被提出，如牛津大学的 VGG（Visual GeometryGroup）、Google 的 GoogleNet、微软的 ResNet 等。这些网络刷新了 AlexNet 在 ImageNet 上创造的纪录。卷积神经网络不断与一些传统算法相融合，加上迁移学习方法的引入，使得卷积神经网络的应用领域获得了快速扩展。一些典型的应用包括卷积神经网络与递归神经网络（RecurrentNeural Network，RNN）结合用于图像的摘要生成以及图像内容的问答、通过迁移学习的卷积神经网络在小样本图像识别数据库上取得了准确度的大幅度提升以及面向视频的行为识别模型—3D 卷积神经网络等。

9.2.2 卷积神经网络的结构

卷积神经网络的基本结构由输入层、卷积层（convolutional layer）、池化层（pooling

layer，也称为取样层）、全连接层及输出层构成。卷积神经网络的基本结构如图 9-4 所示。

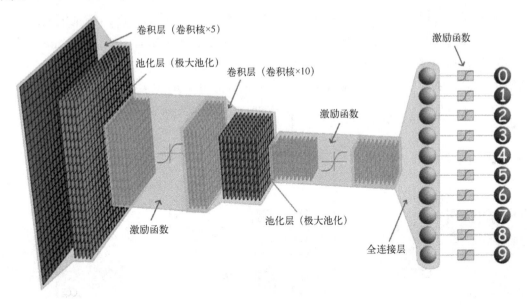

图 9-4 卷积神经网络的基本结构

卷积层和池化层一般会取若干个，采用卷积层和池化层交替设置，即一个卷积层连接一个池化层，在池化层后再连接一个卷积层，依次类推。由于在卷积层中输出特征的每个神经元与其输入进行局部连接，并通过对应的连接权值与局部输入进行加权求和后再加上偏置值，因此可得到该神经元的输入值。该过程等同于卷积过程，卷积神经网络由此得名。

为了形象地说明卷积神经网络的计算过程，本节将引用文献[32]中的部分图片，具体包括图 9-5 至图 9-14 共 10 幅图片。

1. 卷积层

在卷积神经网络的卷积层中，输入特征图与卷积核进行卷积后可得到输出特征图。

卷积层的功能是对输入数据进行特征提取，其内部包含多个卷积核。组成卷积核的每个元素都对应一个权重系数和一个偏差量（bias vector），类似于一个前馈神经网络的神经元（neuron）。卷积层内每个神经元都与前一层位置接近区域的多个神经元相连，区域的大小取决于卷积核的大小，被称为感受野。其含义可类比视觉皮层细胞的感受野。卷积核在工作时，会有规律地扫过输入特征图，在感受野内可对输入特征进行矩阵元素乘法求和并叠加偏差量。式（9-19）给出了二维卷积的计算公式，即

$$Z^{l+1}(i,j) = \left[Z^l \otimes w^l\right](i,j) + b$$
$$= \sum_{c=1}^{C_l}\sum_{x=1}^{k}\sum_{y=1}^{k}\left[Z_c^l(si+x, sj+y)w_c^{l+1}(x,y)\right] + b \quad (9\text{-}19)$$

式中，$(i,j) \in \{0,1,\cdots,L_{l+1}\}$ 且有 $L_{l+1} = \left\lfloor (L_l + 2p - k)/s \right\rfloor + 1$ 为输出大小，其中 $\lfloor x \rfloor$ 表示取不超

过 x 的最大整数；求和部分等价于求解一次交叉相关（cross-correlation）；b 为偏差量；Z^l 和 Z^{l+1} 表示第 $l+1$ 层的卷积输入和输出，也称特征图（feature map）；L^{l+1} 为 Z^{l+1} 的尺寸，这里假设特征图长和宽相同；$Z(i,j)$ 对应特征图的像素；C_l 为特征图的通道数；k、s 和 p 是卷积层参数，对应卷积核大小、卷积步长（stride）和填充（padding）数。

图 9-5 给出了式（9-19）二维卷积的一个简单示例。为方便起见，将卷积核每次移动的步长 s 设为 1，且没有对输入特征图边缘进行补 0（$p=0$）。

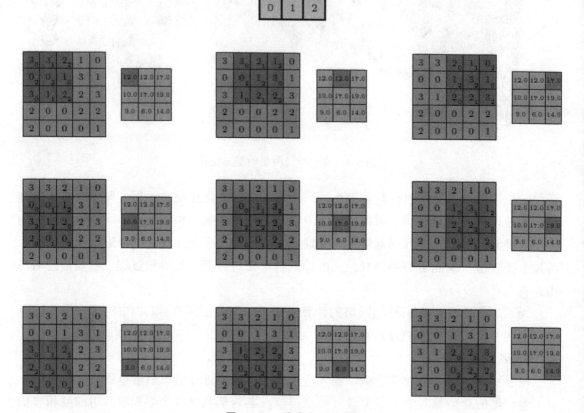

图 9-5　二维卷积示意图

图 9-5 中，浅蓝色网格被称为输入特征图，卷积核用灰色表示，依次按图中的次序滑过输入特征图。在每一个位置，卷积核中的元素和被卷积核覆盖的对应位置的元素相乘并求和，可得到该位置的卷积输出值。绿色的网格代表输出特征图，其值由所有的输出值构成。

图 9-5 给出了一个输入特征图的情况。在实际应用中，具有多个输入特征图的情况也是常见的，如输入是彩色图像的情况。如果有多个输入特征图，则卷积核是三维的，相当于每个特征图用一个不同的卷积核进行卷积，最终得到的输出特征图是各个卷积核输出特征图的求和叠加。图 9-6 给出了多个输入特征图时的卷积操作。

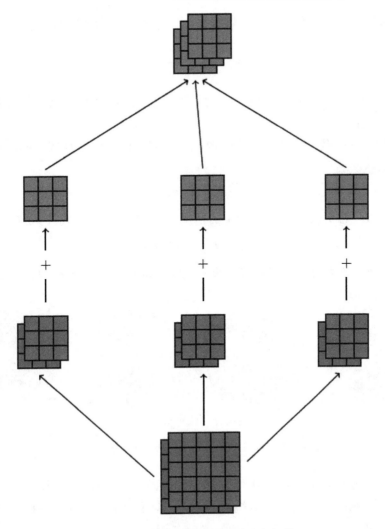

图 9-6 多个输入特征图时的卷积操作

图 9-6 中,输入特征图的 i 大小是 $5×5×2$,表示特征图的大小是 $5×5$,有 2 个通道,分别与 3 个大小为 $3×3×2$ 的 3D 卷积核 k_1、k_2、k_3 做卷积,可得到的 3 个大小为 $3×3$ 的特征图 o_1、o_2、o_3,将它们合并在一起可得到大小为 $3×3×3$ 的输出特征图 o。注意,这里的合并过程是简单地把 o_1、o_2、o_3 并列到一起,而不是对它们进行求和,保留了 3 个通道中特征图的全部信息。

更一般地,在二维离散卷积的计算过程中,有时需要在输入图像周围进行补 0,且卷积核每次的移动步长 s 可能不是 1 而是一个大于 1 的整数。此时,卷积的计算方法虽然仍与式(9-19)相似,但输出特征图在 j 轴方向上的大小 o_j 由以下 4 个因素决定:

i_j:输入特征图在 j 轴方向上的大小;

k_j:输入卷积核在 j 轴方向上的大小;

s_j:j 轴方向卷积核的移动步长;

p_j：j 轴方向的补 0 数目（在 j 轴方向上，输入特征图的头和尾都补 p_j 个 0）。

$$o_j = \left\lfloor \frac{i_j + 2p_j - k_j}{s_j} \right\rfloor + 1 \tag{9-20}$$

当 i、k、s、p 在两个维度上相等时，为了方便起见，可省略下标 j。下面给出式（9-20）的几种具体情况：

（1）无补 0，卷积核移动步长为 1 的情况。图 9-8 是最简单的情况。此时，$p_j = 0, s_j = 1$，式（9-20）可简化为

$$o_j = i_j - k_j + 1 \tag{9-21}$$

（2）有补 0，卷积核移动步长为 1 的情况。此时，$s_j = 1$，式（9-20）可简化为

$$o_j = i_j - k_j + 2p_j + 1 \tag{9-22}$$

图 9-7 给出了有补 0，卷积核移动步长为 1 时的情况（$i = 5, k = 4, s = 1, p = 2$）。

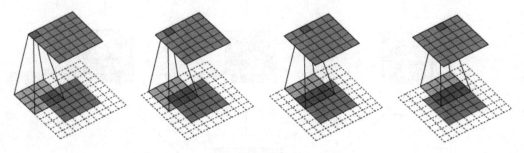

图 9-7　有补 0，卷积核移动步长为 1 时的情况（$i = 5, k = 4, s = 1, p = 2$）

图 9-7 中，卷积核的大小为 4×4，移动步长是 1，输入特征图的大小是 5×5，在输入特征图的横、纵坐标方向上，两端都补 2 个 0，得到的输出特征图的大小为 6×6，由式（9-22）给出。

在实际应用中，当卷积核的大小 $k = 2n+1$ 为奇数且 $p = \lfloor k/2 \rfloor = n$ 时，根据式（9-22）可得到 $o = i + 2n - (k-1) = i + 2n - 2n = i$，此时被称为半填充（half padding）或相等填充（same padding）；当 $p = k - 1$ 时，根据式（9-22）可得到 $o = i + k - 1$，此时的填充形式被称为全填充（full padding），因为此时输入特征图上每部分的信息都被完全利用了。相等填充和全填充是常见的卷积计算方式。图 9-8 和图 9-9 分别给出了半填充和全填充的示例。

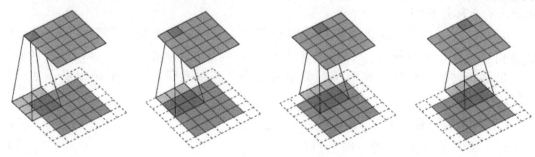

图 9-8　半填充（$i = 5, k = 3, s = 1, p = 1, o = 5$）

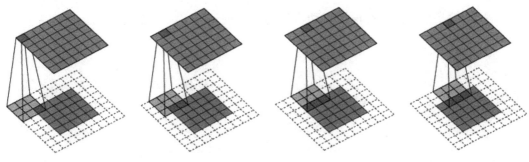

图 9-9　全填充（$i=5, k=3, s=1, p=2, o=7$）

（3）无补 0，卷积核移动步长不为 1 的情况。此时，i、k、$s \neq 0, p = 0$，卷积核从输入特征图的最左边开始以 s 为间隔向右滑动，直至输入特征图的最右侧，所得到的输出特征图的大小为卷积核在此过程中移动的总次数再加上 1，其中 1 表示卷积核的起始位置所得到的一个输出。此时，式（9-20）可简化为

$$o_j = \left\lfloor \frac{i_j - k_j}{s_j} \right\rfloor + 1 \tag{9-23}$$

图 9-10 给出了无补 0，卷积核移动步长不为 1 时的情况（$i=5, k=3, s=2, p=0, o=2$）。

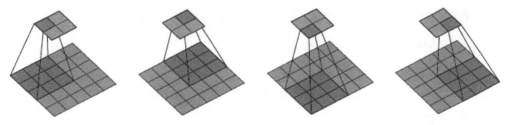

图 9-10　无补 0，卷积核移动步长不为 1 时的情况（$i=5, k=3, s=2, p=0, o=2$）

图 9-10 中，卷积核的大小为 3×3，输入特征图的大小为 5×5，没有补 0，卷积核每次移动步长为 2，由式（9-23）可得输出特征图的大小为 2×2。

（4）补 0，卷积核移动步长不为 1 时的情况。此时，i、k、s、$p \neq 0$ 输出特征图的大小由式（9-20）决定。这是最一般的卷积形式。由于式（9-20）中下取整操作的存在，因此不同的输入特征图大小可能会产生相同的输出特征图大小。如果 $i+2p-k$ 是 s 的整数倍，则当输入特征图的大小为 $i+a$，$a \in \{0,...,s-1\}$ 时，将产生相同的输出特征图大小。注意，这种情况只在卷积核的移动步长为 $s \geq 2$ 时发生。

图 9-11 给出了补 0，卷积核移动步长为 2 时的情况（$i=5, k=3, s=2, p=1, o=3$）。

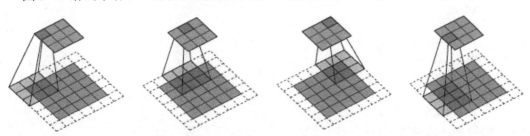

图 9-11　补 0，卷积核移动步长为 2 时的情况（$i=5, k=3, s=2, p=1, o=3$）

图 9-12 给出了补 0，卷积核移动步长为 2 时的情况（$i=6, k=3, s=2, p=1, o=3$）。

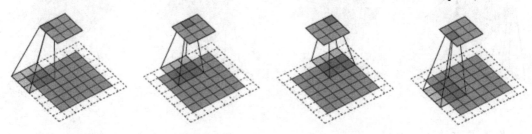

图 9-12　补 0，卷积核移动步长为 2 时的情况（$i=6, k=3, s=2, p=1, o=3$）

图 9-11 和图 9-12 中，卷积核的大小都是 3×3，移动步长 $s=2$，填充 $p=1$，不同之处在于：虽然图 9-11 中输入特征图的大小为 5×5，图 9-12 中输入特征图的大小为 6×6，但它们输出特征图的大小是一样的，都是 3×3。这是由于移动步长 $s=2$ 时，图 9-11 中卷积核移动到最右边时移动的次数与图 9-12 相同。

二维离散卷积在 Matlab 中可以很方便的实现，下面以最常用的无填充、相等填充（半填充）和全填充为例，介绍由 Matlab 的二维卷积函数 conv2 的实现方法。

conv2 函数的语法为

```
C = conv2(A,B,shape)    %根据 shape 指定的类型返回 A，B 的卷积 C
```

其中，shape 可以选 'full'、'same'、'valid'。

'full'：返回全填充卷积。

'same'：返回相等填充卷积，卷积结果 C 的大小与 A 相同。

'valid'：返回无填充卷积。

示例：

```
>> A=magic(5)
A =
17 24  1  8 15
23  5  7 14 16
 4  6 13 20 22
10 12 19 21  3
11 18 25  2  9
>> B=[1 3 1; 0 5 0; 2 1 2]
B =
1 3 1
0 5 0
2 1 2
>> C1 = conv2(A,B,'full')
C1 =
17  75  90  35  40  53  15
23 159 165  45 105 137  16
38 198 120 165 205 197  52
56  95 160 200 245 184  35
19 117 190 255 235 106  53
```

```
20 89 160 210 75 90 6
22 47 90 65 70 13 18
>> C2 = conv2(A,B,'same')
C2 =
159 165 45 105 137
198 120 165 205 197
95 160 200 245 184
117 190 255 235 106
89 160 210 75 90
>> C3 = conv2(A,B,'valid')
C3 =
120 165 205
160 200 245
190 255 235
```

2．激活函数（activation function）

卷积层中包含激活函数以协助表达复杂特征，其表示形式为

$$A_{i,j,c}^l = f\left(Z_{i,j,c}^l\right) \tag{9-24}$$

式（9-24）中，f 表示所采用的激活函数，其他参数与卷积层相同。卷积神经网络通常使用修正线性单元（Rectified Linear Unit, ReLU）作为激活函数，其他类似 ReLU 的变体包括有斜率的 ReLU（Leaky ReLU, LReLU）、参数化的 ReLU（Parametric ReLU, PReLU）、随机化的 ReLU（Randomized ReLU, RReLU）、指数线性单元（Exponential Linear Unit, ELU）等。在 ReLU 出现以前，Sigmoid 函数和双曲正切函数（hyperbolic tangent）是常用的激活函数。

操作激活函数通常是在卷积核之后，一些使用预激活（preactivation）技术的算法将激活函数置于卷积核之前。在一些早期的卷积神经网络研究，例如 LeNet-5 中，激活函数在池化层之后。

3．池化层

卷积神经网络中的另外一个重要的组成部分是池化（pooling）层。在卷积层进行特征提取后，输出特征图会被传递至池化层进行特征选择和信息过滤。池化层包含预设定的池化函数，其功能是将特征图中单个点的结果替换为其相邻区域特征图的统计量。池化层选取池化区域与卷积核扫描特征图步骤相同，由池化大小、步长和填充控制。池化层的模型可以用式（9-25）来表示，即

$$A_c^l(i,j) = \left[\sum_{x=1}^k \sum_{y=1}^k A_c^l(si+x, sj+y)^p\right]^{\frac{1}{p}} \tag{9-25}$$

式（9-25）所示的模型被称为 L_p 池化。式（9-25）中的步长 s、像素 (i,j) 的含义与卷积层相同，p 是预指定参数。当 $p=1$ 时，相当于在池化区域内取均值，被称为均值池化（average pooling）；当 $p \to \infty$ 时，相当于在池化区域内取极大值，被称为极大池化（max pooling）。均值池化和极大池化是最常见的池化方法。二者以损失特征图尺寸为代价保留图像的背景和纹理信息。

图 9-13 和图 9-14 分别给出了均值池化和极大池化的简单示例。

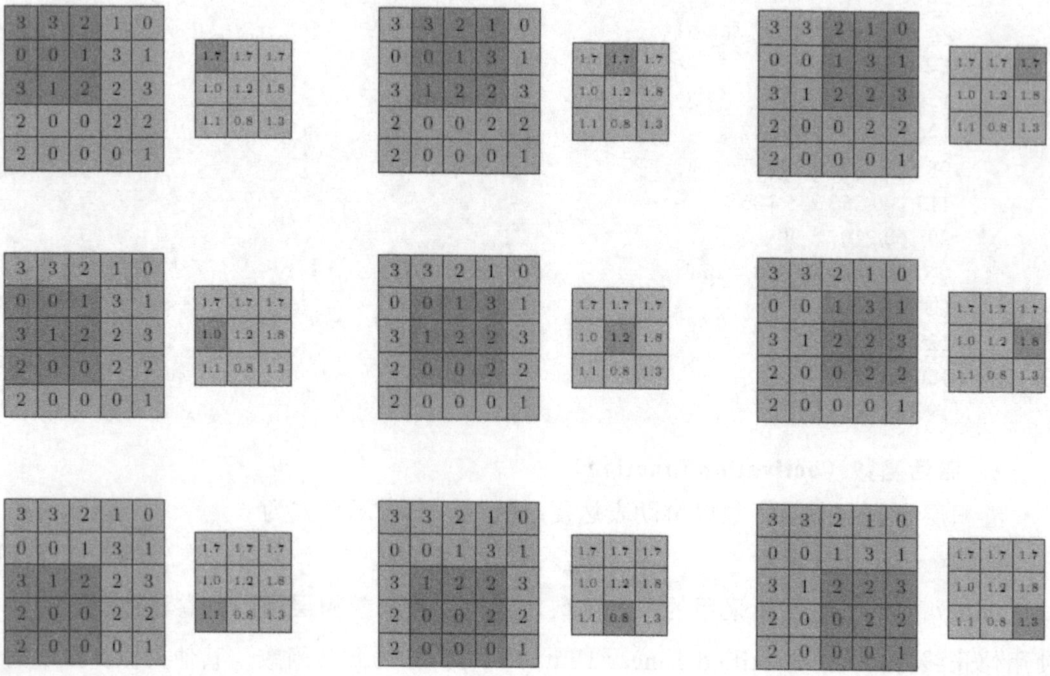

图 9-13　均值池化

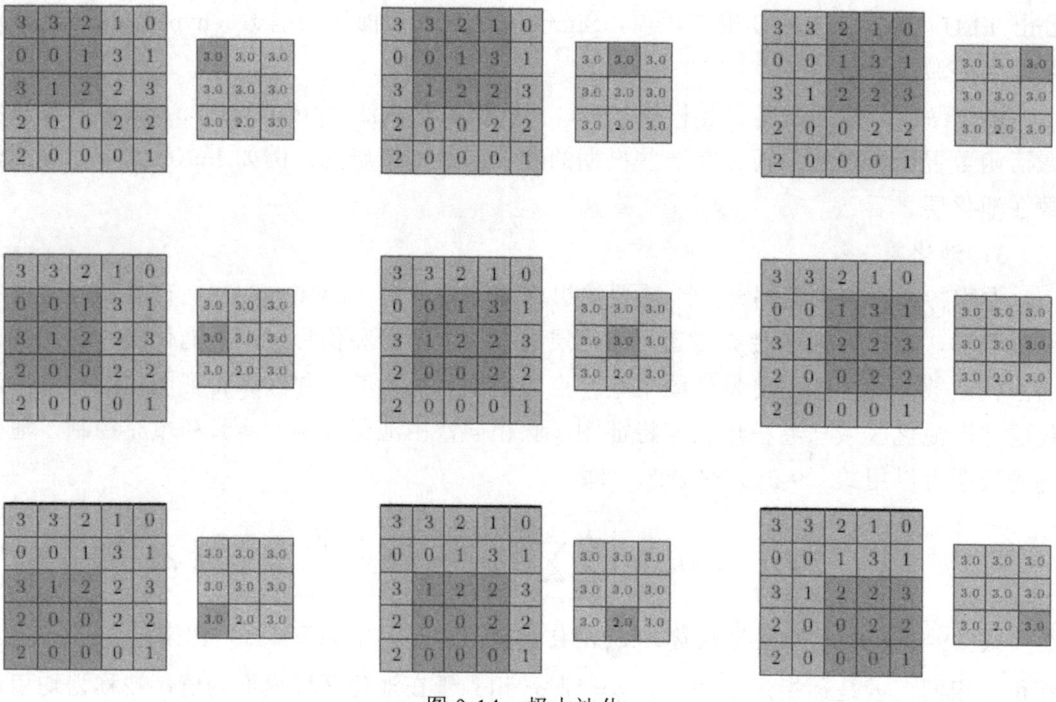

图 9-14　极大池化

图 9-13 和图 9-14 中，输入池化层特征图的大小均为 5×5，池化区域的大小为 3×3，池化区域移动步长 $s=1$，均得到了大小为 3×3 的输出。

4. 全连接层与输出层

卷积神经网络中的全连接层通常搭建在卷积神经网络隐含层的最后部分，并只向其他全连接层传递信号。其特征图在全连接层中会失去 3 维结构，被展开为向量并通过激活函数传递至下一层。

在一些卷积神经网络中，全连接层的功能可部分由全局均值池化（global average pooling）取代。全局均值池化会将特征图每个通道的所有值取平均，即若有 $7×7×256$ 的特征图，则全局均值池化将返回一个 256 的向量，其中的每个元素都是对应 $7×7$ 特征图的均值。

卷积神经网络中输出层的上游通常是全连接层，其结构和工作原理与传统前馈神经网络中的输出层相同。对于图像分类问题，输出层使用逻辑函数或归一化指数函数（softmax function）输出分类标签。在图像语义分割中，输出层直接输出每个像素的分类结果。

9.2.3 卷积神经网络的训练

卷积神经网络的训练目标是最小化网络的损失函数 $L(w,b)$。常见的损失函数为均方误差（Mean Squared Error，MSE）函数 $L_{\text{MSE}}(w,b)$。设卷积神经网络的训练集为 $J=\{\boldsymbol{I}^i,\boldsymbol{d}^i\}_{i=1}^N$，其 $\boldsymbol{I}^i$ 为第 i 个样本的输入特征图，$\boldsymbol{d}^i$ 为第 i 个样本期望的输出响应，N 为训练集样本数。设 $\boldsymbol{y}^i$ 为卷积神经网络通过计算在输出层得到的输出，$\boldsymbol{y}^i$ 与 $\boldsymbol{d}^i$ 均是 $M×1$ 向量，则有

$$L_{\text{MSE}}(w,b)=\frac{1}{2}\sum_{i=1}^{N}\sum_{j=1}^{M}\left[\boldsymbol{d}_j^i-\boldsymbol{y}_j^i\right]^2 \tag{9-26}$$

为了减轻过拟合的问题，最终的损失函数通常会通过增加 L2 范数以控制权值的过拟合，并且通过参数 λ 控制过拟合作用的强度，即

$$E(w,b)=L(w,b)+\frac{\lambda}{2}w^Tw \tag{9-27}$$

在训练过程中，卷积神经网络常用的优化方法是梯度下降法，将通过梯度下降得到的误差进行反向传播，逐层更新卷积神经网络各个层的可训练参数 (w,b)。学习速率参数 η 用于控制误差反向传播的强度，即

$$w_{i+1}=w_i-\eta\frac{\partial E(w,b)}{\partial w_i} \tag{9-28}$$

$$b_{i+1}=b_i-\eta\frac{\partial E(w,b)}{\partial b_i} \tag{9-29}$$

式（9-28）和式（9-29）中的偏导数项使用 BP 框架进行计算，卷积神经网络中的 BP 分为三部分，即全连接层、卷积核的反向传播和池化层的反向通路（backward pass）。

全连接层的 BP 计算与传统的前馈神经网络相同。

卷积核的反向传播是一个与前向传播类似的交叉相关计算，即

$$\left(\frac{\partial E}{\partial A}\right)^l_{i,j} = \sum_{c=1}^{C_l}\sum_{x=1}^{k}\sum_{y=1}^{k}\left[w_c^{l+1}(x,y)\left(\frac{\partial E}{\partial A}\right)^{l+1}_{si+x,sj+y,c}\right]f'\left(A^l_{i,j}\right)$$

$$w^l = w^{l+1} - \eta\left(\frac{\partial E}{\partial w}\right)_c = w^{l+1} - \eta\left[A^{l+1}\left(\frac{\partial E}{\partial A}\right)^{l+1}_c\right]$$

(9-30)

式中，E 为损失函数；f' 为激活函数的导数；η 是学习速率；c 代表卷积层的通道号。若卷积核的前向传播使用卷积计算，则反向传播需要对卷积核翻转之后再进行卷积运算。

由于池化层在反向传播中没有参数更新，因此只需要根据池化方法将误差分配到特征图的合适位置即可：对极大池化，所有误差会被赋予极大值的所在位置；对均值池化，误差会被平均分配到整个池化区域。

卷积神经网络通常使用 BP 框架内的随机梯度下降（Stochastic Gradient Descent, SGD）及其变体，例如通过 Adam 算法（Adaptive moment estimation）进行训练。SGD 在每次迭代中随机选择样本计算梯度，在大量学习样本的情形下有利于信息筛选，在迭代初期能快速收敛，计算复杂度更小。

9.3 图像处理中常用的卷积神经网络

本节将介绍三种目前在图像处理中常用的卷积神经网络结构：AlexNet、GoogleNet 和 ResNet。这三种网络都是深度卷积神经网络，在图像分类中有着广泛的应用。

9.3.1 AlexNet

AlexNet 模型是一个 8 层的卷积神经网络，包含 5 个卷积层（含 3 个池化层和 2 个 norm 层）和 3 个全连接层。其中最后一层采用 softmax 进行分类，共约 60M 个参数。AlexNet 模型采用（Rectified linear units，ReLU）来取代传统的 Sigmoid 和 tanh 函数作为神经元的非线性激活函数，并通过 Dropout 方法来减轻过拟合问题。AlexNet 模型的结构如图 9-15 所示。

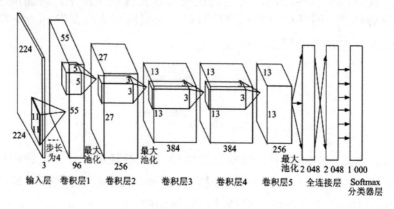

图 9-15　AlexNet 模型的结构

AlexNet 模型的输入图片都被缩放为 256×256,从中随机截取 224×224 大小的方形区块,以 R、G、B 三个颜色维度输入。前 5 层是卷积层,以卷积层 1 为例,它含有 96 个大小为 11×11、步长为 4 的卷积核,产生 96 个含有 55×55 节点的特征图(Feature Map),卷积滤波后,通过 ReLU 激活函数可得到卷积层的输出激励,经过局部响应归一化和最大池化下的采样操作,输出给下一个卷积层。网络在 5 层卷积层的基础上加上一个三层的全连接网络作为分类器,对高维卷积特征进行分类可得到类别标签。全连接网络最终输出维数为 1000 的神经元响应,对应于待分类图像的 1000 个类别,并送入 Softmax 层进行分类。

9.3.2 GoogleNet

由 Google 公司的 Christian Szegedy 等人开发设计的 GoogleNet 模型使用新颖的 Inception 结构作为基本模块进行级联,实现了在提升网络深度的同时大大减少网络参数,并且充分利用了计算资源,提高了算法的计算效率。他们在 2014 年参加了 ILSVRC 挑战赛,获得了图像分类任务的冠军。

GoogleNet 由多个 Inception 基本模块级联组成,网络深度达到 22 层。GoogleNet 中 Inception 模块的结构如图 9-16 所示。其主要思想是首先以 3 个不同尺寸的卷积核对前一个输入层提取不同尺度的特征信息,然后融合这些特征信息并传递给下一层。Inception 模块拥有 1×1、3×3 和 5×5 大小的卷积核,其中在 3×3 和 5×5 卷积核之前的 1×1 卷积核主要用于数据降维,在传递给后面的 3×3 和 5×5 卷积层时降低了卷积计算量,避免了由于增加网络规模所带来的巨大计算量。通过对 4 个通道的特征融合,下一层可以从不同尺度上提取更有用的特征。

然而,很深的网络结构给误差的反向传播带来了困难,因为从顶层传到底层的误差已经变得很小,难以驱动底层参数的更新,所以 GoogleNet 采取的策略是将监督信号直接加到多个中间层,意味着中间和低层的特征表示也需要能够准确对训练数据进行分类。

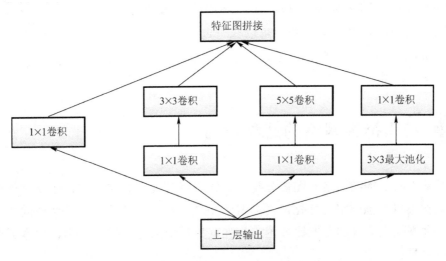

图 9-16 GoogleNet 中 Inception 模块的结构

与 AlexNet 网络模型对比，GoogleNet 删除了倒数两个全连接层。一般而言，全连接层虽然含有整个网络的绝大多数参数，却只占用很小的计算资源，如在 AlexNet 中，前 5 层卷积层虽然只拥有网络 5%的参数，但却消耗了整个网络 95%的计算量，后 3 层虽然拥有网络 95%的参数，但却只消耗 5%的计算量。这就造成了学习参数和计算资源利用的极度不平衡。通过去除全连接层，GoogleNet 虽然增加了网络的深度，但整个网络的参数只有 6M 个，而且还消除了上述学习参数与计算资源之间的不平衡现象，达到了充分利用计算资源的目的。

9.3.3 ResNet

在 2015 年年底揭晓的 ImageNet 计算机视觉识别挑战赛 ILSVRC2015 中，来自微软亚洲研究院团队所提出的深达 152 层的深层残差网络 ResNet 以绝对优势获得图像检测、图像分类和图像定位 3 个项目的冠军，其中在图像分类的数据集上取得 3.57%的错误率。

随着卷积神经网络层数的增加，网络的训练过程更加困难，从而导致准确率开始达到饱和甚至下降，这种现象被称为网络退化。网络退化的存在影响了网络模型的进一步加深，从而限制了模型的表达能力。针对深度网络退化问题，He 等人通过分析认为，如果网络中增加的每一个层次都能够得到完善的训练，那么误差是不会在网络深度加大的情况下提高的。因此，网络退化问题说明了深度网络中并不是每一个层次都得到了完善的训练。He 等人将残差表示运用于网络中，提出了残差学习的思想。

残差网络的学习模块如图 9-17 所示。为了实现残差学习，ResNet 通过 Shortcut connection（图中的恒等连接）将低层的特征图 x 直接映射到高层网络中。假设原本网络的非线性映射为 $F(x)$，那么通过 Shortcut connection 连接之后的映射关系就变为 $F(x)+x$。He 等人提出这一方法的依据是 $F(x)+x$ 的优化相比 $F(x)$ 会更加容易。因为从极端角度考虑，如果 x 已经是一个优化的映射，那么 Shortcut connection 之间的网络映射 $F(x)$ 经过训练后就会更趋近于 0。这就意味着，数据的前向传导可以在一定程度上通过 Shortcut connection 跳过一些没有经过完善训练的层次，从而提高网络的性能。

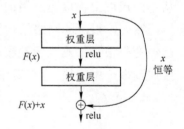

图 9-17 残差网络的学习模块

9.4 卷积神经网络的迁移学习

由于基于卷积神经网络的图像分类任务的网络深度大、参数多，因此需要使用大规模训练数据集以增强网络的泛化能力，避免出现过拟合。这就造成了两个问题：

（1）大规模数据集的获取比较困难，尤其是针对某些特殊的应用，根本无法获得足够的训练数据；

（2）采用大规模数据集对深度网络进行训练计算量很大，非常耗时间。

迁移学习在卷积神经网络上的应用有效地减轻了这两个问题的影响。迁移学习是运用已存有的知识对不同但相关领域问题进行求解的一种新的机器学习方法。它放宽了传统机器学习中的两个基本假设：

（1）用于学习的训练样本与新的测试样本满足独立同分布的条件；

（2）必须有足够可利用的训练样本才能学习到一个好的分类模型。

迁移学习的目的是迁移已有的知识来解决目标领域中仅有的少量有标签样本数据的学习问题。迁移学习广泛存在于人类的活动中。两个不同的领域共享的因素越多，迁移学习就越容易，否则就越困难，甚至出现"负迁移"的情况。我们可以在与小量数据领域 A 相邻的领域，找到拥有大量数据的领域 B。如果 B 和 A 之间的知识迁移成功，那么在 A 领域就不用收集如此庞大的数据集了。基于其对人工智能领域的重要意义，迁移学习被认为是下一轮人工智能技术落地的关键。

按照迁移学习的形式化定义，迁移学习的目的是借助一个源数据集来学习目标数据集的一个预测函数。按照学习方法的不同，迁移学习可分为样本迁移、特征迁移、模型迁移和关系迁移四个类别。

1. 样本迁移

基于样本的迁移学习，是试图通过对源数据中的每个样本赋予新的权重，使其更好地服务于新的学习任务，从源数据中挑选出与目标数据更相似的样本来参与训练，剔除与目标数据不相似的样本。

样本迁移的主要宗旨是各取所需：剔除可能产生误导的样本，而对于特征相似且对任务有帮助的样本，则让其扩充训练数据，充分做到物尽其用。

2. 特征迁移

特征迁移是指通过引入源数据特征来帮助完成目标数据特征域的机器学习任务。一个机器学习任务中可能由于目标特征域缺少足够的标签而导致学习效果很差。通过挖掘源数据与目标数据的交叉特征结构，或者借助中间数据进行桥接，可以帮助我们在目标数据特征上进行机器学习任务，实现不同特征空间之间的知识迁移。例如在进行图片数据分类，缺少足够带有标记的训练数据时，就可以借助已经标注好的文本、数据以及具有交叉特征的中间数据来协助提高在图片数据上的学习效果。

特征迁移通常假设源和目标域有一些交叉特征，从共同特征空间的角度迁移知识，主要研究方法包括特征映射、迁移成分分析和基于神经网络的特征表示。

3. 模型迁移

模型迁移比样本迁移更加直接，也更加省时。模型迁移直接把在源数据上训练完成的模型中有用的部分提取出来，直接应用到目标数据的训练模型上。这些模型参数可以作为目标模型的初始值，甚至是目标模型的一部分。如图 9-18 所示，使用源数据集训练好一个模型，通过训练好的模型与目标模型参数共享对目标模型进行初始化后，再应用目标数据对新模型进行训练。

模型迁移近年来在神经网络的加速收敛研究中起到了至关重要的作用。这主要得益于微调技术得到了广泛认可，尤其是在图像识别领域。所谓微调，就是利用已经训练好的公开模型的参数作为初始值，在此基础上训练新的模型。例如想要训练一个可以识别不同种类狗图片的分类器，则可以利用网络上公开的 ImageNet 网络参数作为模型参数的初始值。这种方法可以避免模型从零训练，从而大大加快了神经网络的收敛速度。

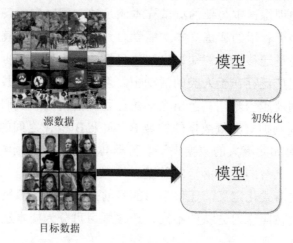

图 9-18　模型迁移示例

4．关系迁移

关系迁移关注的是源数据域与目标数据域之间关系的相似性，通过挖掘从源数据域到目标数据域的关系模式，在目标数据域上进行机器学习任务。例如：生物病毒和计算机病毒之间，它们的相似关系包括可复制性、可传播性和破坏性；师生关系和上下级关系也具有相似性，包括服从性、学习性和指导性。这些共同的关系模式可以帮助我们对目标数据域的分布和性质有更加深刻的了解。目前，针对关系迁移的研究还相对较少，现有工作多通过逻辑网络来进行关系建模，从而描绘数据之间的关系模式。

关系迁移已经不再局限于数据样本、特征和模型等这些具体的数据表示方式，而是更深刻地挖掘数据内部和数据之间的外在联系和相关性，为更好地进行数据学习提供了新的视角。

迁移学习解决的核心问题是在训练数据不足的情况下训练学习模型。9.5 节将会通过一个基于迁移学习训练卷积神经网络的 Matlab 示例来说明迁移学习的具体应用方法。该示例将采用目前在图像分类任务中有着广泛应用的模型迁移方法对卷积神经网络进行训练，对在 ImageNet 上完成预训练的 GoogleNet 进行微调以完成分类任务。

9.5　基于卷积神经网络的图像分类示例

本节介绍两个基于卷积神经网络进行图像分类的 Matlab 示例：首先，9.5.1 节给出一个创建简单卷积神经网络并用于图像分类的示例，主要可让读者了解创建和训练卷积神经网络的方法；然后，9.5.2 节给出了一个基于迁移学习训练卷积神经网络并用于图像分类的示例，介绍如何在 Matlab 中使用迁移学习方法微调已经预训练好的神经网络，并应用于特定的图像分类任务。每个示例都给出了 Matlab 代码、命令解释及运行结果。

9.5.1 创建用于图像分类的简单卷积神经网络

本示例主要讲述如何创建和训练用于图像分类的简单卷积神经网络。卷积神经网络是深度学习的必备工具，尤其适用于图像识别。本示例演示了如何进行如下处理：

（1）加载并浏览图像数据；
（2）定义卷积神经网络的架构；
（3）指定训练参数选项；
（4）使用训练数据训练网络；
（5）预测新数据的标签并计算分类准确性。
下面结合 Matlab 程序代码进行具体说明。

1．加载并浏览图像数据

将数字图像加载到图像数据存储区。图像数据存储区根据文件夹的名称自动标记图像，并将数据存储为 ImageDatastore 对象。图像数据存储区能够存储大型图像数据，包括超出内存容量的数据，并在卷积神经网络的训练期间有效地读取批量图像，即

```
digitDatasetPath = fullfile(matlabroot,'toolbox','nnet','nndemos', 'nndatasets','DigitDataset');
imds = imageDatastore(digitDatasetPath, ...
    'IncludeSubfolders',true,'LabelSource','foldernames');
```

显示图像数据存储区中的一些图像，即

```
figure,
perm = randperm(10000,20);
for i = 1:20
subplot(4,5,i);
imshow(imds.Files{perm(i)});
end
```

手写数字图像集如图 9-19 所示。

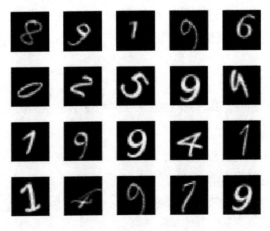

图 9-19　手写数字图像集

计算每个类别中的图像数量：labelCount 是一个表，其中包含标签和每个标签的图像数目。图像数据存储区包含每个数字（0~9）对应的1000个图像，总共10000个图像。通过 OutputSize 参数可以设定最后一个全连接网络层中的类别数，即

```
labelCount=countEachLabel(imds)
```

运行结果为

```
labelCount=10×2 table
    Label    Count
    _____    _____
      0      1000
      1      1000
      2      1000
      3      1000
      4      1000
      5      1000
      6      1000
      7      1000
      8      1000
      9      1000
```

接下来需要在网络的输入层中指定图像的大小。首先，检查 imds 中第一个图像的大小，得到的结果是每个图像的大小为 28×28×1 像素，即

```
img = readimage(imds,1);
size(img)
```

运行结果为

```
ans = 1×2

    28    28
```

之后，要指定训练集和验证集，将数据划分为训练集和验证集，使训练集中的每个类别包含750个图像，验证集包含每个标签的剩余图像。splitEachLabel 函数将图像数据存储区 digitData 拆分为两个新的图像数据存储区 trainDigitData 和 valDigitData，程序代码为

```
numTrainFiles = 750;
[imdsTrain,imdsValidation] = splitEachLabel(imds,numTrainFiles,'randomize');
```

2．定义卷积神经网络的架构

定义卷积神经网络架构的程序代码为

```
layers = [imageInputLayer([28 28 1])
    convolution2dLayer(3,8,'Padding','same')
    batchNormalizationLayer
    reluLayer
```

```
            maxPooling2dLayer(2,'Stride',2)
            convolution2dLayer(3,16,'Padding','same')
            batchNormalizationLayer
            reluLayer
            maxPooling2dLayer(2,'Stride',2)
            convolution2dLayer(3,32,'Padding','same')
            batchNormalizationLayer
            reluLayer
            fullyConnectedLayer(10)
            softmaxLayer
            classificationLayer];
```

说明：图像输入层（imageInputLayer）：使用 imageInputLayer 函数创建图像输入层。imageInputLayer 的功能是用于指定图像的大小，在本例中为 28×28×1 像素，对应输入图像的高度、宽度和通道。灰度图像的通道大小（颜色通道）为 1。对于彩色图像，通道大小为 3，对应于 R、G、B 的值。注意，此处不需要对数据进行随机排序（shuffle）而打乱顺序，因为在默认情况下，trainNetwork 函数会在训练开始时对数据进行随机排序。trainNetwork 函数还可以在训练期间的每个周期开始时随机排序数据。

卷积层（convolutional2dLayer）：使用 convolutional2dLayer 函数创建卷积层。在卷积层中，第一个参数是 filterSize，是训练函数使用卷积核的高度和宽度。在本示例中，数字 3 表示卷积核的大小为 3×3。可以通过 filterSize 为过滤器的高度和宽度指定不同的大小。第二个参数是卷积核的数量 numFilters，是连接到输入同一区域的神经元的数量，可决定特征图的数量。'Padding'和后面的参数'same'用于确定输入特征图的填充方式。对于默认步幅为 1 的卷积层，'same'填充可确保输出特征图的大小与输入特征图的大小相同。与其类似，使用名称———值的方式还可以对卷积层的步幅（stride）和学习率参数进行定义。

批量正规化层（batchNormalizationLayer）：使用 batchNormalizationLayer 函数创建批量正规化层。批量正规化层的规范化是通过网络传播的激活函数和梯度，使网络训练成为一个更容易的优化问题。在卷积层和非线性函数（如 ReLU 层）上，使用批量正规化层可加速网络训练，降低对网络初始化的敏感性。

ReLU 层（reluLayer）：使用 reluLayer 函数创建 ReLU 层。批量正规化层之后是非线性激活函数。最常见的激活函数是修正线性单元（Rectified Linear Unit，ReLU）。

最大池化层（maxPooling2dLayer）：使用 maxPooling2dLayer 函数创建最大池化层。最大池化层（具有激活函数）有时会进行降采样操作，减小特征图的大小，删除冗余空间信息。降采样使得可以在更深的卷积层中增加卷积核的数量，而不增加每层所需的计算量。降采样的一种方法是使用最大池化，可以使用 maxPooling2dLayer 函数创建。最大池化层返回由第一个参数 poolSize 指定的输入矩形区域中的最大值。本示例中，矩形区域的大小为[2,2]。'Stride'参数指定了最大池化所采用的步长。

全连接层（fullyConnectedLayer）：使用 fullyConnectedLayer 函数创建全连接层。所有卷积和下采样层之后是一个或多个全连接层。全连接层的神经元与前一层中的所有神经元连接。全连接层联合前一层在图像上所学习到的所有特征，最后一个全连接层组合这些特征以对图像进行分类。因此，最后一个全连接层中的 OutputSize 参数等于目标数据中的类别数。本示例中，输出大小为 10，对应于 10 个类。

Softmax 层（softmaxLayer）：使用 softmaxLayer 函数创建 softmax 层。softmax 激活函数可以标准化全连接层的输出。softmax 层的输出由总和为 1 的正数组成，可以将其用作分类层的分类概率。

分类层（classificationLayer）：使用 classificationLayer 函数创建分类层。最后一层是分类层。分类层使用 softmax 激活函数为每个输入返回的概率将输入分配给其中某一个互斥类中并计算损失函数。

3. 指定训练参数选项

定义网络结构后，需要指定训练参数选项，这一功能通过 trainingOptions 函数实现。本示例中使用具有动量的随机梯度下降法（Stochastic Gradient Descent with Momentum，SGDM）训练网络，通过'InitialLearnRate',0.01,参数将初始学习率设置为 0.01，通过'MaxEpochs',4,参数将最大历元（epoch）数设置为 4。历元是整个训练数据集的完整训练周期。通过'ValidationData',imdsValidation,和'ValidationFrequency',30,参数指定验证数据和验证频率，在训练期间监控网络分类准确性。通过'Shuffle','every-epoch'参数实现每个 epoch 都随机打乱数据的次序。trainingOptions 函数在训练数据集上训练网络，并在训练期间定期计算在验证数据上的准确性，验证数据不用于更新网络权重。通过 trainingOptions 函数的'Plots','training-progress'参数可打开训练进度图。本示例程序代码为

```
options = trainingOptions('sgdm', ...
    'InitialLearnRate',0.01, ...
    'MaxEpochs',4, ...
    'Shuffle','every-epoch', ...
    'ValidationData',imdsValidation, ...
    'ValidationFrequency',30, ...
    'Verbose',false, ...
    'Plots','training-progress');
```

4. 使用训练数据训练网络

使用由网络层、训练数据和训练参数选项定义的体系结构训练网络，在默认情况下，trainNetwork 使用 GPU 进行计算（如果有的话，且需要 Parallel Computing Toolbox™和支持 CUDA®的 GPU，计算能力为 3.0 或更高），否则使用 CPU 进行计算，还可以使用 trainingOptions 的'ExecutionEnvironment'参数指定运行环境。

训练进度图（training progress plot）显示了每个 mini-batch 的损失和准确率以及验证损失和准确率。有关训练进度图的更多信息，请参阅 Matlab 中关于 Monitor Deep Learning Training Progress 的内容。在本示例中，损失函数采用的是交叉熵损失函数。准确率是网络正确分类的图像百分比。本示例程序代码为

```
net = trainNetwork(imdsTrain,layers,options);
```

由于在上一步的 Options 中设定了绘制训练进度图一项（'Plots','training-progress'），所以得到如图 9-20 所示的训练进度图。

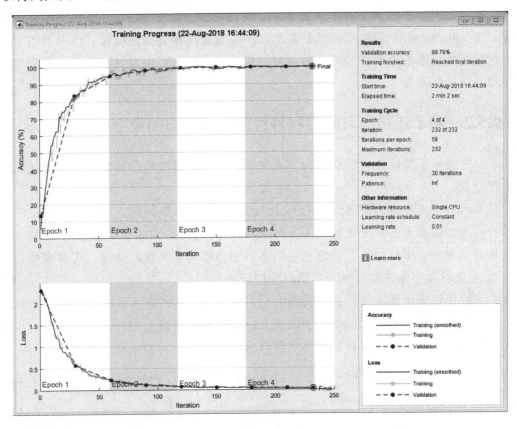

图 9-20　训练进度图

5．预测新数据的标签并计算分类准确率

使用经过训练的网络可预测验证数据集的标签，并计算最终的验证准确率。分类准确率是网络正确分类的图像比率。在本示例中，99.76%的预测标签与验证集的真实标签相匹配，即分类准确率为 99.76%。本示例程序代码为

```
YPred = classify(net,imdsValidation);
YValidation = imdsValidation.Labels;
accuracy = sum(YPred == YValidation)/numel(YValidation)
```

程序运行结果为

```
accuracy = 0.9976
```

其中，classify 函数的功能是使用已经训练好的深度神经网络对数据进行分类。本示例中，classify 函数的两个输入分别是网络架构 net 和验证数据集 imdsValidation。classify 函数将使用训练好的 net 预测 imdsValidation 中图像的类别标签，返回值存放在 YPred 中。比较网络预测的标签 YPred 和验证数据自带的标签（可看作网络的期望响应）可得到网络的分类准确率。

本节通过示例介绍了一个简单的卷积神经网络在 Matlab 中的搭建和训练、验证过程。在 Matlab 环境下,卷积神经网络通过 trainNetwork 函数进行训练,需要输入训练数据集、事先定义好的网络架构和训练参数。其训练和验证过程可由训练进度图来观察和监控,在 trainNetwork 函数的训练参数选项中可设置绘制训练进度图。本示例的方法可用于构建更为复杂的卷积神经网络,具有很高的灵活性,可由设计者根据情况定义网络架构和各项训练参数。

9.5.2 基于迁移学习的卷积神经网络训练与图像分类结果展示

本示例展示了如何使用迁移学习方法来微调预训练好的卷积神经网络以对新的图像集进行分类。

在本示例中,我们选择训练好的 GoogleNet 作为预训练网络。该 GoogleNet 已经在超过一百万个图像上进行了训练,并且可以将图像分类为 1000 个对象类别,例如键盘、咖啡杯、铅笔和许多动物等。网络已经为各种图像学习了丰富的特征,可将图像作为输入/输出图像的类别标签和与每个类别对应的概率。

本示例使用预训练网络,并将其作为学习新分类任务的起点。通过迁移学习对网络进行微调通常比使用随机初始化权重从头开始训练网络更快更容易,可以使用较少数量的训练图像快速将学习到的特征迁移到新任务中。迁移学习的流程如图 9-21 所示。

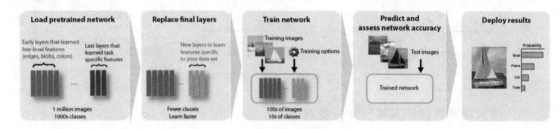

图 9-21　迁移学习的流程

1．加载数据

将新图像解压缩并加载为图像数据存储区。在本示例中,这个非常小的数据集只包含 75 个图像,将数据划分为训练和验证数据集,并使用 70％的图像对网络进行训练,使用 30％的图像对网络进行验证,程序代码为

```
unzip('MerchData.zip');
imds = imageDatastore('MerchData', ...
    'IncludeSubfolders',true, ...
    'LabelSource','foldernames');
[imdsTrain,imdsValidation] = splitEachLabel(imds,0.7);
```

2．加载预训练的网络

加载已经预训练好的 GoogleNet 网络,需要事先安装好 Deep Learning Toolbox™中的 GoogleNet 网络支持包,如果未安装,则运行程序时会自动提供下载 GoogleNet 网络支持包的链接。

如果要尝试不同的预训练网络,则可以在 Matlab 中打开本示例并选择其他网络。例如使用 squeezenet,这是一个比 GoogleNet 更快的网络。Matlab2018b 中支持的可用于迁移学习的网络列表见表 9-1。随着 Matlab 版本的更新会有新的可用网络加入。

表 9-1 Matlab2018b 中支持的可用于迁移学习的网络列表

网络名称	网络深度	参数(百万)	输入图像大小
alexnet	8	61	227-by-227
vgg16	16	138	224-by-224
vgg19	19	144	224-by-224
squeezenet	18	1.23	227-by-227
GoogleNet	22	7.0	224-by-224
inceptionv3	48	23.9	299-by-299
resnet18	18	11.7	224-by-224
resnet50	50	25.6	224-by-224
resnet101	101	45	224-by-224
inceptionresnetv2	164	56	299-by-299

在选择适用不同问题的网络时,需要根据不同预训练网络所具有的不同特性来选择。最重要的网络特性是网络分类准确率、速度和参数的多少。选择采取哪种网络时,要在不同网络的分类准确率、速度和参数的多少之间进行权衡。

开始时,可以首先尝试选择一个速度更快的网络,使每个预测所需的操作更少,例如 SqueezeNet 或 GoogleNet,然后快速迭代并尝试不同的设置,例如数据预处理步骤和训练参数选项。一旦找到运行良好的参数设置,就可以尝试虽较慢但准确性更高的网络,例如 Inception-v3、inceptionresnetv2 等,在新网络中应用原来的参数看看是否可以改善结果。

图 9-22 给出了不同预训练网络的操作数-准确度比较。良好的网络应具有高准确度及较少的操作数和参数。图 9-22 显示了精度与操作数之间的关系,每个标记的面积与参数数量均成比例。如果没有其他网络比所有比较的指标更好,那么此网络就是帕累托有效(Pareto efficient)的。使用这个定义,可以定义包含所有帕累托有效网络的"边界",即在这种意义上"良好"的网络。图 9-22 中虚线连接的网络构成了准确度-速度边界,在这个边界上,如果网络同时在准确度-速度和准确度-尺寸上是领先的,则用橙色在图中标出,有 SqueezeNet、GoogleNet、ResNet-18、Inception-v3 和 Inception-ResNet-v2。这些网络在选择预训练网络时应优先考虑。

ImageNet 验证集上得到的分类准确性是衡量在 ImageNet 上训练的网络准确性的最常用方法。当使用迁移学习将预训练网络应用于其他自然图像数据集时,在 ImageNet 上准确的网络在新的应用中通常也是准确的。这是因为网络已经学会从自然图像中提取强大且信息丰富的特征,并能够将这些特征推广到其他类似的数据集上。由于 ImageNet 上的高精度并不总是直接迁移到其他应用中的,因此有时需要尝试多个网络来达到满意的准确度。

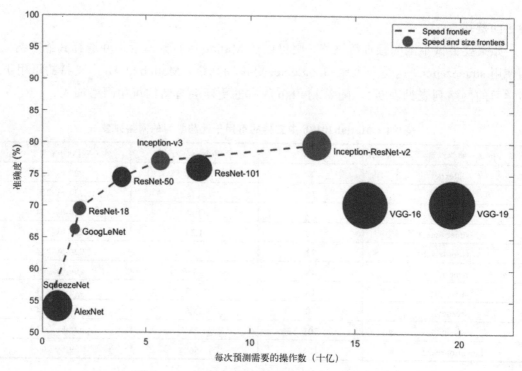

图 9-22 不同预训练网络的操作数-准确度比较

如果要使用有限的硬件资源执行预测,则应考虑磁盘和内存中网络的大小。由于网络参数占用网络的大部分,因此网络参数的数量通常用于衡量网络的大小。

图 9-23 给出了不同预训练网络在准确度-速度和准确度-尺寸平面中的位置,在每个平面中均显示了独立的帕累托边界。

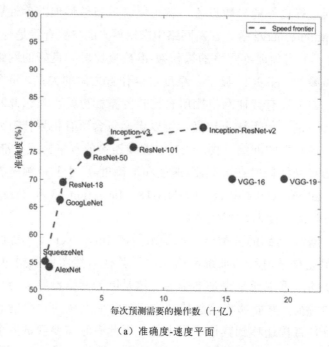

(a) 准确度-速度平面

图 9-23 不同预训练网络在准确度-速度和准确度-尺寸平面中的位置

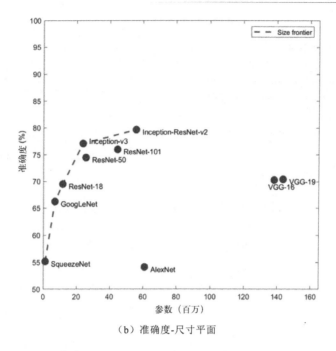

（b）准确度-尺寸平面

图9-23　不同预训练网络在准确度-速度和准确度-尺寸平面中的位置（续）

在计算和比较网络准确度时还需要注意，分类准确度可能会以不同方式计算得到：有时使用多个模型的集合；有时使用多个模型评估每个图像多次；有时使用top-5准确度而不是标准的top-1准确度。由于存在这些差异，因此通常无法直接比较不同来源的准确度。Deep Learning Toolbox™中预训练网络的准确度是使用单一模型的top-1准确度。

本示例兼顾准确度、操作数与速度的需求，选择了GoogLeNet作为预训练网络，其程序代码为

```
net =googlenet;
```

使用analyzeNetwork命令显示网络体系结构的交互式可视化图和有关网络层的详细信息的运行结果如图9-24所示。

其程序代码为

```
analyzeNetwork(net)
```

图9-24中：左侧显示了GoogLeNet的网络结构，可拖动鼠标向下滚动；右侧网络属性的第一层表示图像输入层，该层需要尺寸为224×224×3的输入图像，其中3是颜色通道的数量。下面的命令显示了网络输入层的一些属性，即

```
net.Layers(1)
```

运行结果为

```
ans =    ImageInputLayer with properties:
              Name: 'data'
         InputSize: [224 224 3]
```

```
Hyperparameters
    DataAugmentation: 'none'
    Normalization: 'zerocenter'
    AverageImage: [224×224×3 single]

inputSize = net.Layers(1).InputSize;
```

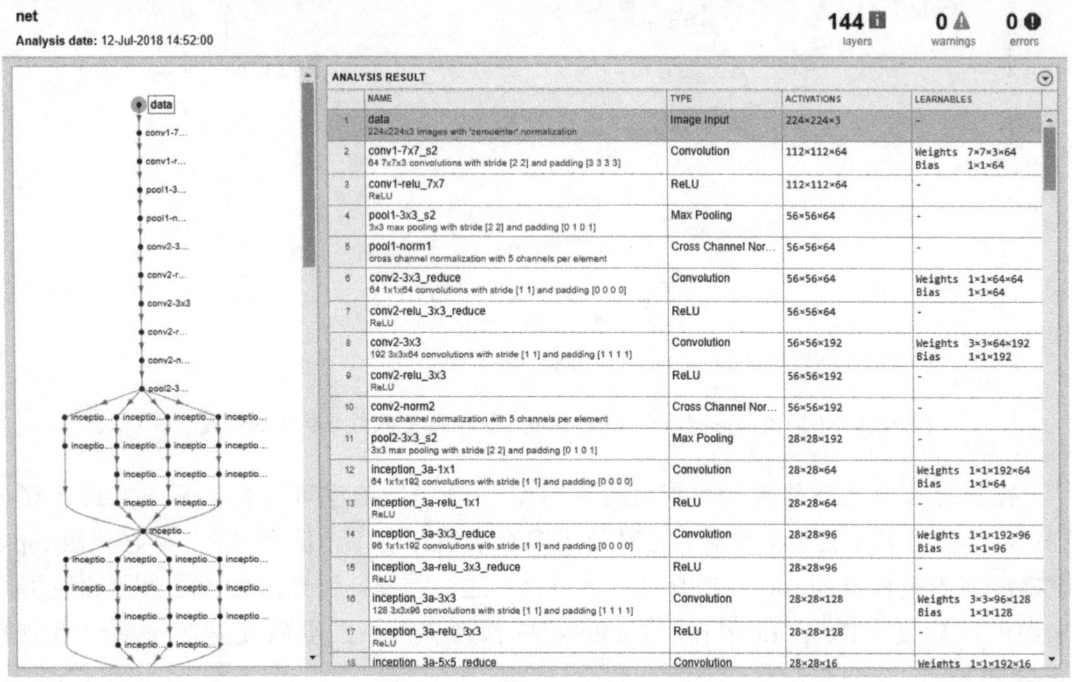

图 9-24 analyzeNetwork 运行结果

3．替换网络最终层

采用网络的卷积层提取图像的特征可用于最后的全连接层和分类层对输入图像进行分类。全连接层和分类层是读取的 GoogleNet 中的"loss3-classifier"和"output"层，包含有关如何将网络提取的特征组合成类别概率、损失值和预测标签的信息。要重新训练预训练网络以对新图像进行分类，需要使用适合新数据集的新层替换全连接层和分类层。

从已经训练好的网络中可提取图层图（layer graph）。如果网络是 Matlab 中的 SeriesNetwork 对象，例如 AlexNet、GoogleNet 或 VGG-19，则可将 net.Layers 中的图层列表（list of layers）转换为图层图。其程序代码为

```
if isa(net,'SeriesNetwork')
    lgraph = layerGraph(net.Layers);
else
    lgraph = layerGraph(net);
end
```

为了找到要替换两个图层的名称,可以在 Matlab 工作空间中手动寻找,也可以使用命令 findLayersToReplace 自动查找,程序代码为

```
[learnableLayer,classLayer] = findLayersToReplace(lgraph);
[learnableLayer,classLayer]
```

程序运行结果为

```
ans =
    1x2 Layer array with layers:

     1   'loss3-classifier'   Fully Connected          1000 fully connected layer
     2   'output'             Classification Output    crossentropyex with 'tench' and 999 other classes
```

在大多数网络中,具有可学习权重的最后一层是全连接层,将此全连接层替换为新的全连接层,其输出数量等于新数据集中的图像类别数(在本示例中为 5)。在某些网络中,例如 SqueezeNet,最后一个可学习的层是 1 乘 1 的卷积层。在这种情况下,用新的卷积层替换原卷积层,其中卷积核的数量等于类的数量。要使新图层中的学习速度比在迁移层中更快,则可增大图层的学习率因子。其程序代码为

```
if isa(learnableLayer,'nnet.cnn.layer.FullyConnectedLayer')
    newLearnableLayer = fullyConnectedLayer(numClasses, ...
        'Name','new_fc', ...
        'WeightLearnRateFactor',10, ...
        'BiasLearnRateFactor',10);

elseif isa(learnableLayer,'nnet.cnn.layer.Convolution2DLayer')
    newLearnableLayer = convolution2dLayer(1,numClasses, ...
        'Name','new_conv', ...
        'WeightLearnRateFactor',10, ...
        'BiasLearnRateFactor',10);
end

lgraph = replaceLayer(lgraph,learnableLayer.Name,newLearnableLayer);
```

分类层输出网络的输出类,可将分类层替换为没有类标签的新分类层,trainNetwork 函数在训练时将自动设置图层的输出类,程序代码为

```
newClassLayer = classificationLayer('Name','new_classoutput');
lgraph = replaceLayer(lgraph,classLayer.Name,newClassLayer);
```

要检查新图层是否正确连接,可绘制新的图层图,并放大网络的最后几层,即

```
figure('Units','normalized','Position',[0.3 0.3 0.4 0.4]);
plot(lgraph)
ylim([0,10])
```

新网络的图层图最后几层如图 9-25 所示。

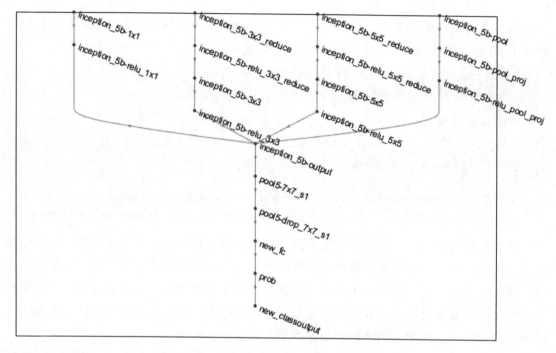

图 9-25 新网络的图层图最后几层

4．冻结原始图层（可选）

现在网络已经准备好在新的图像集上重新训练，通过将图层中的学习速率设置为零可以"冻结"网络中最初层的权重。在训练期间，trainNetwork 不会更新这些层的参数。因为不需要计算"冻结"层的梯度，所以冻结许多初始层的权重可以显著加速网络训练。如果新数据集很小，则冻结最初网络层也可以防止这些层过度拟合到新数据集。

提取图层图中的图层和连接，并选择要冻结的图层，在 GoogleNet 中，前 10 层构成了网络的初始"干"，使用支持函数 freezeWeights 在前 10 层中将学习率设置为零，使用支持函数 createLgraphUsingConnections 以原始顺序重新连接所有图层，虽然新图层图包含与原来相同的图层，但最初图层的学习率已经被设置为零。其程序代码为

```
layers = lgraph.Layers;
connections = lgraph.Connections;

layers(1:10) = freezeWeights (layers(1:10));
lgraph = createLgraphUsingConnections(layers,connections);
```

5．训练网络

本示例中的网络需要大小为 224×224×3 像素的输入图像。图像数据存储区中的图像具有不同的大小。使用增强图像数据存储区可以自动调整训练图像的大小，并可以指定要对训练图像执行的其他操作，如沿垂直坐标轴随机翻转训练图像，并将其随机平移 30 像素，在水平和垂直方向上缩小 10%。数据增强有助于防止网络过拟合和记忆训练图

像的确切细节。其程序代码为

```
pixelRange = [-30 30];
scaleRange = [0.9 1.1];
imageAugmenter = imageDataAugmenter( ...
'RandXReflection',true, ...
'RandXTranslation',pixelRange, ...
'RandYTranslation',pixelRange, ...
'RandXScale',scaleRange, ...
'RandYScale',scaleRange);
augimdsTrain = augmentedImageDatastore(inputSize(1:2),imdsTrain, ...
'DataAugmentation',imageAugmenter);
```

要在不执行进一步数据增强的情况下自动调整验证图像的大小,可使用增强图像数据存储 augmentedImageDatastore,而不指定任何其他预处理操作,即

```
augimdsValidation = augmentedImageDatastore(inputSize(1:2),imdsValidation);
```

下面要指定训练选项。上一步已经增大了最后的可学习图层的学习率,以加快新最终图层的学习速度。将初始学习率 InitialLearnRate 设置为较小的值,可以减慢尚未冻结图层的学习速度。学习速率设置的这种组合可以使新图层中的学习速度更快,中间图层的学习速度较慢,早期各图层的学习被冻结(保持这些图层中的权值不变)。

指定要训练的 epochs,一个 epochs 是指在整个训练数据集上完成一次完整的训练。在进行迁移学习时,不需很多个 epochs。指定 mini-batch 的大小和验证数据。本示例的 Matlab 程序在训练期间按验证频率 ValidationFrequency 验证网络,程序代码为

```
options = trainingOptions('sgdm', ...
'MiniBatchSize',10, ...
'MaxEpochs',6, ...
 'InitialLearnRate',3e-4, ...
'Shuffle','every-epoch', ...
 'ValidationData',augimdsValidation, ...
'ValidationFrequency',3, ...
 'Verbose',false, ...
 'Plots','training-progress');
```

下面使用训练数据训练网络。在默认情况下,trainNetwork 函数使用 GPU 训练(如果有的话,且需要 Parallel Computing Toolbox™和支持 CUDA®的 GPU,计算能力为 3.0 或更高)。否则,trainNetwork 使用 CPU 训练。可以使用 trainingOptions 函数中的 'ExecutionEnvironment'参数指定运行环境。由于数据集非常小,因此训练速度很快,程序代码为

```
net = trainNetwork(augimdsTrain,lgraph,options);
```

由于在 trainingOptions 中设置了'Plots','training-progress',因此程序运行时会画出训练进度图,如图 9-26 所示。

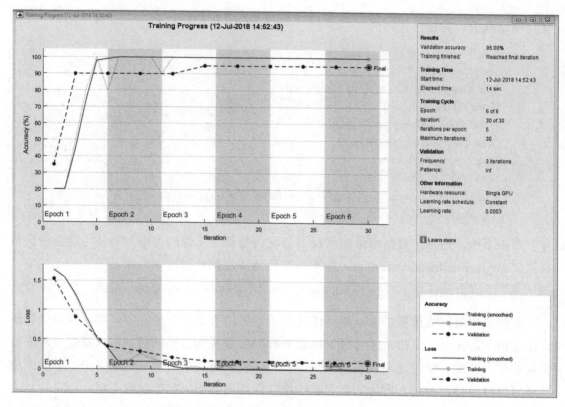

图 9-26 训练进度图

6. 对验证图像进行分类

使用微调过的网络可对验证图像进行分类，并计算分类准确率，程序代码为

```
[YPred,probs] = classify(net,augimdsValidation);
accuracy = mean(YPred == imdsValidation.Labels)
```

运行结果为

```
accuracy = 0.9500
```

显示具有预测标签的四个样本验证图像和预测概率的程序为

```
idx = randperm(numel(imdsValidation.Files),4);
figure
for i = 1:4
subplot(2,2,i)
I = readimage(imdsValidation,idx(i));
imshow(I)
label = YPred(idx(i));
title(string(label) + ", " + num2str(100*max(probs(idx(i),:)),3) + "%");
end
```

四个样本验证图像和相应的预测概率如图 9-27 所示。

图 9-27 四个样本验证图像和相应的预测概率

9.6 本章小结

本章介绍了基于深度学习模型进行图像处理的方法，重点介绍了深度卷积神经网络这一深度学习模型及基于卷积神经网络的图像处理方法。本章首先简述了机器学习的基础知识，介绍了在机器学习中最常用的基于反向传播算法（BP）的多层感知机（MLP）和支持向量机（SVM）的模型，为下面引入卷积神经网络（CNN）打下了基础。之后着重介绍了卷积神经网络的原理，从卷积神经网络的构成与训练两个方面进行了较详细的介绍。接下来介绍了三种常用卷积神经网络（AlexNet、GoogleNet 和 ResNet）的结构，它们在图像处理方面都有着广泛的应用。对于许多图像处理任务，训练数据相对不足，为了在此条件下对深度卷积神经网络模型进行训练，引入了迁移学习的概念。迁移学习可分为样本迁移、特征迁移、模型迁移和关系迁移四个类别。在图像处理中，目前应用最广泛的是模型迁移。最后，给出了两个基于卷积神经网络进行图像分类的 Matlab 示例，展示了如何在 Matlab 中创建一个简单的卷积神经网络并用于图像分类和如何基于迁移学习训练卷积神经网络。目前有关深度学习方面的研究较多，发展迅速，不断有新方法、新理论被提出。有兴趣的读者可参考最新的期刊和会议论文。

参 考 文 献

[1] 章毓晋. 图像工程（上册）——图像处理：第 3 版[M]. 北京：清华大学出版社，2012：2-3，59-64，101-108.

[2] 冈萨雷斯，伍兹. 数字图像处理：第 3 版[M]. 阮秋琦、阮宇智，仵冀颖，等译. 北京：电子工业出版社，2011：251-254，258-261，402-437.

[3] 冈萨雷斯，伍兹. 数字图像处理：第 2 版[M]. 阮秋琦、阮宇智，仵冀颖，等译. 北京：电子工业出版社，2007：421-440，446-447.

[4] 冈萨雷斯，伍兹，艾丁斯. 数字图像处理 MATLAB 版[M]. 阮秋琦，阮宇智，仵冀颖，等译. 北京：电子工业出版社，2005：54-64，255-264.

[5] 冈萨雷斯，伍兹，艾丁斯. 国外计算机科学经典教材数字图像处理的 MATLAB 实现：第 2 版[M]. 阮秋琦译. 北京：清华大学出版社，2013：123-124，190-193，289-298.

[6] 阿塔韦. MATLAB 编程与工程应用：第 3 版[M]. 鱼滨，赵元哲，宋力，等译. 北京：电子工业出版社，2017：283-287.

[7] 普拉特. 数字图像处理：第 3 版[M]. 邓鲁华，张延恒，徐杰，等译. 北京：机械工业出版社，2005：122-134，302-324.

[8] 拉斯. 数字图像处理：第 6 版[M]. 余翔宇，谢元杰，余伯庸，等译. 北京：电子工业出版社，2014：93-94，134-137.

[9] 陈天华. 数字图像处理：第 2 版[M]. 北京：清华大学出版社，2014：7-9，46-52，75-79，85-103，150-159.

[10] 贾永红. 数字图像处理[M]. 武汉：武汉大学出版社，2015：88-91，98-100.

[11] 王慧琴. 数字图像处理[M]. 北京：北京邮电大学出版社，2006：36-40，52-57，72-75，118-126.

[12] 霍宏涛，林小竹，何薇. 数字图像处理[M]. 北京：北京理工大学出版社，2002：40-45，79-88，132-133.

[13] 余松煜，周源华，张瑞. 数字图像处理[M]. 上海：上海交通大学出版社，2007：178-182，233-240.

[14] 阮秋琦. 数字图像处理学：第 3 版[M]. 北京：电子工业出版社，2013：124-149，185-187，215-226.

[15] 胡晓冬，董辰辉. MATLAB 从入门到精通：第 2 版[M]. 北京：人民邮电出版社，2018：253-257.

[16] 赵小川，何灏，缪远诚，等. MATLAB 数字图像处理实战[M]. 北京：机械工业出版社，2013：20-39，101-105.

[17] 杨丹，赵海滨，龙哲，等. MATLAB 图像处理实例详解[M]. 北京：清华大学出版社，2013：13-16，122-138.

[18] 张德丰，许华兴，王旭宝，等. MATLAB 数字图像处理[M]. 北京：机械工业出版社，2009：33-39，173-203.

[19] 缪绍纲. 数字图像处理——活用 Matlab[M]. 成都：西南交通大学出版社，2001：58-75，81-91，103-112.

[20] 张铮，倪红霞，苑春苗，等．精通 Matlab 数字图像处理与识别[M]．北京：人民邮电出版社，2013：46-51，220-236．

[21] 贝耶勒．机器学习使用 OpenCV 和 Python 进行智能图像处理[M]．王磊，译．北京：机械工业出版社，2019：164-168．

[22] 周志华．机器学习[M]．北京：清华大学出版社，2016：97-106，121-129．

[23] 谢剑斌，兴军亮，张立宁，等．视觉机器学习 20 讲[M]．北京：清华大学出版社，2015：88-93．

[24] 庄福振，罗平，何清，等．迁移学习研究进展[J]．软件学报，2015，26(01)：26-39．

[25] Lecun Y，Boser B，Denker J，et al．Backpropagation Applied to Handwritten Zip Code Recognition[J]．Neural Computation，1989，1(4)：541-551．

[26] Lecun Y，BengioY．Convolutional networks for images，speech，and time series[J]．Handbook of Brain Theory & Neural Networks，1995：1-10．

[27] SzegedyC，Liu W，JiaY，et al．In Proceedings of the IEEE conference on computer vision and pattern recognition，June7-12，2015[C]．Boston：IEEE，2016．

[28] Ian G，YoshuaB，Aaron C．Deep Learning[M]．The MIT Press，2016：326-366．

[29] Krizhevsky A，Sutskever I，Hinton G．International Conference on Neural Information Processing Systems，November 12-15，2012[C]．Doha：Springer，2012．

[30] He K，Zhang X，Ren S，et al．Proceedings of 2016 IEEE Conference on Computer Vision and Pattern Recognition (CVPR)，June 26th-July 1st，2016[C]．Las Vegas：IEEE，2016．

[31] ZeilerMD，FergusR．Computer vision-ECCV2014，September 6-12，2014[C]．Zurich：Springer，2014．

[32] Vincent D，Francesco V．A guide to convolution arithmetic for deep learning[J/OL]．[2018-01-11]．https://arxiv.org/pdf/1603.07285.pdf．

反侵权盗版声明

电子工业出版社依法对本作品享有专有出版权。任何未经权利人书面许可，复制、销售或通过信息网络传播本作品的行为；歪曲、篡改、剽窃本作品的行为，均违反《中华人民共和国著作权法》，其行为人应承担相应的民事责任和行政责任，构成犯罪的，将被依法追究刑事责任。

为了维护市场秩序，保护权利人的合法权益，本社将依法查处和打击侵权盗版的单位和个人。欢迎社会各界人士积极举报侵权盗版行为，本社将奖励举报有功人员，并保证举报人的信息不被泄露。

举报电话：（010）88254396；（010）88258888
传　　真：（010）88254397
E-mail：dbqq@phei.com.cn
通信地址：北京市海淀区万寿路 173 信箱
　　　　　电子工业出版社总编办公室
邮　　编：100036